安徽省高等学校"十二五"省级规划教材
计算机类精品教材

计算机应用基础

主　编　李　颖
副主编　鲁正扣　王　杰
编写人员（以姓氏笔画为序）
　　　　王　杰　王雅婷　孙宗凌
　　　　李　颖　姚　正　鲁正扣
　　　　董　彦

中国科学技术大学出版社

内 容 简 介

本书内容主要包括：计算机基础知识，Windows 7 操作系统，Office 办公组合 Word 2010、Excel 2010、PowerPoint 2010，计算机网络基础知识和常用工具软件介绍。

本书采用模块化的结构，图文并茂，重点突出，既适合初学者入门学习，同时又考虑到大多数学生都不同程度地接触过计算机，希望能进一步深入、系统地了解计算机的相关知识，因此每一章节内容讲解都包含了详细的操作步骤，通俗易懂；在内容上确保基础与提高兼顾、理论与实用结合。

本书既可作为高职高专计算机专业教材使用，也可作为计算机等级考试用书。

图书在版编目(CIP)数据

计算机应用基础/李颖主编. —合肥：中国科学技术大学出版社，2015.6(2020.8 重印)
安徽省高等学校"十二五"省级规划教材
ISBN 978-7-312-03711-5

Ⅰ.计⋯　Ⅱ.李⋯　Ⅲ.电子计算机—高等职业教育—教材　Ⅳ.TP3

中国版本图书馆 CIP 数据核字(2015)第 106434 号

出版	中国科学技术大学出版社 安徽省合肥市金寨路 96 号,230026 http://press.ustc.edu.cn https://zgkxjsdxcbs.tmall.com
印刷	安徽国文彩印有限公司
发行	中国科学技术大学出版社
经销	全国新华书店
开本	787 mm×1092 mm　1/16
印张	21.25
字数	544 千
版次	2015 年 6 月第 1 版
印次	2020 年 8 月第 4 次印刷
定价	39.00 元

前　言

随着社会的发展和进步,迅速发展的计算机应用技术使计算机的应用领域不断扩大,计算机已成为各行各业的一个重要工具,掌握计算机应用基础,提高使用计算机的能力,是21世纪人才必须具备的基本素质。

计算机基础教育不仅能使学生掌握先进的信息技术,而且有利于学生综合素质的培养;不仅可以启发学生对先进科学技术的追求,激发学生的创新意识,提高学生学习新知识的主动性,培养学生的自学能力,而且学好计算机知识,可以使学生动手能力强、思维敏捷、兴趣广泛、思路开阔、知识面广。因此,做好计算机应用普及教育是高等学校各专业学生素质教育中极其重要的内容。

计算机应用基础是普通高校学生的公共基础课,本教材本着先进性、实用性、科学性和简单易学性的原则,综合作者多年来在计算机教学实践中积累的丰富经验,紧跟计算机技术的潮流。

全书分为7章。主要内容包括:计算机基础知识、Windows 7操作系统、文字处理软件Word 2010、电子表格制作软件Excel 2010、演示文稿制作软件PowerPoint 2010、计算机网络与Internet和常用工具软件的使用。通过该门课程的学习,学生可以熟练地掌握计算机操作,能运用计算机完成日常的文档办公、电子表格与演示文稿制作、网络信息检索等工作。为下一步的学习和工作打下坚实的基础。

本书采用模块化的结构,图文并茂,重点突出,既适合初学者入门学习,同时又考虑到大多数学生都不同程度地接触过计算机,希望能进一步深入、系统地了解计算机的相关知识,因此每一章节内容讲解都包含了详细的操作步骤,通俗易懂,在内容上确保基础与提高兼顾、理论与实用结合。

本书由李颖任主编,提出全书编写的指导思想、总体构思及编写大纲。鲁正扣、王杰任副主编。参加编写的还有董彦、孙宗凌、王雅婷、姚正。编写中参考了大量资料,特向相关作者表示衷心感谢。本书在编写过程中得到了马鞍山师范高等专科学校有关领导和部门的大力支持和协助,中国科学技术大学出版社为本书出版提供了大力支持,相关编辑出色的工作给我们留下了深刻印象,在此一并表示感谢。由于作者水平和时间有限,书中难免有错误和不妥之处,敬请广大读者谅解和指正。

编　者

目 录

前言 ………………………………………………………………………………… (i)
第1章　计算机基础知识 …………………………………………………………… (1)
　1.1　计算机概述 ………………………………………………………………… (1)
　　1.1.1　计算机发展简史 ……………………………………………………… (1)
　　1.1.2　计算机的特点及分类 ………………………………………………… (5)
　　1.1.3　计算机的应用领域及发展趋势 ……………………………………… (6)
　1.2　计算机系统 ………………………………………………………………… (9)
　　1.2.1　计算机的理论基础——存储程序控制 ……………………………… (10)
　　1.2.2　计算机硬件系统 ……………………………………………………… (10)
　　1.2.3　计算机软件系统 ……………………………………………………… (14)
　1.3　计算机中的数制和存储单位 ……………………………………………… (17)
　　1.3.1　进位计数制 …………………………………………………………… (17)
　　1.3.2　计算机中几种常见的数制 …………………………………………… (18)
　　1.3.3　不同数制之间的转换 ………………………………………………… (20)
　　1.3.4　计算机中的数据单位 ………………………………………………… (22)
　　1.3.5　计算机中的数据编码 ………………………………………………… (23)
　1.4　计算机安全使用常识 ……………………………………………………… (25)
　　1.4.1　计算机病毒的定义及特征 …………………………………………… (25)
　　1.4.2　常见的计算机病毒 …………………………………………………… (25)
　　1.4.3　计算机病毒的防范 …………………………………………………… (26)
　　1.4.4　常见杀毒软件 ………………………………………………………… (27)
　1.5　多媒体基础知识 …………………………………………………………… (27)
　　1.5.1　相关概念 ……………………………………………………………… (27)
　　1.5.2　多媒体技术及其特点 ………………………………………………… (28)
　　1.5.3　常见的媒体元素 ……………………………………………………… (29)
　　1.5.4　多媒体技术的应用 …………………………………………………… (29)
第2章　Windows 7操作系统 ……………………………………………………… (31)
　2.1　操作系统基础知识 ………………………………………………………… (31)
　　2.1.1　操作系统的基本概念 ………………………………………………… (31)
　　2.1.2　操作系统的分类 ……………………………………………………… (31)
　　2.1.3　常用操作系统 ………………………………………………………… (32)
　2.2　Windows 7操作系统基础知识 …………………………………………… (34)

2.2.1 Windows 7 的运行环境和安装 ………………………………………… (34)
2.2.2 Windows 7 的启动和退出 ………………………………………… (37)
2.2.3 Windows 7 的桌面 ………………………………………………… (38)
2.2.4 键盘和鼠标的操作 ………………………………………………… (40)
2.2.5 窗口的基本操作 …………………………………………………… (41)
2.2.6 对话框的基本操作 ………………………………………………… (43)
2.2.7 菜单的基本操作 …………………………………………………… (43)
2.2.8 中文输入 …………………………………………………………… (45)
2.3 Windows 7 文件与文件夹的管理 …………………………………………… (49)
2.3.1 文件和文件夹 ……………………………………………………… (49)
2.3.2 Windows 7 资源管理器 …………………………………………… (51)
2.3.3 文件和文件夹的操作 ……………………………………………… (51)
2.3.4 剪贴板的使用 ……………………………………………………… (55)
2.4 Windows 7 的设置 …………………………………………………………… (56)
2.4.1 外观和个性化设置 ………………………………………………… (56)
2.4.2 键盘和鼠标的设置 ………………………………………………… (58)
2.4.3 添加新硬件 ………………………………………………………… (59)
2.4.4 添加/删除程序 ……………………………………………………… (60)
2.4.5 磁盘管理 …………………………………………………………… (62)
2.5 Windows 7 的附件 …………………………………………………………… (65)
2.5.1 写字板 ……………………………………………………………… (65)
2.5.2 画图 ………………………………………………………………… (66)
2.5.3 计算器 ……………………………………………………………… (68)
2.5.4 媒体播放器 ………………………………………………………… (71)

第3章 文字处理软件 Word 2010 ……………………………………………………… (72)
3.1 Microsoft Office 2010 中文版简介 ………………………………………… (72)
3.2 Word 2010 概述 ……………………………………………………………… (74)
3.2.1 Word 2010 的启动和退出 ………………………………………… (74)
3.2.2 Word 2010 的操作界面 …………………………………………… (76)
3.3 Word 2010 的基本操作 ……………………………………………………… (78)
3.3.1 文档操作 …………………………………………………………… (78)
3.3.2 文档的保存和关闭 ………………………………………………… (80)
3.3.3 编辑文档 …………………………………………………………… (82)
3.3.4 文档的显示 ………………………………………………………… (89)
3.4 文档的排版 …………………………………………………………………… (92)
3.4.1 文本格式的设置 …………………………………………………… (92)
3.4.2 段落格式的设置 …………………………………………………… (93)
3.4.3 文档页面设置、预览与打印 ……………………………………… (96)

3.5 表格制作 ……………………………………………………………………………… (101)
3.5.1 表格的建立 ………………………………………………………………… (101)
3.5.2 表格的编辑 ………………………………………………………………… (104)
3.5.3 表格的格式化 ……………………………………………………………… (108)
3.5.4 表格的排序与计算 ………………………………………………………… (111)
3.5.5 表格转换为文本 …………………………………………………………… (112)
3.6 图文混排 …………………………………………………………………………… (113)
3.6.1 图形文件格式 ……………………………………………………………… (113)
3.6.2 图片的插入及编辑 ………………………………………………………… (114)
3.6.3 图形的绘制与设置 ………………………………………………………… (120)
3.6.4 使用 SmartArt 图形 ………………………………………………………… (123)
3.6.5 文本框的插入与设置 ……………………………………………………… (125)
3.6.6 艺术字与首字下沉 ………………………………………………………… (126)
3.6.7 图文混排示例 ……………………………………………………………… (129)
3.7 Word 2010 的高级功能和用户自定义 …………………………………………… (130)
3.7.1 样式、模板和宏 ……………………………………………………………… (130)
3.7.2 创建 Web 页及超级链接 …………………………………………………… (136)
3.7.3 批注与修订 …………………………………………………………………… (138)
3.7.4 语言相关功能 ………………………………………………………………… (141)

第4章 电子表格制作软件 Excel 2010 …………………………………………………… (143)
4.1 Microsoft Excel 2010 的基本知识 ………………………………………………… (143)
4.1.1 Microsoft Excel 2010 文档的创建、打开和保存 ………………………… (143)
4.1.2 工作簿、工作表和单元格 …………………………………………………… (148)
4.2 工作表操作 …………………………………………………………………………… (150)
4.2.1 工作表的选定和重命名 ……………………………………………………… (150)
4.2.2 工作表的移动与复制 ………………………………………………………… (151)
4.2.3 工作表的插入与删除 ………………………………………………………… (151)
4.2.4 保护工作表、隐藏或显示工作表 …………………………………………… (152)
4.3 数据的输入 …………………………………………………………………………… (154)
4.3.1 输入数值和文本 ……………………………………………………………… (154)
4.3.2 输入日期和时间 ……………………………………………………………… (155)
4.3.3 输入符号 ……………………………………………………………………… (156)
4.3.4 自动填充数据 ………………………………………………………………… (156)
4.4 编辑工作表 …………………………………………………………………………… (158)
4.4.1 选取单元格 …………………………………………………………………… (158)
4.4.2 选取区域 ……………………………………………………………………… (158)
4.4.3 修改单元格内容 ……………………………………………………………… (159)
4.4.4 复制和移动单元格内容 ……………………………………………………… (160)

- 4.4.5 选择性粘贴 ·· (160)
- 4.4.6 插入和删除行、列、单元格 ·························· (161)
- 4.4.7 清除单元格内容 ···································· (162)
- 4.4.8 单元格数据的查找和替换 ···························· (163)
- 4.4.9 批注 ·· (164)
- 4.4.10 合并及拆分单元格 ·································· (165)
- 4.5 格式化工作表 ·· (165)
  - 4.5.1 行高/列宽的调整 ·································· (165)
  - 4.5.2 数字的格式化 ···································· (166)
  - 4.5.3 对齐方式的设置 ·································· (168)
  - 4.5.4 文本字体格式的设置 ······························ (170)
  - 4.5.5 边框和底纹 ······································ (170)
  - 4.5.6 单元格样式的使用 ································ (173)
  - 4.5.7 自动套用表格格式 ································ (173)
  - 4.5.8 条件格式 ·· (174)
- 4.6 公式和函数 ·· (177)
  - 4.6.1 公式 ·· (177)
  - 4.6.2 自动求和 ·· (180)
  - 4.6.3 函数 ·· (181)
- 4.7 数据管理与分析 ·· (183)
  - 4.7.1 用记录单建立和编辑数据清单 ······················ (183)
  - 4.7.2 数据清单排序 ···································· (184)
  - 4.7.3 数据筛选 ·· (186)
  - 4.7.4 数据的分类汇总 ·································· (189)
  - 4.7.5 数据透视表 ······································ (190)
  - 4.7.6 数据有效性设置和数据合并计算 ···················· (193)
- 4.8 图表 ·· (196)
  - 4.8.1 图表的组成元素 ·································· (197)
  - 4.8.2 建立图表 ·· (198)
  - 4.8.3 编辑图表 ·· (202)
- 4.9 打印工作表 ·· (204)
  - 4.9.1 设置页面布局 ···································· (204)
  - 4.9.2 设置页眉页脚 ···································· (206)
  - 4.9.3 打印工作簿 ······································ (207)

第5章 演示文稿制作软件 PowerPoint 2010 ······················· (209)
- 5.1 PowerPoint 2010 新特性 ··································· (209)
- 5.2 初识 PowerPoint 2010 ····································· (210)
  - 5.2.1 PowerPoint 2010 的启动与退出 ······················ (210)

目 录

- 5.2.2　PowerPoint 2010 窗口的组成 …………………………………………… (212)
- 5.2.3　PowerPoint 2010 的视图切换 …………………………………………… (214)
- 5.3　PowerPoint 2010 基本操作 ……………………………………………………… (216)
  - 5.3.1　创建新演示文稿 ……………………………………………………………… (216)
  - 5.3.2　打开演示文稿 ………………………………………………………………… (217)
  - 5.3.3　保存演示文稿 ………………………………………………………………… (218)
  - 5.3.4　关闭演示文稿 ………………………………………………………………… (220)
  - 5.3.5　新建幻灯片 …………………………………………………………………… (220)
  - 5.3.6　选择幻灯片 …………………………………………………………………… (221)
  - 5.3.7　移动和复制幻灯片 …………………………………………………………… (223)
  - 5.3.8　删除幻灯片 …………………………………………………………………… (223)
- 5.4　设计编辑演示文稿 ……………………………………………………………… (224)
  - 5.4.1　幻灯片的版式设计 …………………………………………………………… (224)
  - 5.4.2　输入与编辑文本 ……………………………………………………………… (226)
  - 5.4.3　插入与编辑表格 ……………………………………………………………… (231)
  - 5.4.4　插入与编辑图片 ……………………………………………………………… (232)
  - 5.4.5　插入与编辑剪贴画 …………………………………………………………… (234)
  - 5.4.6　插入屏幕截图 ………………………………………………………………… (236)
  - 5.4.7　插入相册 ……………………………………………………………………… (236)
  - 5.4.8　插入和编辑艺术字 …………………………………………………………… (237)
  - 5.4.9　插入和编辑声音对象 ………………………………………………………… (239)
  - 5.4.10　插入和编辑影片和动画 …………………………………………………… (242)
  - 5.4.11　插入 Flash 对象 …………………………………………………………… (244)
- 5.5　演示文稿的外观设计 …………………………………………………………… (247)
  - 5.5.1　使用母版 ……………………………………………………………………… (247)
  - 5.5.2　更改主题颜色 ………………………………………………………………… (250)
  - 5.5.3　设置背景 ……………………………………………………………………… (250)
  - 5.5.4　应用设计模板 ………………………………………………………………… (252)
- 5.6　演示文稿的动作动画设置 ……………………………………………………… (252)
  - 5.6.1　幻灯片切换 …………………………………………………………………… (253)
  - 5.6.2　自定义动画 …………………………………………………………………… (254)
  - 5.6.3　超链接与动作按钮设置 ……………………………………………………… (258)
- 5.7　演示文稿的放映控制 …………………………………………………………… (261)
  - 5.7.1　设置放映方式 ………………………………………………………………… (261)
  - 5.7.2　自定义放映 …………………………………………………………………… (261)
  - 5.7.3　隐藏幻灯片 …………………………………………………………………… (262)
  - 5.7.4　排练计时 ……………………………………………………………………… (262)
  - 5.7.5　放映演示文稿 ………………………………………………………………… (262)

5.8 演示文稿的打印及其他应用 ……………………………………………………… (263)
　5.8.1 打印演示文稿 ………………………………………………………………… (263)
　5.8.2 演示文稿的打包 ……………………………………………………………… (263)

第6章 计算机网络与Internet ……………………………………………………… (266)
6.1 计算机网络概述 …………………………………………………………………… (266)
　6.1.1 计算机网络的定义与发展 …………………………………………………… (266)
　6.1.2 计算机网络的作用与分类 …………………………………………………… (267)
　6.1.3 计算机网络的拓扑结构 ……………………………………………………… (269)
　6.1.4 网络通信协议与网络体系结构 ……………………………………………… (271)
6.2 计算机局域网 ……………………………………………………………………… (274)
　6.2.1 局域网基础 …………………………………………………………………… (274)
　6.2.2 局域网的组成 ………………………………………………………………… (274)
6.3 Internet 概述 ……………………………………………………………………… (276)
　6.3.1 Internet 的发展 ……………………………………………………………… (276)
　6.3.2 Internet 的体系结构 ………………………………………………………… (277)
　6.3.3 IP 地址与域名 ………………………………………………………………… (279)
　6.3.4 Internet 的接入 ……………………………………………………………… (281)
6.4 Internet 应用 ……………………………………………………………………… (283)
　6.4.1 WWW 服务 …………………………………………………………………… (283)
　6.4.2 电子邮件 ……………………………………………………………………… (285)
　6.4.3 Internet 的其他应用 ………………………………………………………… (287)
6.5 计算机网络安全与防护 …………………………………………………………… (289)
　6.5.1 计算机网络安全概述 ………………………………………………………… (289)
　6.5.2 黑客攻防技术 ………………………………………………………………… (290)
　6.5.3 防火墙技术 …………………………………………………………………… (291)
　6.5.4 计算机网络病毒及其防治 …………………………………………………… (293)

第7章 常用工具软件的使用 ………………………………………………………… (297)
7.1 360 安全卫士软件 ………………………………………………………………… (297)
　7.1.1 360 安全卫士简介 …………………………………………………………… (297)
　7.1.2 360 安全卫士的功能与特点 ………………………………………………… (297)
　7.1.3 360 安全卫士的安装与卸载 ………………………………………………… (297)
　7.1.4 360 安全卫士的使用 ………………………………………………………… (300)
7.2 文件解压缩工具 WinRAR ………………………………………………………… (304)
　7.2.1 WinRAR 简介 ………………………………………………………………… (304)
　7.2.2 WinRAR 功能特点 …………………………………………………………… (304)
　7.2.3 WinRAR 的安装与卸载 ……………………………………………………… (305)
　7.2.4 WinRAR 的使用 ……………………………………………………………… (306)
7.3 多媒体工具暴风影音 ……………………………………………………………… (312)

7.3.1 暴风影音简介 …………………………………………………………………… (312)
7.3.2 暴风影音功能特点 ………………………………………………………………… (312)
7.3.3 暴风影音安装与卸载 ……………………………………………………………… (312)
7.3.4 暴风影音的使用 …………………………………………………………………… (314)
7.4 下载工具迅雷软件 ……………………………………………………………………… (317)
7.4.1 迅雷简介 …………………………………………………………………………… (317)
7.4.2 迅雷功能特点 ……………………………………………………………………… (317)
7.4.3 迅雷安装与卸载 …………………………………………………………………… (317)
7.4.4 迅雷的使用 ………………………………………………………………………… (319)
7.5 Adobe Reader …………………………………………………………………………… (321)
7.5.1 Adobe Reader 简介 ………………………………………………………………… (321)
7.5.2 Adobe Reader 功能特点 …………………………………………………………… (321)
7.5.3 Adobe Reader 安装与卸载 ………………………………………………………… (322)
7.5.4 Adobe Reader 的使用 ……………………………………………………………… (323)

参考文献 ……………………………………………………………………………………… (326)

第1章 计算机基础知识

1.1 计算机概述

1.1.1 计算机发展简史

1. 第一台计算机的诞生

1946年2月15日,世界上第一台通用电子数字计算机"埃尼阿克"(ENIAC)宣告研制成功,如图1.1所示。"埃尼阿克"(ENIAC)是电子数值积分计算机(The Electronic Numberical Integrator and Computer)的缩写。"埃尼阿克"的成功,是计算机发展史上的一座纪念碑,是人类在发展计算技术的历程中,到达的一个新的起点。

图1.1 世界上第一台电子数字式计算机

"埃尼阿克"计算机的最初设计方案,是由36岁的美国工程师莫奇利于1943年提出的,它的主要任务是分析炮弹轨道。美国军械部拨款支持研制工作,并建立了一个专门研究小组,由莫奇利负责。总工程师由年仅24岁的埃克特担任,组员格尔斯是位数学家,另外还有逻辑学家勃克斯。"埃尼阿克"共使用了18 000个电子管,另加1 500个继电器以及其他器件,其总体积约90立方米,重达30吨,占地170平方米,需要用一间30多米长的大房间才能存放,是个地地道道的庞然大物。这台耗电量为140千瓦的计算机,运算速度为每秒5 000次加法,或者400次乘法,比机械式的继电器计算机快1 000倍。当"埃尼阿克"公开展出时,一条炮弹的轨道用20秒钟就能算出来,比炮弹自身的飞行速度还快。"埃尼阿克"的存储器是电子装置,它能够在一天内完成几千万次乘法,它是按照十进制,而不是按照二进制来操作。但其中也用少量以二进制方式工作的电子管,因此机器在工作中不得不把十进制转换为二进制,而在数据输入输出时再变回十进制。"埃尼阿克"最初是为了进行弹道计算而设计的专用计算机,但后来通过改变插入控制板里的接线方式来解决各种不同的问题,而成为一台通用机。它的一种改型机曾用于氢弹的研制。"埃尼阿克"程序采用外部插入式,每当进行一项新的计算时,都要重新连接线路。有时几分钟或几十分钟的计算,要花几小时甚至更长的时间进行线路连接准备,这是一个致命的弱点。它的另一个弱点是存储量太小,最多只能存20个10位的十进制数。英国无线电工程师协会的蒙巴顿将军把"埃尼阿克"的出现誉为"诞生了一个电子的大脑","电脑"的名称由此流传开来。

虽然"埃尼阿克"的功能还比不上今天最普通的一台微型计算机,但在当时它已是运算速度的绝对冠军,并且其运算的精确度和准确度也是史无前例的。ENIAC奠定了电子计算机的发展基础,开辟了一个计算机科学技术的新纪元,有人将其称为人类第三次产业革命开始的标志。

1996年2月15日,在"埃尼阿克"问世50周年之际,美国副总统戈尔在宾夕法尼亚大学举行的隆重纪念仪式上,再次按动了这台已沉睡了40年的庞大电子计算机的启动电钮。戈尔在向当年参加"埃尼阿克"的研制、如今仍健在的科学家发表讲话:"我谨向当年研制这台计算机的先驱者们表示祝贺。""埃尼阿克"上的两排灯以准确的节奏闪烁到46,标志着它于1946年问世,然后又闪烁到96,标志着计算机时代开始以来的50年。

ENIAC诞生后,数学家冯·诺依曼提出了重大的改进理论,主要有三点:

其一,电子计算机应该以二进制为运算基础;

其二,电子计算机应采用"存储程序"方式工作;

其三,进一步明确指出了整个计算机的结构应由五个部分组成:运算器、控制器、存储器、输入装置和输出装置。

冯·诺依曼的这些理论的提出,解决了计算机的运算自动化和速度配合的问题,对后来计算机的发展起到了决定性的作用。直至今天,绝大部分的计算机还是采用冯·诺依曼的方式工作。

2. 计算机的发展

距ENIAC的诞生至今已有60多年了,在这60多年里,计算机以惊人的速度在发展。按照计算机所用的逻辑元件(电子器件)的不同,计算机的发展经历了四个时代,如表1.1所示。

表1.1 计算机的发展

年代	起止年份	用电子元器件	数据处理方式	运算速度	应用领域
第一代	1946~1957	电子管	汇编语言、代码程序	5千~3万次/秒	国防及高科技
第二代	1958~1964	晶体管	高级程序设计语言	数十万~几百万次/秒	工程设计、数据处理
第三代	1965~1970	中、小规模集成电路	结构化、模块化程序设计、实理处理	数百万~几千万次/秒	工业控制、数据处理
第四代	1970~今	大规模、超大规模集成电路	分时、实时数据处理,计算机网络	上亿条指令/秒	工业、生活等各方面

(1) 第一代电子计算机(1946年到1957年)

这一代计算机的主要特点是采用电子管作为基本器件,基本逻辑电路由电子管组成;内存储器采用磁芯;外存储器采用磁带、磁鼓、纸带、卡片等;运算速度一般是每秒数千次至数万次。编程语言是二进制代码表示的机器语言。软件方面确定了程序设计的概念,由代码程序发展到了符号程序,出现了高级语言的雏形。这一时期的计算机主要是为了军事和国防尖端技术的需要,客观上却为计算机的发展奠定了基础。这一代计算机是计算机发展的初级阶段,运算速度比较低,存储容量一般只有几KB,由于编程很繁琐,其应用只限于军事研究中的科学计算。

(2) 第二代电子计算机(1958年到1964年)

这一时期电子计算机的基本器件为晶体管,基本逻辑电路由晶体管电子元件组成,因而缩小了体积,提高了运算速度和可靠性(一般每秒十万次,最高可达300万次),而且价格不断下降,速度得到进一步的提高;外存储器已使用了磁带、磁盘。编程语言除机器语言外,还使用了汇编语言。软件方面出现了一系列的高级程序设计语言,比如FORTRAN、COBOL等,并提出了操作系统的概念。这一代计算机的整体性能比第一代计算机提高了许多,运算速度有所增加,内存容量增大,体积减小,成本减低,可靠性提高;应用范围扩大,不仅用于科学计算,还用于数据处理和事务管理,并逐渐用于工业。

(3) 第三代电子计算机(1965年到1970年)

这个时期的计算机硬件采用中、小规模集成电路(IC)作为基本器件,内存、外存都有很大的发展,计算机的体积更小,寿命更长,功耗、价格进一步下降,而速度和可靠性相应地有所提高,计算机的应用范围进一步扩大。软件方面出现了操作系统,软件出现了结构化、模块化程序设计方法。软、硬件都向系统化、多样化的方面发展。由于集成电路成本迅速下降,成本低而功能比较强的小型计算机占领了许多数据处理的应用领域,不仅用于科学计算,还用于文字处理、自动控制、城市交通管理等方面。其中,1965年问世的IBM 360系列是最早采用集成电路的通用计算机,也是影响最大的第三代计算机。它的主要特点是通用性、系列化和标准化。美国控制数据公司(CDC)1969年1月研制成功的超大型计算机CDC 7600,速度达每秒1千万次浮点运算,是这个时期最成功的计算机产品。

(4) 第四代电子计算机(1970年以后)

采用超大规模集成电路(VLSID)和极大规模集成电路(ULSID)、中央处理器CPU高度集成化是这一时代计算机的主要特征。1971年Intel公司制造成功了第一批微处理器4004,这一芯片集成了2 250个晶体管,这样个人计算机(Personal Computer,缩写为PC,个人计算机又常称为PC机)就应运而生,并且得到迅猛发展。目前,市场上的主流处理器为Intel i5、i7系列等,内存容量一般在4 GB以上,主流操作系统为Win7、Win8。操作系统的不断完善,使应用软件已经成为现代化工业的一部分,计算机的发展进入了以计算机网络为特征的时代。

有两个重要事件需要注意:一是1971年11月,美国Intel公司研制成功了Intel 4004微处理器,并在此基础上公布了世界上第一台微型计算机MCS-4;二是1981年8月,IBM PC(Personal Computer)微型计算机开发成功,这是新型的个人计算机,也是最早的16位微型机产品。以后"PC"就成了个人计算机的代名词。

3. 我国计算机的发展

1956年，夏培肃完成了第一台电子计算机运算器和控制器的设计工作，同时编写了中国第一本电子计算机原理讲义。

1957年，哈尔滨工业大学研制成功了中国第一台模拟式电子计算机。

1958年，中国第一台计算机——103型通用数字电子计算机研制成功，运算速度每秒1 500次。

1959年，中国研制成功104型电子计算机，运算速度每秒1万次。

1960年，中国第一台大型通用电子计算机——107型通用电子数字计算机研制成功。

1963年，中国第一台大型晶体管电子计算机——109机研制成功。

1964年，441B全晶体管计算机研制成功。

1965年，中国第一台百万次集成电路计算机"DJS-Ⅱ"型操作系统编制完成。

1967年，新型晶体管大型通用数字计算机诞生。

1969年，北京大学承接研制百万次集成电路数字电子计算机——150机。

1970年，中国第一台具有多道程序分时操作系统和标准汇编语言的计算机——441B-Ⅲ型全晶体管计算机研制成功。

1972年，每秒运算11万次的大型集成电路通用数字电子计算机研制成功。

1973年，中国第一台百万次集成电路电子计算机研制成功。

1974年，DJS-130、131、132、135、140、152、153等13个机型先后研制成功。

1976年，DJS-183、184、185、186、1804机研制成功。

1977年，中国第一台微型计算机DJS-050机研制成功。

1979年，中国研制成功每秒运算500万次的集成电路计算机——HDS-9，王选用中国第一台激光照排机排出样书。

1981年，中国研制成功的260机平均运算速度达到每秒100万次。

1983年，"银河Ⅰ号"巨型计算机研制成功，运算速度达每秒1亿次。

1984年，联想集团的前身——新技术发展公司成立，中国出现第一次微机热。

1985年，华光Ⅱ型汉字激光照排系统投入生产性使用。

1986年，中华学习机投入生产。

1987年，第一台国产286微机——长城286正式推出。

1988年，第一台国产386微机——长城386推出，中国发现首例计算机病毒。

1990年，中国首台高智能计算机——EST/IS-4260智能工作站诞生，长城486计算机问世。

1991年，新华社、科技日报、经济日报正式启用汉字激光照排系统。

1992年，中国最大的汉字字符集——6万电脑汉字字库正式建立。

1993年，中国第一台10亿次巨型银河计算机Ⅱ型通过鉴定。

1994年，银河计算机Ⅱ型在国家气象局投入正式运行，用于天气中期预报。

1995年，曙光1000大型机通过鉴定，其峰值可达每秒25亿次。

1996年，国产联想电脑在国内微机市场销售量第一。

1997年，银河-Ⅲ并行巨型计算机研制成功。

1998年，中国微机销量达408万台，国产占有率高达71.9%。

1999年,银河四代巨型机研制成功。

2000年,我国自行研制成功高性能计算机"神威I",其主要技术指标和性能达到国际先进水平。我国成为继美国、日本之后世界上第三个具备研制高性能计算机能力的国家。

1.1.2 计算机的特点及分类

1. 计算机的特点

计算机的本领很大,现代社会中,它无处不在,计算机改变着人们的生活和工作方式,所有这些都与它本身的特点分不开,如图1.2所示的现代化个人电脑。

图1.2 现代化个人电脑

1) 高速、精确的运算能力:IBM的"深蓝"计算机,在对手每走一步棋时,1秒钟内便会有2亿步棋的反应。所以,计算机可以做那些计算量大、运算复杂的工作。

2) 准确的逻辑判断能力:1993年9月,在英特尔国际象棋大奖赛中,世界第一高手被名为"天才一号"的电脑象棋系统淘汰出局。

3) 强大的存储能力:计算机能存储大量数值、文字、图像、声音等各种信息,记忆力大得惊人,它可以轻易地"记住"一个大型图书馆的所有资料,从创刊到今天的《羊城晚报》,用几张光盘就可以全部存储。

4) 具有自动化功能和判断力:计算机可以将预先编好的一组指令(称为程序)先"记"起来,然后自动地逐条取出这些指令并执行,工作过程完全自动化,不需要人的干预。计算机是你最忠实的朋友,它能一丝不苟地执行你的指令,自动处理好全部问题。

5) 网络功能:它可以将几十台、几百台、甚至更多的计算机连成一个网络,将一个个城市、一个个国家的计算机连在一个计算机网上。在网上的所有计算机用户可共享网上资料、交流信息、互相学习,方便得如用电话一般,整个世界都可以互通信息。

2. 计算机的分类

计算机主要分类方式有以下三种,如图1.3所示。

(1) 按信息的表示方式划分

1) 模拟计算机:用连续变化的模拟量即电压来表示信息,其基本运算部件是由运算放大器构成的微分器、积分器、通用函数运算器等运算电路组成。模拟计算机解题速度极快,但精度不高、信息不易存储、通用性差。

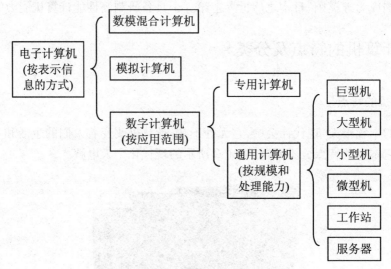

图1.3 计算机的分类

2) 数字计算机:用不连续的数字量即"0"和"1"来表示信息,其基本运算部件是数字逻辑电路。数字计算机的精度高、存储量大、通用性强,能胜任科学计算、信息处理、实时控制、智能模拟等方面的工作。

3) 数模混合计算机:数字模拟混合式电子计算机是综合了数字和模拟两种计算机的长处设计出来的。它既能处理数字量,又能处理模拟量。

(2) 按应用范围分类

1) 专用计算机:专用计算机是为解决一个或一类特定问题而设计的计算机。

2) 通用计算机:通用计算机是为能解决各种问题,具有较强的通用性而设计的计算机。

(3) 按计算机的规模和处理能力分类

1) 巨型机:也称为超级计算机,是指目前速度最快、处理能力最强的计算机,目前其运算速度已达到每秒万亿次。

2) 大型机:具有较快的处理速度和较强的处理能力,主要用于大银行、大公司、规模较大的高等学校和科研院所。

3) 小型机:结构简单、规模较小、操作简单。

4) 微型机:体积小、价格低、功能全、操作方便。

5) 工作站:易于联网、有大量内存、配置大屏幕显示器和较强的数据处理能力与高性能的图形功能。

6) 服务器:是一种在网络环境中为所有用户提供服务的共享设备。

1.1.3 计算机的应用领域及发展趋势

1. 计算机的应用领域

目前,计算机的应用领域可概括为以下几个方面:

1) 科学计算：即数值计算，是计算机应用的一个重要领域。计算机的发明和发展首先是为了完成科学研究和工程设计中大量复杂的数学计算，没有计算机，许多科学研究和工程设计(如天气预报和石油勘探)，将无法进行。

2) 信息处理：信息是各类数据的总称。数据是用于表示信息的数字、字母、符号的有序组合，可以通过声、光、电、磁、纸张等各种物理介质进行传送和存储。信息处理一般泛指非数值方面的计算，如各类资料的管理、查询、统计等。

3) 实时控制：它在国防建设和工业生产中都有着广泛的应用，如由雷达和导弹发射器组成的防空系统、地铁指挥控制系统、自动化生产线等，都需要在计算机控制下运行。

4) 计算机辅助工程：计算机辅助工程是近几年来迅速发展的一个计算机应用领域，它包括计算机辅助设计 CAD(Computer Aided Design)、计算机辅助制造 CAM(Computer Aided Manufacture)、计算机辅助教学 CAI(Computer Assisted Instruction)等多个方面。

5) 办公自动化：办公自动化 OA(Office Automation)指用计算机帮助办公室人员处理日常工作，如用计算机进行文字处理、文档管理、资料、图像、声音处理和网络通信等。

6) 数据通信："信息高速公路"主要是利用通信卫星群和光导纤维构成的计算机应用网络，实现信息双向交流，同时利用多媒体技术扩大计算机的应用范围。通信卫星的覆盖面广，光导纤维传输的信息量大，保密性好，他们的优势互补，利用计算机将二者结合起来可在全球范围内双向传送包括电视图像在内的各种信号，把整个地球网络起来，使人们在家里就可以收看世界上任何一家电视台的节目，通过屏幕与远在千里之外的友人面对面地通话，如图 1.4 所示。

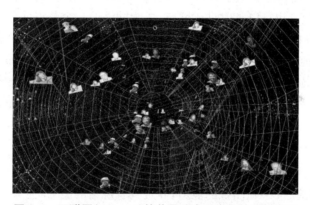

图 1.4　互联网(Internet)的普及改变了人们的生活方式

7) 智能应用：如语言翻译，模式识别等一类工作，既不同于单纯的科学计算，又不同于一般的数据处理，它不但要求具备很高的运算速度，还要求具备对已有的数据(经验，原则等)进行逻辑推理和总结的功能(即对知识的学习和积累功能)，并能利用已有的经验和逻辑规则对当前事件进行逻辑推理和判断，我们称之为人工智能，具有人工智能是新一代计算机的标志之一。

2. 计算机的发展趋势

(1) 电子计算机的发展趋势

当前计算机的发展趋势概括为四化：巨型化、微型化、网络化和智能化。

1) 巨型化：发展高速度，大存储容量，强功能的超大型计算机。这主要是满足如军事、天文、气象、原子、航天、核反应、遗传工程、生物工程等学科研究的需要；同时也是计算机人工智能、知识工程研究的需要。巨型机的研制水平也是一个国家综合国力和科技水平的具体反映。巨型机的运行速度一般在百亿次、千亿次以上。研制费用巨大，生产数量很少。我国的"银河Ⅰ"(1亿次)，"银河Ⅱ"(10亿次)，"银河Ⅲ"(130亿次)都是巨型机。目前我国已成为继美国、日本之后世界上第三个具备研制高性能计算机能力的国家。我国的"天河二号"超级计算机名列世界第一位，浮点运算速度高达33.86千万亿次。

2) 微型化：计算机的微型化是以大规模集成电路为基础的。计算机的微型化是当今世界计算机技术发展最为明显、最为广泛的趋势。由于微型计算机的体积越来越小，功能越来越强，价格越来越低，软件越来越丰富，系统集成程度越来越高，操作使用越来越方便，因此，它极大地推动了计算机应用的普及化。使计算机的应用拓展到人类社会的各个领域。同时微型计算机还渗透到如仪器仪表，导弹弹头，医疗仪器，家用电器等机电设备中去，实现了机电一体化。

3) 网络化：计算机网络是计算机技术和通信技术结合的产物。用通信线路及通信设备把个别的计算机连接在一起形成一个复杂的系统就是计算机网络。这种方式扩大了计算机系统的规模，实现了计算机资源（硬件资源和软件资源）的共享，提高了计算机系统的协同工作能力，为电子数据交换提供了条件。计算机网络可以是小范围的局域网络，也可以是跨地区的广域网络。现今最大的网络是 Internet，加入这个网络的计算机已达几十亿台。通过 Internet 我们可以利用网上丰富的信息资源，互相交流。所谓的信息高速公路就是以计算机网络为基础设施的信息传播活动。现在，又提出了所谓"网络计算机"的概念，即任何一台计算机，可以独立使用它，也可以随时进入网络，成为网络的一个节点使用它。

4) 智能化：计算机的智能化是计算机技术（硬件技术和软件技术）发展的一个高目标。智能化是指计算机具有模仿人类较高层次智能活动的能力：模拟人类的感觉、行为、思维过程，使计算机具有"视觉"、"听觉"、"说话"、"行为"、"思维"、"推理"、"学习"、"定理证明"、"语言翻译"等能力。机器人技术、计算机对弈、专家系统等就是计算机智能化的具体应用。计算机的智能化催促着第五代计算机的孕育和诞生。

(2) 第五代电子计算机被称为"智能计算机"

第五代电子计算机是智能电子计算机，它是一种有知识，会学习，能推理的计算机，具有能理解自然语言、声音、文字和图像的能力，并且具有说话的能力，使人机能够用自然语言直接对话，它可以利用已有的和不断学习到的知识，进行思维、联想、推理，并得出结论，能解决复杂问题，具有汇集、记忆、检索有关知识的能力。智能计算机突破了传统的冯·诺依曼式机器的概念，舍弃了二进制结构，把许多处理机并联起来，并行处理信息，速度大大地提高。它的智能化人机接口使人们不必编写程序，只需发出命令或提出要求，电脑就会完成推理和判断，并且给出解释。

(3) 新一代电子计算机

DNA 生物计算机：DNA 生物计算机是美国南加州大学阿德拉曼博士1994年提出的奇思妙想，它通过控制 DNA 分子间的生化反应来完成运算。但目前流行的 DNA 计算技术都必须将 DNA 溶于试管液体中。这种电脑由一堆装着有机液体的试管组成，很是笨拙。

光子计算机：光子计算机利用光子取代电子进行数据运算、传输和存储。在光子计算机中，不同波长的光代表不同的数据，这远胜于电子计算机中通过电子"0"、"1"状态变化进行的二进制运算,可以对复杂度高、计算量大的任务实现快速的并行处理。光子计算机将使运算速度在目前基础上呈指数上升。

量子计算机:量子计算机与传统计算机原理不同,它是建立在量子力学的原理上工作的。经典粒子在某一时刻的空间位置只有一个,而量子客体则可以存在于空间的任何位置,具有波粒二象性,量子存储器可以以不同的概率同时存储 0 或 1,具有量子叠加性。如果量子计算机的 CPU 中有 n 个量子比特,一次操作就可以同时处理 2n 个数据,而传统计算机一次只能处理一个数据。例如,具有 5 000 个量子位的量子计算机,可以在 30 秒内解决传统超级计算机要 100 亿年才能解决的大数因子分解问题。除具有高速并行处理数据的能力外,量子计算机还将对现有的保密体系、国家安全意识产生重大的冲击。

3. 数字化生存

1) 学会用计算机:配置好自己的机器系统,做到功能齐全、使用方便、安全、容易维护和重要数据的备份。

2) 利用网络交流信息:建立自己的长期 E-mail 账户。

3) 利用网络学习知识:利用搜索引擎(Search Engine)查找信息与各类问题的答案;锁定网上有关课程的专业网站,加入自己的收藏夹;了解有品质的网上信息服务站点。

4) 利用网络获得服务:下载使用各类免费资源(要注意知识产权问题);申请各类免费网络服务,如免费主页空间、免费 E-mail 等;网上咨询、网络购物、网上银行等服务。

5) 利用网络表达思想:如 BBS(Bulletin Board System)、博客 Blog(Weblog)、微博等。

6) 利用网络结交朋友:如各类网上社区、微信、朋友圈等。

7) 利用网络成就事业:培养兴趣;收集整理资料;建立个人博客或网站;成为专家并同时拥有网络专著。计算机在日常生活中的应用如图 1.5 所示。

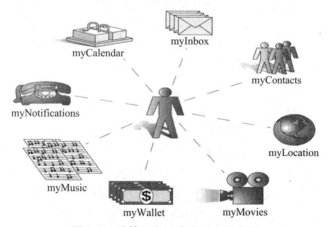

图 1.5 计算机在日常生活中的应用

1.2 计算机系统

一个完整的计算机系统由硬件系统和软件系统两部分组成(如图 1.6 所示)。硬件是计算机的实体,又称为硬设备,是所有固定装置的总称。它是计算机实现其功能的物质基础,其基本配置可分为：主机、键盘、显示器、光驱、硬盘、软盘驱动器、打印机、鼠标等。软件是指挥计算机运行的程序集，按功能分为系统软件和应用软件。通常把不安装任何软件的计算机称为裸机。普通用户所面对的一般都不是裸机，而是在裸机上配置若干软件之后构成的计算机系统。计算机系统的各种功能都是由硬件和软件共同完成的。

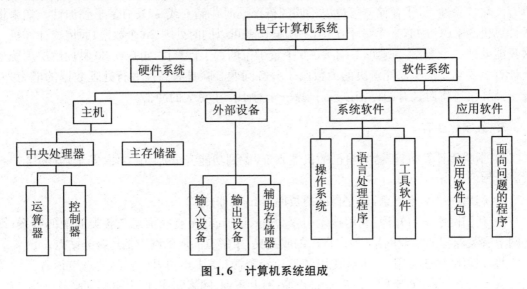

图 1.6　计算机系统组成

1.2.1　计算机的理论基础——存储程序控制

"存储程序控制"的概念，是美籍匈牙利数学家冯·诺依曼等，于 1946 年提出的设计电子数字计算机的一些基本思想。后人把按照这种思想和结构设计的计算机称为冯·诺依曼计算机。"存储程序"思想概括起来有如下一些要点：

1) 由运算器、控制器、存储器、输入装置和输出装置五大基本部件组成计算机，并规定了这五个部分的基本功能。

2) 计算机内部应采用二进制来表示指令和数据。

3) 将程序和数据事先放在存储器中，使计算机在工作时能够自动高速地从存储器中逐条取出指令和数据加以分析、处理和执行。这就是存储程序概念。

这样一些概念奠定了现代计算机的基本结构，并开创了程序设计的时代。半个多世纪以来，虽然计算机结构经历了重大的变化，性能也有了惊人的提高，但就其结构原理来说，至今占有主流地位的仍是以存储程序原理为基础的冯·诺依曼型计算机。

按照冯·诺依曼计算机结构，计算机的硬件系统如图 1.7 所示。

1.2.2　计算机硬件系统

计算机系统的硬件主要是由运算器、控制器、存储器、输入设备、输出设备等几部分组成。硬件系统又可分为主机和外部设备两大部分。由于运算器、控制器、存储器三个部分是信息加工、处理的主要部件，所以把它们合称为"主机"，而输入、输出设备及存储器则合称为"外部设备"。主机主要包括主板、CPU、内存、硬盘和显卡等设备，外部设备包括鼠标、键盘、

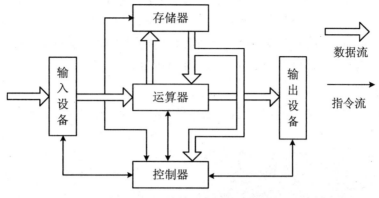

图 1.7 计算机的硬件系统

显示器、打印机和扫描仪等 I/O 设备。又因为运算器和控制器不论在逻辑关系上或是在结构工艺上都有十分紧密的联系,往往组装在一起,所以通常把运算器和控制器集成在一起,形成中央处理器(Central Processing Unit,CPU)。图 1.8 为最新 Intel 系列 CPU。

1. 运算器

运算器是一个用于信息加工的部件,主要功能是对二进制数据进行运算,包括算术运算(加、减、乘和除等)和逻辑运算(与、或、非、异或和比较)两类,因而运算器又称算术逻辑单元(ALU)。

图 1.8 最新 Intel 系列 CPU

2. 控制器

控制器产生各种控制信号,指挥整个计算机有条不紊地工作,其工作过程和人的大脑指挥和控制人的各器官一样。它的主要功能是根据人们预先编制好的程序,控制与协调计算机各部件自动工作。控制器按一定的顺序从主存储器中取出每一条指令并执行,执行一条指令是通过控制器发出相应的控制命令串来实现的。因此,控制器的工作过程就是按预先编好的程序,不断地从主存储器取出指令、分析指令和执行指令的过程。控制器主要由指令寄存器、译码器、程序计数器和操作控制器等组成。

3. 存储器

存储器的主要功能是存放程序和数据,是计算机记忆或暂存数据的部件。计算机中的全部信息,包括原始输入的数据、经过初步加工的中间数据以及最后处理完成的有用信息都存放在存储器中。而且,指挥计算机运行的各种程序也存放在存储器中。对存储器的要求是不仅能保存大量二进制信息,而且能快速读出信息,或者把信息快速写入存储器。按存储器的作用可将其分为主存储器(内存)和辅助存储器(外存)。

存储器中能够存放的最大数据信息量称为存储器的容量。存储器容量的基本单位是字节(Byte,B)。存储器中存储的一般是二进制数据,二进制数只有 0 和 1 两个代码,因而,计算机技术中常把一位二进制数称为一位(1 bit),1 个字节包括 8 位,即 1 Byte=8 bit。为了

便于表示大容量存储器,实际当中还常用 KB、MB、GB、TB 为单位,其关系为:

1 KB=1 024 B, 1 MB=1 024 KB, 1 GB=1 024 MB, 1 TB=1 024 GB

把信息从存储器中取出,而又不破坏存储器内容的过程称为读操作;把信息存入存储器的过程称为写操作,写操作可以破坏存储器中原有内容。

(1) 主存储器

主存储器简称主存,又叫内存,是计算机系统的信息交流中心,它的特点是存取速度快,但容量小,价格贵。图1.9就是一个内存储器。绝大多数的计算机内存是由半导体材料构成的。从使用功能上分,分为随机存储器(又称读写存储器)和只读存储器。

随机存储器(Random Access Memory,RAM)的主要功能是既可以从中读出数据又可以写入数据;读出时并不损坏原来存储的内容,只有写入时才修改原来所存储的内容;断电后,存储内容立即消失,即易失性。RAM 按其结构可分为动态 RAM(Dynamic RAM)和静态 RAM(Static RAM)两大类。DRAM 的特点是集成度高,主要用于大容量内存储器;SRAM 的特点是存储速度快,主要用于高速缓冲存储器。

图1.9 内存储器

只读存储器(Read Only Memory,ROM)的特点是只能读出原有内容,不能由用户再写入新内容。ROM 的数据是厂家在生产芯片时以特殊的方式固化的,用户一般不能修改。ROM 中一般存储系统管理程序,即使断电,ROM 中的数据也不会丢失。

(2) 辅助存储器

辅助存储器又叫外部存储器(简称外存),是内存的扩充,如磁盘存储器。外存一般具有容量大,存储速度慢,可以长期保存暂时不用的程序和数据,信息存储性价比较高,价格低等特点。通常,外存只与内存交换数据,而且存储速度慢。常用的外存有硬盘、软盘、光盘、U 盘等。

在运算过程中,内存直接与 CPU 交换信息,而外存不能直接与 CPU 交换信息,必须将它的信息传送到内存后才能由 CPU 进行处理,其性质和输入输出设备相同,所以一般把外存储器归属于外部设备。

4. 输入设备

输入设备将数据、程序、文字符号、图像、声音等输送到计算机中,它是重要的人机接口。常用的输入设备有键盘、鼠标器、数字化仪、光笔、光电阅读器和图像扫描器以及各种传感器等。

(1) 键盘

键盘(Keyboard)是常见的输入设备。标准键盘上的按键可以分为三个区域:字符键区、功能键区和数字键区(数字小键盘),如图1.10所示。

字符键区:由于键盘的前身是英文打字机,键盘排列已经标准化。因此,计算机的键盘最初就全盘采用了英

图1.10 键盘

文打字机的 QWERTY 排列方式。

功能键区：在键盘的最上一排，主要包括"F1"～"F12"共 12 个功能键，通常人们称它们为热键，因为用户可以根据自己的需要来定义它们的功能，以减少重复击键的次数，方便操作。

数字键区：又称小键盘区。安排在整个键盘的右部。它原来是为专门从事数字录入的工作人员提供的。

（2）鼠标

鼠标（Mouse）是一种指点式输入设备，多用于 Windows 环境中，来取代键盘的光标移动键，使定位更加方便和准确。按照鼠标的工作原理可将常用鼠标分为机械鼠标、光电鼠标和光电机械鼠标三种。按照鼠标与主机接口标准分主要有 PS/2 接口和 USB 接口两类，此外还有无线鼠标。

鼠标的基本操作有四种：指向、单击、双击和拖动。

（3）扫描仪

扫描仪（Scanner）是一种光电一体化的设备，属于图形式输入设备，如图 1.11 所示。人们通常将扫描仪用于各种形式的计算机图像、文稿的输入，进而实现对这些图像形式信息的处理、管理、使用、存储和输出。目前，扫描仪广泛应用于出版、广告制作、多媒体、图文通信等众多领域。图形输入设备除扫描仪以外还有摄像机、数码相机等。

图 1.11　扫描仪

此外还有语音和手写输入系统，它们可以让计算机从语音的声波和文字的形状中领会到含义。

5. 输出设备

输出设备是将计算机中的二进制信息转换为用户所需要的数据形式的设备。输出设备可以是打印机、显示器、绘图仪、磁盘、光盘等。

显示器是微型计算机不可缺少的输出设备，用户通过它可以很方便地查看输入计算机的程序、数据和图形等信息及经过计算机处理后的中间和最后结果。显示器是人机对话的主要工具。

按照显示器工作原理可将显示器分为三类：阴极射线显示器（CRT）、液晶显示器（LCD）、等离子显示器（PDP）等。

显示器的分辨率一般用整个屏幕上光栅的列数与行数的乘积来表示。这个乘积越大，分辨率就越高。现在常用的分辨率有 800×600，1 024×768，1 280×600，1 280×720，1 366×768、1 920×1 080 像素等。

显示器必须配置正确的显示器适配卡（俗称显卡）才能构成完整的显示系统。显卡较早的标准有 CGA（Color Graphics Adapter）标准（320×200 像素，彩色）和 EGA（Enhanced Graphics Adapter）标准（640×350 像素，彩色）。目前常用的是 VGA（Video Giaphicx Array）标准。VGA 适用于高分辨率的彩色显示器，其图形分辨率在 640×480 像素以上，能显示256种颜色,但其显示图形的效果一般。在VGA之后,又不断出现了SVGA和TVGA卡等,分辨率提高到了1 366×768像素和1 440×900等。

打印机是计算机系统最基本的输出工具,如图1.12所示,可以把字或图形在纸上输出,供用户阅读和长期保存。打印机按工作原理可分为击打式和非击打式打印机两类,现在使用的打印机多数都是非击打式的喷墨打印机和激光打印机。虽然属于击打式的针式打印机已经越来越少了,但它特别适合打印票据,所以财务人员还经常使用它。

图1.12　打印机

1.2.3　计算机软件系统

所谓软件是指为运行、维护、管理、应用计算机所编制的所有程序和数据的总和。软件系统可分为系统软件和应用软件两大类。计算机的软件系统的组成如图1.13所示。

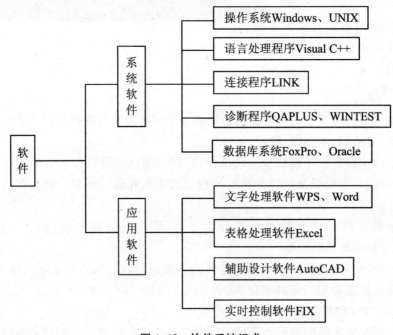

图1.13　软件系统组成

计算机的系统层次如图1.14所示。

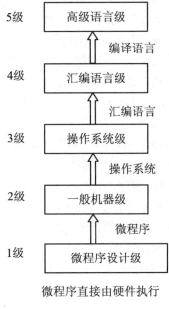

图 1.14 计算机的系统层次

1. 系统软件

系统软件能够调度、监控和维护计算机资源,扩充计算机功能,提高计算机效率。系统软件是用户和裸机的接口,主要包括操作系统、语言处理程序、数据库管理系统等,其核心是操作系统。

(1) 操作系统

操作系统(Operating System)是最基本的系统软件,用来管理和控制计算机系统中硬件和软件资源的大型程序,是其他软件运行的基础,如操作系统、故障诊断程序、语言处理程序等。操作系统负责对计算机系统的全部软、硬件和数据资源进行统一控制、调度和管理。其主要功能包括:启动计算机,存储、加载和执行应用程序,对文件进行排序、检索,将程序语言翻译成机器语言等。故障诊断程序负责对计算机设备的故障及对某个程序中的错误进行检测、辨认和定位,以便操作者排除和纠正。实际上,系统软件可以看作用户与计算机的接口,它为应用软件和用户提供了控制、访问硬件的手段,这些功能主要由操作系统完成。操作系统软件包括进程管理、存储管理、设备管理、文件管理和作业管理等五个功能部分。目前比较流行的操作系统有 Windows、Unix、Linux 等。

(2) 语言处理程序(翻译程序)

人与人交流需要语言,人与计算机之间同样需要语言。人与计算机之间交流信息使用的语言叫做程序设计语言。按照其对硬件的依赖程度,通常把程序设计语言分为三类:

1) 机器语言(Machine Language):机器语言是一种用二进制代码"1"和"0"组成的一组代码指令,是唯一可以被计算机硬件识别和执行的面向机器的语言。机器语言的优点是占用内存小、执行速度快。但机器语言编写程序工作量大、程序阅读性差、调试困难。

2) 汇编语言(Assemble Language):汇编语言是使用一些能反映指令功能的助记符号来代替机器指令的符号语言。汇编语言的指令与机器语言的指令基本上是一一对应的。这些助记符一般是人们容易记忆和理解的英文缩写,如加法指令 ADD、减法指令 SUB、移动指令 MOV 等。汇编语言在编写、阅读和调试方面有很大进步,而且运行速度快。但是汇编语言仍然是一种面向机器的语言,编程复杂,可移植性差。

3) 高级语言(High Level Language):高级语言是一种独立于机器的算法语言。高级语言的表达方式接近于人们日常语言和数学表达式,并且有一定的语法规则。高级语言编写的程序运行要慢一些,但是编程简单易学、可移植性好、可读性强、调试容易等。常见的高级语言有 Basic、Fortran、C、Delphi、Java、C♯等。

除机器语言以外,采用其他程序设计语言编写的程序,计算机都不能直接运行,这种程序称为源程序,必须将源程序翻译成等价的机器语言程序,即目标程序,才能被计算机识别和执行。承担把源程序翻译成目标程序工作的是语言处理程序。

如前所述,机器语言是计算机唯一能直接识别和执行的程序语言。如果要在计算机上运行高级语言程序就必须配备程序语言翻译程序(下简称翻译程序)。翻译程序本身是一组程序,不同的高级语言都有相应的翻译程序。

将汇编语言程序翻译成目标程序的语言处理程序叫汇编程序。将高级语言程序翻译成目标程序有两种方式:解释方式和编译方式,对应的语言处理程序也就是解释程序和编译程序。

解释程序:对高级语言程序逐句解释执行。这种方法的特点是程序设计的灵活性大,但程序的运行效率低。Basic 语言就采用这种编译方法。

编译程序:把高级语言所写的程序作为一个整体进行处理,编译后与子程序库链接,形成一个完整的可执行程序。这种方法的缺点是编译和链接较费时,但可执行程序运行速度很快。Fortran 和 C 语言等都采用这种编译方法。

(3) 数据库管理系统

在信息社会里,社会和生产活动产生的信息很多,使人工管理难以应付,人们希望借助计算机对信息进行搜集、存储、处理和使用。数据库系统(Data Base System,DBS)就是在这种需求背景下产生和发展的。数据库管理系统主要面向解决数据处理的非数值计算问题,对计算机中存放的大量数据进行组织、管理、查询。

数据库是指按照一定联系存储的数据集合,可为多种应用共享。数据库管理系统(Data Base Management System,DBMS)则是能够对数据库进行加工、管理的系统软件。其主要功能是建立、消除、维护数据库及对库中数据进行各种操作。数据库系统主要由数据库(DB)、数据库管理系统以及相应的应用程序组成。数据库系统不但能够存放大量的数据,更重要的是能迅速、自动地对数据进行检索、修改、统计、排序、合并等操作,以得到所需的信息。这一点是传统的文件柜无法做到的。

数据库技术是计算机技术中发展最快、应用最广的一个分支。可以说,在今后的计算机应用开发中大都离不开数据库。因此,了解数据库技术尤其是微机环境下的数据库应用是非常必要的。目前,常用的数据库管理系统有 SQL Server、Oracle、Mysql 和 Visual FoxPro 等。

2. 应用软件

应用软件是用户为解决各种实际问题而编制的计算机应用程序及其有关资料。从其服务对象的角度,又可分为通用软件和专用软件两类。

(1) 通用软件

这类软件通常是为解决某一类问题而设计的,而这类问题是很多人都要遇到和解决的。例如:文字处理、表格处理、电子演示等。

(2) 专用软件

在市场上可以买到通用软件,但有些具有特殊功能和需求的软件是无法买到的。比如某个用户希望有一个程序能自动控制车床,同时也能将各种事务性工作集成起来统一管理。因为它对于一般用户是太特殊了,所以只能组织人力开发。当然开发出来的这种软件也只能专用于这种情况。

计算机软件已发展成为一个巨大的产业,软件的应用范围也涵盖了社会生活的方方面面,以下是一些主要应用领域及其相关的软件。

办公应用:Microsoft Office、WPS 和 Open Office 等。

平面设计:Photoshop、Illustrator、Freehand 和 CorelDRAW 等。

视频编辑与后期制作:Adobe Premiere、After Effects 和 Ulead 的会声会影等。

网站开发:Frontpage 和 Dreamweaver 等。

辅助设计:AutoCAD、Rhino 和 Pro/E 等。

三维制作:3DMax 和 Maya 等。

多媒体开发:Authorware、Director 和 Flash 等。

程序设计:Visual Studio.Net、Boland C++ 和 Dephi 等。

综上所述,计算机系统是由硬件系统和软件系统组成。硬件是计算机系统的躯体,软件是计算机的灵魂。硬件的性能决定了软件的运行速度,软件决定可进行的工作性质。硬件和软件是相辅相成的,只有将两者有效地结合起来,才能使计算机系统发挥应有的功能。

1.3 计算机中的数制和存储单位

1.3.1 进位计数制

1. 什么是进位计数制

数制也称计数制,是指用一组固定的符号和统一的规则来表示数值的方法。按进位的原则进行计数的方法,称为进位计数制。比如,在十进位计数制中,是按照"逢十进一"的原则进行计数的。常用的进位计数制有:十进制(Decimal notation);二进制(Binary notation);八进制(Octal notation);十六进制(Hexdecimal notation)。

2. 数制的基数与位权

"基数"和"位权"是进位计数制的两个要素。

1) 基数:所谓基数,就是进位计数制的每位数上可能有的数码的个数。例如,十进制数每位上的数码有"0"、"1"、"2"、…、"9"十个数码,所以基数为10。

2) 位权(位的权数):在某一进位制的数中,每一位的大小都对应着该位上的数码乘上一个固定的数,这个固定的数就是这一位的权数,权数是一个幂。例如,十进制数 4 567 从高位到低位的位权分别为 10^3、10^2、10^1、10^0,因为

$$4\,567 = 4 \times 10^3 + 5 \times 10^2 + 6 \times 10^1 + 7 \times 10^0。$$

在进位制中,某个数 A 的一般写法是:

$$A = K_{n-1} K_{n-2} \cdots K_1 K_0 K_{-1} K_{-2} \cdots K_{-m}$$

计算其值一般用按"权"展开的多项式来表示:

$$(A)R = K_{n-1} R_{n-1} + K_{n-2} R_{n-2} + \cdots + K_1 R_1 + K_0 R_0 + K_{-1} R_{-1} + \cdots + K_{-m} R_{-m}$$

式中,K_i——表示第 i 位的数码,$0 \leqslant K_i \leqslant R_{-1}$;

R——表示基数;

n——小数点左边的位数,为正整数;

m——小数点右边的位数,为正整数。

每个数字符号因在数中所处的位置不同,而具有不同的"权"值。每位能采用不同数字的个数,称为该进位制的基数或底数。

例如:十进制数 $(123.45)_{10}$

$$(123.45)_{10} = 1 \times 10^2 + 2 \times 10^1 + 3 \times 10^0 + 4 \times 10^{-1} + 5 \times 10^{-2}$$

各位的"权"   100   10   1   0.1   0.01

3. 进位制数的特点

1) 每一进位制数都有一固定的基数,即数的每一位可取 R 个不同数码之一。运算时"逢 R 进一",故称 R 进制。如十进制数的每一位可取 0~9 的十个数码之一,运算时"逢十进一"。

2) 每一位数码 K_i 对应一个固定的权值 R_i。相邻位的权相差 R 倍。如向前借一位,则"借一当 R"。

1.3.2 计算机中几种常见的数制

几种常见数制的基数和权如表 1.2 所示。

表 1.2 几种常见数制的基数和权

数制	基本符号	基值	权
十进制	0—9	10	10^{n-1}
二进制	0、1	2	2^{n-1}
八进制	0—7	8	8^{n-1}
十六进制	0—9 A、B、C、D、E、F	16	16^{n-1}

1. 二进制数

组成计算机的基本逻辑电路通常有两个不同的稳定状态,即低电平和高电平,在电子计算机中用它们来表示数码 0 和 1。所以,在计算机中数的存储、传送以及运算均采用二进制。

在计算机中,所有需要计算机处理的数字、字母、符号都是以一连串由"0"和"1"组成的二进制代码来表示的,它是计算机唯一能够识别的"语言",称之为"机器语言"。

在计算机中,二进制数的运算包括算术运算和逻辑运算。

二进制数的算术运算规则:

加法　　$0+0=0$　　　　乘法　　$0\times0=0$
　　　　$0+1=1+0=1$　　　　　$0\times1=1\times0=0$
　　　　$1+1=10$　　　　　　　$1\times1=1$

减法和除法分别是加法和乘法的逆运算。根据上述规则,很容易地进行二进制的四则运算。例如:

```
      1011…被加数              11000…被减数
    + 1101…加数              -  1101…减数
    ─────                    ─────
     11000…和                  1011…差
```

```
       1001…被乘数                1011…商
     × 1011…乘数          1001√1100011…被除数
     ─────                        1001
       1001                       ────
       1001                       1101
       0000                       1001
       1001                       ────
     ─────                        1001
     1100011…积                   1001
                                  ────
```

二进制数的逻辑运算规则:

1) 逻辑乘,也称"与"运算,运算符为"·"或"∧"
　　　　$0·0=0$　$0·1=0$　$1·0=0$　$1·1=1$

2) 逻辑加,也称"或"运算,运算符为"+"或"∨"
　　　　$0+0=0$　$0+1=1$　$1+0=1$　$1+1=1$

3) 逻辑非,也称"反"运算,运算符是在逻辑值或变量符号上加"—"
　　　　$\bar{0}=1$　$\bar{1}=0$

计算机采用二进制数的特点:

1) 计算机采用二进制数,能方便的使用逻辑代数。
2) 实现容易。
3) 记忆和传输可靠。
4) 运算规则简单。
5) 记忆和书写不便。

2. 八进制数

1) 定义:按"逢八进一"的原则进行计数,称为八进制数,即每位上计满8时向高位进一。
2) 特点:每个数的数位上只能是0、1、2、3、4、5、6、7八个数字;八进制数中最大数字是7,最小数字是0;基数为8。

3) 八进制数的位权表示：$(107.13)_8 = 1\times 8^2 + 0\times 8^1 + 7\times 8^0 + 1\times 8^{-1} + 3\times 8^{-2}$。

3. 十六制数

1) 定义：按"逢十六进一"的原则进行计数，称为十六进制数，即每位上计满 16 时向高位进一。

2) 特点：每个数的数位上只能是 0、1、2、3、4、5、6、7、8、9、A、B、C、D、E、F 十六个数码；十六进制数中最大数字是 F，即 15，最小数字是 0；基数为 16。

3) 十六进制位权表示：$(2FDE)_{16} = 2\times 16^3 + 15\times 16^2 + 13\times 16^1 + 14\times 16^0$。

几种进制之间的对应关系如表 1.3 所示。

表 1.3　十进制数、二进制数、八进制数和十六进制数的对应关系

十进制	二进制	八进制	十六进制	十进制	二进制	八进制	十六进制
0	0000	0	0	10	1010	12	A
1	0001	1	1	11	1011	13	B
2	0010	2	2	12	1100	14	C
3	0011	3	3	13	1101	15	D
4	0100	4	4	14	1110	16	E
5	0101	5	5	15	1111	17	F
6	0110	6	6	16	10000	20	10
7	0111	7	7				
8	1000	10	8				
9	1001	11	9				

1.3.3　不同数制之间的转换

将数由一种数制转换成另一种数制称为数制间的转换。因为日常生活中经常使用的是十进制数，而在计算机中采用的是二进制数。所以在使用计算机时就必须把输入的十进制数换算成计算机所能够接受的二进制数。计算机在运行结束后，再把二进制数换算成人们所习惯的十进制数输出。这两个换算过程完全由计算机自动完成。

1. 非十进制数转换成十进制数

非十进制数转换成十进制数采用"位权法"，即把各非十进制数按位权展开，然后求和。步骤：1) 确定权值；2) 系数乘以所在位相应权；3) 相加求和。

【例 1.1】　求 $(1100101.101)_2$ 的等值十进制。

解　$(1100101.101)_2$
$= 1\times 2^6 + 1\times 2^5 + 0\times 2^4 + 0\times 2^3 + 1\times 2^2 + 0\times 2^1 + 1\times 2^0 + 1\times 2^{-1} + 0\times 2^{-2} + 1\times 2^{-3}$
$= 64 + 32 + 0 + 0 + 4 + 0 + 1 + 0.5 + 0.125$
$= (101.625)_{10}$

即 $(1100101.101)_2 = (101.625)_{10}$

2. 十进制数转换成非十进制数

(1) 十进制整数转换成非十进制整数

十进制整数转换为非十进制整数采用"余数法",即除基数取余数。把十进制整数逐次用任意非十进制数的基数去除,一直到商是 0 为止,然后将所得到的余数由下而上排列即可。

【例 1.2】 求 $(66)_{10}$ 的二进制数。

解

```
2 | 66  0    ↑
2 | 33  1   低位
2 | 16  0
2 |  8  0
2 |  4  0
2 |  2  0   高位
2 |  1  1
    0  0
```

即 $(66)_{10} = (1000010)_2$

(2) 十进制小数转换成非十进制小数

十进制小数转换成非十进制小数采用"乘数法",即乘基数取整数。把十进制小数不断的用其他进制的基数去乘,直到小数的当前值等于 0 或满足所要求的精度为止,最后所得到积的整数部分由上而下排列即为所求。

【例 1.3】 求 $(0.625)_{10}$ 的等值二进制数。

解　$0.625 \times 2 = 1.250$　　1　　高位
　　　　$0.250 \times 2 = 0.500$　　0　　↓
　　　　$0.500 \times 2 = 1.000$　　1　　低位

即 $(0.625)_{10} = (0.101)_2$

注:十进制小数不一定都能转换成完全等值的二进制小数。

3. 二进制与八进制、十六进制之间的转换

(1) 二进制数与八进制数之间的转换方法

二进制数转换为八进制数:按"三位并一位"的方法进行,以小数点为界,将整数部分从右向左每三位一组,最高位不足三位时,添 0 补足三位;小数部分从左向右,每三位一组,最低有效位不足三位时,添 0 补足三位。然后,将各组的三位二进制数按权展开后相加,得到一位八进制数。

【例 1.4】 把 $(10110101.01101)_2$ 转换为八进制数。

解 二进制数: 010 110 101 … 011 010
　　　　　　　↓　↓　↓　　　↓　↓
　　八进制数:　2　 6　 5　…　3　 2

(注:整数部分最高位和小数部分最低位补 0)

即 $(10110101.01101)_2 = (265.32)_8$

八进制数转换成二进制数:采用"一位拆三位"的方法进行,即把八进制数每位上的数用相应的三位二进制数表示。

【例 1.5】 把 $(345.23)_8$ 转换成二进制数。

解 八进制数:　3　 4　 5　…　2　 3
　　　　　　　　↓　↓　↓　　　↓　↓
　　二进制数:　011 100 101 … 010 011

即 $(345.23)_8 = (11100101.010011)_2$

(2) 二进制数与十六进制数之间的转换方法

二进制数转换为十六进制数:按"四位并一位"的方法进行,以小数点为界,将整数部分从右向左,每四位一组,最高位不足四位时,添 0 补足四位;小数部分从左向右,每四位一组,最低有效位不足四位时,添 0 补足四位。然后,将各组的四位二进制数按权展开后相加,得到一位十六进制数。

【例 1.6】 将 $(10111010111101.10111)_2$ 转换成十六进制数。

解 二进制数: 0010 1110 1011 1101 … 1011 1000
　　　　　　　　↓　　↓　　↓　　↓　　　↓　　↓
　　十六进制数:　2　　E　　B　　D　…　 B　　8

即 $(10111010111101.10111)_2 = (2EBD.B8)_{16}$

十六进制数转换成二进制数:采用"一位拆四位"的方法进行,即把十六进制数每位上的数用相应的四位二进制数表示。

【例 1.7】 将 $(3A8C.9D)_{16}$ 转换成二进制数。

解 十六进制数:　3　　A　　8　　C　…　9　　D
　　　　　　　　　↓　　↓　　↓　　↓　　↓　　↓
　　二进制数:　 0011 1010 1000 1100 … 1001 1101

即 $(3A8C.9D)_{16} = (11101010001100.10011101)_2$

1.3.4 计算机中的数据单位

在计算机中通常使用三个数据单位:位、字节和字。

1) 位:电脑的各种存储器最小的存储单位,英文名称是 bit,常用小写 b 或 bit 表示,它表示一个二进制位。

2) 字节:用 8 位二进制数作为表示字符和数字的基本单元,英文名称是 byte,通常用大"B"表示。在存储器中含有大量的存储单元,每个存储单元可以存放 8 个二进制位,所以存储器的容量是以字节为基本单位的。每个英文字母要占一个字节,一个汉字要占两个字节。

3) 字长:也称为字或计算机字,它是计算机能并行处理的二进制数的位数。

1 B(字节)=8 b(位)
1 KB (千字节)=1 024 B(字节)
1 MB(兆字节)=1 024 KB (千字节)
1 GB(吉字节)=1 024 MB (兆字节)
1 TB(太字节)=1 024 GB (吉字节)

1.3.5 计算机中的数据编码

1. ASCII 码

ASCII 是英文 American Standard Code for Information Interchange 的缩写，ASCII 码是目前计算机最通用的编码标准。因为计算机只能接受数字信息，所以 ASCII 码将字符作为数字来表示，以便计算机能够接受和处理。比如大写字母 M 的 ASCII 码是 77。

ASCII 码采用 7 位二进制编码，共 128 个字符。第 0～32 号及第 127 号是控制字符，常用的有 LF(换行)、CR(回车)；第 48～57 号为 0～9 十个阿拉伯数字；65～90 号为 26 个大写英文字母，97～122 号为 26 个小写英文字母，其余的是一些标点符号、运算符号等。

表 1.4 ASCII 码表

$b_4 b_3 b_2 b_1$ 字符 $b_7 b_6 b_5$	000	001	010	011	100	101	110	111
0000	NUL	DLE	SP	0	@	P	`	p
0001	SOH	DC1	!	1	A	Q	a	q
0010	STX	DC2	"	2	B	R	b	r
0011	ETX	DC3	#	3	C	S	c	s
0100	EOT	DC4	$	4	D	T	d	t
0101	ENQ	NAK	%	5	E	U	e	u
0110	ACK	SYN	&	6	F	V	f	v
0111	BEL	ETB	,	7	G	W	g	w
1000	BS	CAN	(	8	H	X	h	x
1001	HT	EM	)	9	I	Y	i	y
1010	LF	SUB	*	:	J	Z	j	z
1011	VT	ESC	+	;	K	[	k	{
1100	FF	S	,	<	L	\	l	|
1101	CR	GS	—	=	M	]	m	}
1110	SO	RS	.	>	N	^	n	~
1111	SI	US	/	?	O	_	o	DEL

常用的 ASCII 码：

1) "a"~"z":1100001~1111010;97~122
2) "A"~"Z":1000001~1011010;65~90
3) "0"~"9":0110000~0111001;48~57
4) 空格字符(SP):0100000;32
5) 换行(LF):0001010;10
6) 回车(CR):0001101;13
7) 删除(DEL):1111111;127

2. 汉字编码

在 ASCII 码编码方案中,用到了一个字节的低 7 位,最多只能表示 128 个字符,但对于汉字来说,日常使用的汉字就有 7 000 多个,只用一个字节对汉字进行编码是不可能的,所以通常用多字节对汉字进行编码。

1) 汉字输入码:汉字输入码是指用户从键盘上输入汉字时所使用的编码。

2) 汉字交换码(国标码):我国制定了"中华人民共和国国家标准信息交换汉字编码",代号为"GB2312-80",又称国标码。国标码规定,每个汉字由一个 2 字节代码组成。每个字节的最高位恒为 0,其余 7 位用于组成各种不同的码值。

3) 汉字机内码:也称汉字内码,是指汉字在计算机中存储、加工、处理时所用的代码。汉字机内码以汉字交换码为基础,在得到汉字交换码后,将汉字交换码的每个最高位置加 1,就得到了汉字机内码。汉字两字节的机内码和国标码有一个对应关系

$$国标码+8080(H)=机内码$$

例如:"重"字国标码是 3122(H),它的机内码是

$$3122(H)+8080(H)=B1A2(H)$$

4) 汉字字形码:汉字字形码即汉字输出码,用于显示或打印汉字时产生字形。汉字的字形称为字模,以一点阵表示。点阵中的点对应存储器中的一位,对于 16×16 点阵的汉字,其有 256 个点,即 256 位。由于计算机中,8 个二进制位作为一个字节,所以 16×16 点阵汉字需要 2×16=32 字节表示一个汉字的点阵数字信息(字模)。点阵数越大,分辨率越高,字形越美观,但占用的存储空间越多。

各种汉字编码之间的关系如图 1.15 所示。

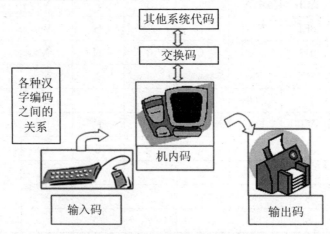

图 1.15　各种汉字编码之间的关系

1.4 计算机安全使用常识

1.4.1 计算机病毒的定义及特征

1. 计算机病毒的定义

计算机病毒就是对计算机资源进行破坏的一组程序或指令集合。该组程序或指令集合能通过某种途径潜伏在计算机存储介质或程序里,当达到某种条件时即被激活。它用修改其他程序的方法将自己的精确拷贝或者可能演化的形式放入其他程序中,从而感染它们。之所以叫病毒是因为它就像生物病毒一样具有传染性。与医学上的病毒不同的是,它不是天然存在的,而是某些人利用计算机软、硬件所固有的脆弱性,编制具有特殊功能的程序。计算机病毒具有独特的复制能力。

2. 计算机病毒的特征

1) 传染性:传染性是计算机病毒最重要的特征,是判断一段程序代码是否为计算机病毒的依据。病毒程序一旦侵入计算机系统就开始搜索可以传染的程序或者介质,然后通过自我复制迅速传播。

2) 潜伏性:计算机病毒具有依附于其他介质而寄生的能力,这种介质被称为计算机病毒的宿主。依靠病毒的寄生能力,病毒传染合法的程序和系统后,不立即发作,而是悄悄地隐藏起来,然后在用户不察觉的情况下进行传染。病毒潜伏时间越长,病毒传染的范围就越大,危害性就越强。

3) 破坏性:无论何种计算机病毒,一旦侵入系统都会对操作系统的运行造成不同程度的影响。即使不直接产生破坏作用的病毒程序也要占用系统资源。大多数病毒程序要显示一些文字或图像,从而影响系统的正常运行,还有一些病毒程序删除文件,加密磁盘中的数据,甚至摧毁整个系统中的数据,使之无法恢复。

4) 隐蔽性:计算机病毒是一种具有很高编程技巧,短小精悍的可执行程序。它通常黏附在正常程序之中或者磁盘引导的扇区之中,病毒想方设法隐藏自身,就是为了防止用户察觉。

5) 非授权可执行性:用户调用一个程序时,通常把系统控制交给这个程序,并分配相应的系统资源,程序执行的过程对用户是透明的。而计算机病毒是非法程序,并具有正常程序的一切特性。它隐藏在合法的程序或数据中,当用户运行正常程序时,病毒伺机窃取系统的控制权,得以抢先运行,而此时用户还以为在执行正常程序。

1.4.2 常见的计算机病毒

1. 宏病毒

宏病毒(Macro Virus)是目前最热门的话题,它主要是利用软件本身所提供的宏能力来设计病毒,所以凡是具有宏能力的软件都有宏病毒存在的可能性,如 Word、Excel 等都相继传出宏病毒危害的事件,在中国台湾最著名的例子就是 Taiwan NO.1 Word 宏病毒。

2. 引导型病毒(Boot Strap Sector Virus)

引导型病毒(Boot Strap Sector Virus)又称开机型病毒。这类病毒隐藏在硬盘或软盘的引导区(Boot Sector),当计算机从感染病毒的硬盘或软盘启动,或当计算机从受感染的软盘中读取数据时,引导区病毒就开始发作。一旦它们将自己拷贝到机器的内存中,马上就会感染其他磁盘的引导区,或通过网络传播到其他计算机上。

3. 脚本病毒

脚本病毒(Script Virus)依赖一种特殊的脚本语言(如:VBS Script、Java Script 等)起作用,同时需要软件或应用环境能够真正识别和翻译这种脚本语言中嵌套的命令。脚本病毒在某方面与宏病毒类似,但脚本病毒可以在多个产品环境中进行,还能在其他所有可以识别和翻译它的产品中运行。脚本语言比宏语言更具有开发终端的趋势,这样使得病毒制造者对感染脚本病毒的机器可以有更多的控制力。

4. 文件型病毒

文件型病毒(File infector Virus)通常寄生在可执行文档(如*.EXE、*.COM)中。当这些文件被执行时,病毒的程序就跟着被执行。

5. 特洛伊木马

特洛伊木马(Trojan)程序通常是指伪装成合法软件的非感染型病毒,但它不进行自我复制。有些木马可以模仿运行环境,收集所需的信息。最常见的木马便是试图窃取用户名和密码的登录信息,或者试图从众多的 Internet 服务器提供商盗窃用户的注册信息和账号信息。

1.4.3 计算机病毒的防范

病毒的侵入必将对系统资源构成威胁,即使是良性病毒,至少也要占用少量的系统空间,影响系统的正常运行。因此采取对计算机病毒的防范措施,做到防患于未然是非常必要的。
1) 对重要部门的计算机采取专机专用。
2) 重要数据文件且不需要写入的 U 盘使其处于写保护状态,防止病毒侵入。
3) 对配有硬盘的机器,应从硬盘启动系统。
4) 慎用网上下载的软件,不打开来路不明的文件和电子邮件。
5) 安装防病毒软件。
6) 定期对计算机系统进行检测。
7) 建立规章制度,宣传教育,管理预防。

除了上述的防范措施,用户还必须随时观察计算机,如果出现下列情况之一,要警惕计算机是否感染上了病毒,并给予及时的检测和清除。

1) 文件无故丢失，文件属性发生变化，文件名不能辨认。
2) 可执行程序的文件长度变大。
3) 计算机运行速度明显变慢。
4) 自动连接陌生的网站。
5) 磁盘容量无故被占用。
6) 不识别磁盘设备。
7) 系统经常死机或自动重启，或是系统启动时间过长。
8) 计算机屏幕出现异常提示信息，异常滚动，异常图形显示。
9) 磁盘上发现不明来源的隐藏文件。

1.4.4 常见杀毒软件

1) 360 安全卫士：网址为 www.360.cn。
2) KILL：KILL 是国内历史最悠久，资格最老的杀毒软件。由公安部开发。软件特点：快速，准确，高效。网址为 www.kill.com.cn。
3) KV3000：网址为 www.jiangmin.com。
4) RAV：它擅长查杀变形病毒和宏病毒。网址为 www.rising.com.cn。
5) NORTON：它具有很强的检测未知病毒的能力。网址为 www.symantec.com。
6) KASPERSKY：卡巴斯基产品拥有卓越的侦测率，实时病毒分析和良好的服务。网址为 www.kaspersky.com.cn。

1.5 多媒体基础知识

1.5.1 相关概念

1. 多媒体

"多媒体"一词译自英文"Multimedia"，而该词又是由 multiple 和 media 复合而成的。媒体(medium)原有两重含义，一是指存储信息的实体，如磁盘、光盘、磁带、半导体存储器等，中文常译作媒质；二是指传递信息的载体，如数字、文字、声音、图形等，中文译作媒介。与多媒体对应的一词是单媒体，从字面上看，多媒体就是单媒体的复合。

2. 多媒体技术

多媒体技术不是各种信息媒体的简单复合，它是一种把文本(Text)、图形(Graphics)、图像(Images)、动画(Animation)和声音(Sound)等形式的信息结合在一起，并通过计算机进行综合处理和控制，能支持完成一系列交互式操作的信息技术。

3. 多媒体计算机系统

多媒体计算机系统不是单一的技术，而是多种信息技术的集成，是把多种技术综合应用到一个计算机系统中，实现信息输入、信息处理、信息输出等多种功能。一个完整的多媒体计算机系统由多媒体计算机硬件和多媒体计算机软件两部分组成。

4. 多媒体教学

多媒体教学是指在教学过程中，根据教学目标和教学对象的特点，通过教学设计，合理选择和运用现代教学媒体，并与传统教学手段有机组合，共同参与教学全过程，以多种媒体信息作用于学生，形成合理的教学过程结构，达到最优化的教学效果。

1.5.2 多媒体技术及其特点

简单地说，多媒体技术就是把声、文、图像等多种不同的媒体信息和计算机集成在一起并可进行交互的技术。

多媒体技术具有以下关键特性：

1. 集成性

多媒体技术的集成性首先是指可将声、文、图像等多种不同的媒体信息有机地进行同步组合，成为一个完整的多媒体信息，做到图、文、声、像一体化。

集成性的另一层含义是把不同的输入显示媒体，如键盘、摄像机、数码相机、扫描仪等；输出显示媒体，如显示器、打印机、投影仪、音箱等；存储媒体，如硬盘、光盘、U盘等；传输媒体，如同轴电缆、光纤等集成在一起，形成一个整体。这是多媒体技术的先决条件，其具有的特征就是集声、文、图像等多种媒体为一体。

2. 实时性

多媒体技术由于是多种媒体集成的技术，其中声音及活动的视频图像是和时间密切相关的，甚至是强实时。

3. 交互性

交互性是指可以进行人工干预，人为地改变信息的表现结构，研究感兴趣的特定方面，从而增加对信息的接受和理解。

4. 图像处理、声音处理、网络通信技术融为一体

多媒体技术是一种高科技产物，它包含了电脑视频信号处理、图像处理、声音处理以及网络通信技术等，旨在用人们生活中习惯的声音、图像和文字等相结合的方式来处理和传递信息。

5. 易操作性

多媒体电脑使用者仅用简单的键盘命令，或仅用鼠标，或仅用手指触摸屏幕上的标志就可以得到所需要的各种信息。这样，即使完全不懂电脑的人，也可以轻松操作，享受多媒体技术。

6. 可设计任何用途的系统

由于多媒体技术可根据具体要求编辑、存储、摄取多种信息,因此它的应用也不断扩展,已进入到工业生产、教育、职业培训、公共服务、信息传播、商业广告、军事训练、家庭生活和娱乐等几乎所有领域。

7. 友好的用户界面

多媒体技术运用文字、图像、动画、声音等信息,制作生动活泼的界面,令用户感觉非常友好。

8. 易开发、可维护性

多媒体并非凭空而生,它是技术发展与应用需求的必然产物。计算机中的信息最初是采用二进制 0、1 来表示,后来产生了 ASCII 字符码,对广大非计算机专业的普通用户,这无异于天书一般难以理解和使用。

随着软硬件技术的发展,计算机开始处理图像、声音、视频等信息,这个过程其实就是计算机多媒体化的演变过程。面对对象的编程技术的出现,使用多媒体产品变得易开发、可维护,不再是少数计算机专业人员才能做的工作。这也决定了所有的电脑使用者、多媒体爱好者都可以充分发挥自己的创意,开发自己的多媒体产品。

1.5.3 常见的媒体元素

常见的媒体元素大致有以下几种表现形式:

1)"文本":文本是以文字和各种专用符号表达的信息形式,它是现实生活中使用得最多的一种信息存储和传递方式。用文本表达信息给人充分的想象空间,它主要用于对知识的描述性表示,如阐述概念、定义、原理和问题以及显示标题、菜单等内容。

2)"图像":图像是多媒体软件中最重要的信息表现形式之一,它是决定一个多媒体软件视觉效果的关键因素。

3)"动画":动画是利用人的视觉暂留特性,快速播放一系列连续运动变化的图形图像,也包括画面的缩放、旋转、变换、淡入淡出等特殊效果。通过动画可以把抽象的内容形象化,使许多难以理解的教学内容变得生动有趣。合理使用动画可以达到事半功倍的效果。

4)"声音":声音是人们用来传递信息、交流感情最方便、最熟悉的方式之一。在多媒体课件中,按其表达形式,可将声音分为讲解、音乐、效果三类。

5)"视频影像":视频影像具有时序性与丰富的信息内涵,常用于交代事物的发展过程。视频非常类似于我们熟知的电影和电视,有声有色,在多媒体中充当起重要的角色。

1.5.4 多媒体技术的应用

多媒体技术本身是一种高技术,并且具有强烈的渗透性的特点,它可以扩展到各个应用领域,尤其在教育训练、信息服务、数据通信、娱乐、大众媒体传播、广告等方面显示出强劲的势头。

在教育教学方面,教育培训是多媒体计算机最有前途的应用领域之一,世界各国的教育学家们正努力研究用先进的多媒体技术改进教学与培训。以多媒体计算机为核心的现代教育技术使教学变得丰富多彩,并引发教育的深层次改革。计算机多媒体教学已在较大范围内替代了基于黑板的教学方式,从以教师为中心的教学模式,逐步向以学生为中心、学生自主学习的新型教学模式转移。

在娱乐方面,有声信息已经广泛地用于各种应用系统中。通过声音录制可获得各种声音或语音,用于宣传、演讲或语音训练等应用系统中,或作为配音插入电子讲稿、电子广告、动画和影视中。数字影视和娱乐工具也已进入我们的生活,如人们利用多媒体技术制作影视作品、观看交互式电影等;而在娱乐领域,电子游戏软件,无论是在色彩、图像、动画、音频的创作表现上,还是在游戏内容的精彩程度上都是空前的。

在医疗方面,多媒体技术可以在帮助远离服务中心的病人通过多媒体通信设备、远距离多功能医学传感器和微型遥测接受医生的询问和诊断,为抢救病人赢得宝贵的时间,并充分发挥名医专家的作用,节省各种费用开支。

多媒体技术正向两个方面发展:一是网络化发展趋势,与宽带网络通信等技术相互结合,使多媒体技术进入科研设计、企业管理、办公自动化、远程教育、远程医疗、检索咨询、文化娱乐、自动测控等领域;二是多媒体终端的部件化、智能化和嵌入化,提高计算机系统本身的多媒体性能,开发智能化家电。

此外,随着技术的进步,特别是信息化步伐加快,数字化技术将文件处理带入了新的领域,让人们可以用更快的速度制作文件,用更便捷的方式修改图像和文件,利用网络通信把图像和文件迅速地传到四面八方。经过数字压缩,从根本上解决了录像带资源长期保存难的问题。

纵观多媒体技术的发展及其未来,我们不难发现多媒体技术将成为未来计算机技术、通信技术以及消费类电子产品走向结合的大趋势,并将在最近几年内有较大的发展。

第 2 章　Windows 7 操作系统

操作系统是计算机用户和计算机硬件之间的接口，用户只有通过操作系统才能使用计算机，所有应用程序必须在操作系统的支持下才能运行。因此，掌握操作系统的操作方法是学会使用计算机的前提。本章将具体介绍 Windows 7 的使用。

2.1　操作系统基础知识

2.1.1　操作系统的基本概念

操作系统是计算机软件系统的重要组成部分，是软件的核心。一方面，它是计算机硬件功能面向用户的首次扩充，它把硬件资源的潜在功能用一系列命令的形式公布于众，从而使用户可通过操作系统提供的命令直接使用计算机，成为用户与计算机硬件的接口。在 Windows 环境下，用户通过单击和一些简单的功能选择就可以操作计算机；另一方面，它又是其他软件的开发基础，即其他系统软件和用户软件都必须通过操作系统才能合理组织计算机的工作流程，调用计算机系统资源为用户服务。

通常情况下，操作系统是指控制和管理计算机软硬件资源，合理组织计算机工作流程以及方便用户使用的大型程序，由许多控制和管理功能的子程序组成。

2.1.2　操作系统的分类

1. 单用户操作系统

主要特征是一个计算机系统内部每次只能运行一个用户查询。该用户占有全部硬件和软件资源。一般微型计算机多采用这种系统，如 DOS 操作系统等。目前，随着操作系统技术的发展，出现了单用户多任务操作系统，如 Microsoft Windows。

2. 分时操作系统

使一台计算机同时为几个、几十个甚至几百个用户服务的一种操作系统。把计算机与许多终端用户连接起来，系统将处理机时间与内存空间按一定的时间间隔，轮流地切换给各终端用户的程序使用。由于时间间隔很短，每个用户的感觉就像他独占计算机一样。例如 Unix 系统就采用剥夺式动态优先的 CPU 调度，有力地支持分时操作。

3. 实时操作系统

实时操作系统分为实时控制和实时处理两大类，是一种时间性强、响应快的操作系统。该系统能及时并在极短的时间内对外来信息做出准确的响应，对系统的可靠性和安全性要求较高。

4. 批处理系统

该系统采用批量化作业处理技术，根据一定的策略将要计算的一批题目按一定的组合和顺序执行，从而可提高系统运行的效率。

5. 网络操作系统

用来管理连在计算机网络上的多个计算机的操作系统。该系统提供网络通信和网络资源共享的功能，要求保证信息传输的准确性、安全性和保密性。

6. 分布式操作系统

分布式操作系统是在多处理机环境下，负责管理以协作方式同时工作的大量处理机、存储器、输入输出设备等一系列系统资源，以及负责执行进程与处理机之间的同步通信、调度等控制工作的软件系统。

7. 大型机操作系统

大型机(Mainframe Computer)，也称为大型主机。大型机使用专用的处理器指令集、操作系统和应用软件。最早的操作系统是针对 20 世纪 60 年代的大型结构开发的，由于对这些系统在软件方面做了巨大投资，因此原来的计算机厂商继续开发与原来操作系统相兼容的硬件与操作系统。这些早期的操作系统是现代操作系统的先驱。

8. 嵌入式操作系统

嵌入式操作系统(Embedded Operating System, EOS)是指用于嵌入式系统的操作系统。嵌入式操作系统是一种用途广泛的系统软件，通常包括与硬件相关的底层驱动软件、系统内核、设备驱动接口、通信协议、图形界面、标准化浏览器等。嵌入式操作系统负责嵌入式系统的全部软、硬件资源的分配、任务调度，控制、协调并发活动。它必须体现其所在系统的特征，能够通过装卸某些模块来达到系统所要求的功能。目前在嵌入式领域广泛使用的操作系统有：嵌入式 Linux、Windows Embedded、VxWorks 等，以及应用在智能手机和平板电脑的 Android、iOS 等。

2.1.3 常用操作系统

在计算机的发展过程中，出现过许多不同的操作系统，其中最为常用的有：DOS、Windows、Mac OS、Linux、Unix/Xenix、OS/2 等等，下面介绍常见的计算机操作系统的发展过程和功能特点。

1. DOS 操作系统

1981 年问世，DOS 经历了 7 次大的版本升级，从 1.0 版到后来的 7.0 版，不断地改进和完善。但是，DOS 系统的单用户、单任务、字符界面和 16 位的大格局没有变化，因此它对于内存的管理也局限在 640 KB 的范围内。DOS 最初是微软公司为 IBM-PC 开发的操作系统，因此它对硬件平台的要求很低，因此适用性较广。DOS 系统有众多的通用软件支持，如各种语言处理程序、数据库管理系统、文字处理软件、电子表格等。

2. Windows 系统

Windows 是微软公司成功开发的操作系统。Windows 是一个多任务的操作系统，它采用图形窗口界面，用户对计算机的各种复杂操作只需通过点击鼠标就可以实现。

Microsoft Windows 系列操作系统是在微软给 IBM 机器设计的 MS-DOS 的基础上设计的图形操作系统。Windows 系统，如 Windows 2000、Windows XP 皆是创建于现代的 Windows NT 内核。NT 内核是由 OS/2 和 OpenVMS 等系统上借用来的。Windows 可以在 32 位和 64 位的 Intel 和 AMD 处理器上运行，但是早期的版本也可以在 DEC Alpha、MIPS 与 PowerPC 架构上运行。

Windows XP 在 2001 年 10 月 25 日发布，2004 年 8 月 24 日发布服务包 2，2008 年 4 月 21 日发布最新的服务包 3。Windows Vista(开发代码为 Longhorn)于 2007 年 1 月 30 日发售，Windows Vista 增加了许多功能，尤其是系统的安全性和网络管理功能，并且其拥有界面华丽的 Aero Glass。但是整体而言，其在全球市场上的口碑却并不是很好。2009 年 10 月 23 日微软于中国正式发布 Windows 7。目前最新的 Windows 8 微软于 2012 年 10 月正式推出，微软自称触摸革命将开始。微软计划于 2015 年夏推出 Windows X 操作系统。

3. Mac OS 操作系统

Mac OS 操作系统是美国苹果计算机公司为它的 Macintosh 计算机设计的操作系统，该机型于 1984 年推出，在当时的 PC 还只是 DOS 枯燥的字符界面的时候，Mac 率先采用了一些至今仍为人称道的技术。比如：GUI 图形用户界面、多媒体应用、鼠标等。Macintosh 计算机在出版、印刷、影视制作和教育等领域有着广泛的应用，Microsoft Windows 至今在很多方面还有 Mac 的影子，最近苹果公司又发布了目前最先进的个人电脑操作系统 Mac OS X。

3. Linux 操作系统

基于 Linux 的操作系统是 1991 年推出的一个多用户、多任务的操作系统。它与 Unix 完全兼容。Linux 最初是由芬兰赫尔辛基大学计算机系学生 Linus Torvalds 在基于 Unix 的基础上开发的一个操作系统的内核程序，Linux 的设计是为了在 Intel 微处理器上更有效的运用。其后在理查德·斯托曼的建议下以 GNU 通用公共许可证发布，成为自由软件 Unix 的变种。它的最大特点在于是一个源代码公开的自由及开放源码的操作系统，其内核源代码可以自由传播。

5. Unix 操作系统

Unix 系统 1969 年在贝尔实验室诞生，最初是在中小型计算机上运用。最早移植到

80286 微机上的 Unix 系统，称为 Xenix。Xenix 系统的特点是短小精悍，系统开销小，运行速度快。Unix 为用户提供了一个分时的系统以控制计算机的活动和资源，并且提供一个交互、灵活的操作界面。

6. OS/2 系统

1987 年 IBM 公司在激烈的市场竞争中推出了 PS/2（Personal System/2）个人电脑。PS/2 系列电脑大幅度突破了现行 PC 机的体系，采用了与其他总线互不兼容的微通道总线 MCA，并且 IBM 自行设计了该系统约 80% 的零部件，以防止其他公司仿制。OS/2 系统正是为系列机开发的一个新型多任务操作系统。OS/2 克服了 DOS 系统 640 KB 主存的限制，具有多任务功能。OS/2 也采用图形界面，它本身是一个 32 位系统，不仅可以处理 32 位 OS/2 系统的应用软件，也可以运行 16 位 DOS 和 Windows 软件。OS/2 系统通常要求在 4 MB 内存和 100 MB 硬盘或更高的硬件环境下运行。由于 OS/2 仅限于 PS/2 机型，兼容性较差，故而限制了它的推广和应用。

2.2　Windows 7 操作系统基础知识

2.2.1　Windows 7 的运行环境和安装

1. 运行环境

由于 Windows 7 的操作系统比较庞大，所以在安装之前，必须检查一下计算机是否满足安装的条件，这里主要指硬件要求。Windows 7 系统需求如表 2.1 所示。

表 2.1　Windows 7 系统的需求

架构	32 位	64 位
中央处理器	1 GHz 以上	
内存	1 G	2 G
显卡	支持 DirectX9.0	
显存	128 M	
硬盘最小容量	16 GB	20 GB
光盘驱动器	DVD-ROM 或 DVD 刻录机	
激活方法	网络或电话，用以激活 Windows	

2. 利用系统光盘进行安装

Windows 7 可以使用系统光盘进行安装。以 Windows 7 旗舰版系统安装为例，其安装步骤大致如下。

1）将安装光盘放入光驱，重启计算机后按"F2"或"F10"键进入引导盘选择界面，选择

"CDROM",敲击"回车"键将自动运行安装程序。在 Windows 7 安装界面下选择中文,直接单击"下一步",如图 2.1 所示。随后界面勾选"我接受许可条款",然后单击"下一步",表示同意当前厂商的法律协议。

图 2.1　Windows 7 安装界面

2）选择将系统安装在硬盘的哪个分区,如图 2.2 所示,并将新硬盘格式化好。

图 2.2　系统安装位置

3）根据向导提示步骤进行安装,系统将自动搜索计算机的相关信息,并复制安装文件到计算机中。安装程序会以此进行展开 Windows 文件、安装功能、安装更新、完成安装等步骤,如图 2.3 所示,然后提示重启计算机。

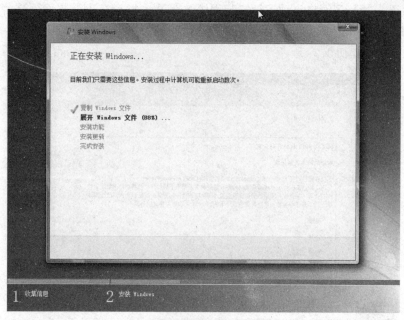

图 2.3 安装 Windows 过程

4) 重新启动计算机,系统自动检测安装硬件并完成最后的设置。如图 2.4 所示,输入用户名称、计算机名称、正版序列号(即系统安装秘钥),设置账户密码、时间和日期,确认所处网络类型(家庭网络、工作网络、公用网络),与运行 Windows 7 的其他家庭计算机共享。在确认几个推荐选项后,系统安装完成,准备进入桌面。

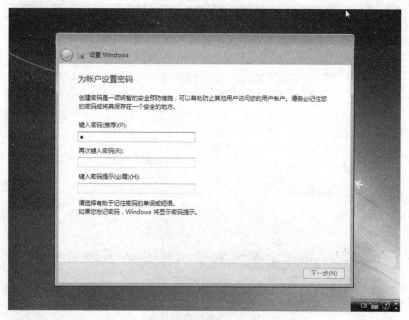

图 2.4 设置账号密码

5) Windows 7 启动后进入初始界面,如图 2.5 所示 Windows 7 桌面。

图 2.5　Windows 7 桌面

2.2.2　Windows 7 的启动和退出

Windows 7 是一个支持多用户的操作系统，登录系统时，可选用不同的启动方式来实现多用户登录。

1. Windows 7 的启动

按下机箱电源开关"Power"，屏幕上将显示电脑自检信息，如果电脑中只安装了一个 Windows 7 操作系统，则自动启动 Windows 7 操作系统。如果安装了多个系统，可选择 Windows 7 选项，再按键盘上的回车键"Enter"进入 Windows 7。在接下来的用户登陆界面选择某用户，输入正确登录密码，系统进入 Windows 7 操作系统界面。

2. Windows 7 的退出

使用 Windows 7 后，如想退出系统并关闭计算机，其方式与 Windows XP 类似，其步骤是：先关闭所有应用程序；对未保存的文件进行存盘；然后单击桌面左下角的"开始"图标，如图 2.6 所示；最后单击"关机"即退出系统并关闭计算机。单击"关机"右边的三角箭头弹出菜单有：切换用户（切换到另一个用户登录系统），注销（注销当前用户，处于等待登录状态），锁定（锁定计算机，让未授权的用户无法使用计算机），重新启动，睡眠（使系统处于睡眠状态，系统将会关闭大部分的设备，此时，一般只有内存仍然在上电，用于维持内存数据。有时为了能够从其他方式唤醒，还会给网卡、USB 接口等上电。唤醒之后用户能够快速进入工作状态）。

图 2.6　关机选项

2.2.3　Windows 7 的桌面

进入 Windows 7 系统后,看到的是 Windows 7 的桌面,相比较老版本,桌面有了不少变化,计算机上所有的操作都在这里完成,屏幕上可以看到桌面、图标、任务栏,对于普通用户来说,学会使用和管理桌面极为重要。

1. 桌面背景

桌面背景的作用是美化屏幕,用户既可以保持系统简洁的风格,也可以将自己喜欢的图片设置为桌面背景。

Windows 7 增进了对主题的支持。除了可以设置窗口的颜色、屏幕保护程序、桌面背景、桌面图标、音效、鼠标指针以外,Windows 7 的主题还包括了桌面幻灯片设置。所有的设置可以从"个性化"控制窗口(如图 2.7 所示)进行设置,同时也可以从微软网站上下载并安装更多的 Aero 主题。

图 2.7　"个性化"控制窗口

Windows Aero 是 Windows Vista 开始使用的新元素,包含重新设计 Windows Explorer 样式、Windows Aero 玻璃样式、Windows Flip 3D 窗口切换(如图 2.8 所示),以及实时缩略图和新的字体。Windows 7 目前所使用的 Windows Aero 有许多功能上的调整,可以在新的触控接口和新的视觉效果及特效中设计最佳的用户界面,如图 2.9 所示,透明的玻璃特效让用户获得较好的应用体验。

图 2.8　Windows Flip 3D 窗口切换

图 2.9　Windows Aero 玻璃特效

2. 桌面图标

图标指桌面上排列的小图像,包括图形和文字两部分。图标用来代表要运行的程序,也可以代表要打开的文件夹,或是代表要编辑的一个数据文件。要打开图标所代表的内容,只需双击图标即可。Windows 7 桌面默认只有一个"回收站"图标,在图 2.7"个性化"控制窗口中单击"更改桌面图标",打开如图 2.10 所示"桌面图标设置"对话框,选择要显示在桌面上的图标。

图 2.10 "桌面图标设置"对话框

1)"计算机":通过该图标,用户可以管理磁盘、文件、文件夹等内容。"计算机"图标是用户使用和管理计算机最重要的工具。

2)"网络":通过其属性对话框,用户可以配置本地网络连接、设置网络标识、进行访问控制设置和映射网络驱动器。双击该图标,可以打开"网络和共享中心"窗口来查看和使用网络资源。

3)"回收站":Windows 7 在删除文件和文件夹时并不将它们从磁盘上删除,而是暂时保存在"回收站"中,只要用户没有清空回收站,便可在需要时还原删除的文件和文件夹。

4)"用户的文件":通过该图标可以打开用户默认存放文件的地方(类似于 Windows Xp 的"我的文档")。系统根据用户账号在"C:\用户\"目录下建立以用户账号为名称的文件夹,在此文件夹内部还有"我的图片"、"我的视频"、"我的文档"、"我的音乐"、"下载"等文件夹,用于系统分门别类存放文件。

5)"控制面板":通过"控制面板",用户可以对系统进行各种控制和管理。

2.2.4 键盘和鼠标的操作

键盘和鼠标是 Windows 重要的输入设备,用于向计算机输入信息和指令。

1. 键盘

键盘是最常用也是最主要的输入设备,通过键盘可以将英文字母、数字、标点符号等输入到计算机中,从而向计算机发出命令、输入数据等。常见的键盘有台式机键盘(目前多为 101 键和 104 键)和笔记本键盘(80 键以上,不同品牌稍有区别)。

2. 鼠标

自 Windows 操作系统出现以来,鼠标一直为主要的输入设备。目前我们使用的鼠标多

为两键(左右键)加滚轮的模式,基本操作方式有如下几种:

1) 指向:将鼠标指针移动到某个对象上。当指针停留在某对象上时,会出现提示信息。

2) 单击:将鼠标指针指向某个对象,按一下鼠标左键,此动作通常用来选取所指向的对象。

3) 双击:将鼠标指针指向某个对象,连续快速按鼠标左键两下,一般表示打开窗口或执行应用程序。

4) 右击:将鼠标指针指向某个对象,按下鼠标右键。右击通常会弹出一个菜单,以此来快速执行菜单中的命令,称为"快捷菜单"。

5) 拖拽:将鼠标指针指向某个对象,按住鼠标左键不放并移动鼠标,到指定位置后再释放,通常用来完成对象的移动或复制等操作。

2.2.5 窗口的基本操作

在 Windows 7 操作系统中,窗口扮演了一个很重要的角色,所打开的每一个程序或者文件夹都显示在一个窗口中,用于管理和使用相应的内容。

1. 窗口的组成

典型的窗口由标题栏、菜单栏、工具栏、地址栏、搜索栏、状态栏、工作区域等几部分组成。如图 2.11 所示。

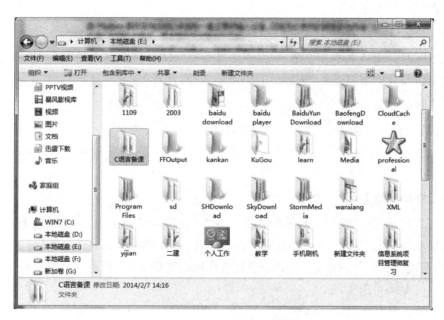

图 2.11 典型窗口示例图

1) "标题栏":通常位于窗口的最上部,从左至右依次为最小化按钮、最大化或还原按钮、关闭按钮。

2) "菜单栏":标题栏下方,提供用户在操作过程中用到的各种访问途径。主要有"文件"、"编辑"、"查看"、"工具"和"帮助"。

3)"工具栏":工具栏中包括了一些常用功能按钮,用户使用时可以直接从上面选择工具而不必去菜单中搜寻。

4)"地址栏":地址栏里显示当前打开的文件夹的目录,我们也可以在地址栏中输入本地硬盘的地址或网络地址,直接打开相应内容。

5)"工作区域":显示应用程序界面或文件夹中的全部内容。

6)"滚动条":当工作区域的内容太多而不能全部显示时,窗口自动出现滚动条,可用鼠标拖拽水平或垂直滚动条来查看所有内容。

2. 窗口的操作

窗口操作在 Windows 7 系统中很重要,通过鼠标或键盘可以对窗口轻松地进行各种操作。下面主要介绍如何通过鼠标来打开窗口、移动窗口、切换窗口、最大化或最小化窗口以及关闭窗口。

Windows 7 目前所使用的 Windows Aero 有许多功能上的调整,以及新的触控接口和新的视觉效果与特效。

Aero 桌面透视:鼠标指针指向任务栏上图标,便会跳出该程序的缩略图预览,指向缩略图时还可看到该程序的全屏预览。此外,鼠标指向任务栏最右端的小按钮可看到桌面的预览。

Aero 晃动:在标题栏按下鼠标左键,晃动一下鼠标,可让其他打开中的窗口缩到最小,在晃动一次便可恢复。

(1) 打开窗口

使用鼠标打开窗口有两种方法:一是双击准备打开的窗口图标直接打开相应的窗口;二是右键单击待打开的窗口图标,从弹出的菜单中选择"打开"命令。

(2) 移动窗口

打开 Windows 7 的窗口之后,用户可以根据需要利用鼠标与键盘的操作移动窗口。方法是将鼠标指针移动到标题栏上,按住鼠标左键,拖拽鼠标至目标处释放,窗口即移动至新的位置。

(3) 改变窗口的大小

用户使用鼠标可以改变窗口的大小,方法是将鼠标移动到窗口的边框或角上,待鼠标指针变成双箭头形状时,按住鼠标左键,拖动边框或角到所需位置,然后释放鼠标。

注意:有的应用程序的窗口,当鼠标指针放在边框或角上时,如不改变为双箭头,则表示该窗口的尺寸是不可改变的。

(4) 窗口的最大化、最小化和关闭

用鼠标左键单击标题栏最右边的"最小化"、"最大化"或"关闭"按钮,可以分别使窗口最小化、最大化或关闭。

(5) 切换窗口

打开多个窗口,可以使用下列方法之一切换到需要工作的窗口。

方法一:单击任务栏上相应图标,这是实现在多个窗口之间切换的最简方法。

方法二：如果窗口没有被其他窗口完全遮住，可直接单击要激活的窗口。

方法三：使用键盘，按住"Alt"键，然后按"Tab"键，此时屏幕会弹出一个窗口，按"Tab"键依次进行切换，当找到需要的窗口时，该窗口图标会带有边框，释放"Tab"键，即切换到该窗口。

方法四：用"Alt+Esc"键，在所有打开的窗口之间进行切换，但此方法不适用于最小化的窗口。

（6）窗口排列

在计算机的使用过程中，用户经常需要打开多个窗口，并通过前面介绍的切换方法来激活一个窗口进行管理和使用。但有时用户会需要在同一时刻打开多个窗口并使它们全部处于显示状态。这就涉及到了窗口重排列问题。排列的方式包括三种：层叠窗口、堆叠显示窗口和并排显示窗口。在任务栏非按钮区右击，在弹出的快捷菜单中进行选择。

"层叠窗口"：当用户在桌面上打开了多个窗口并需要在窗口之间来回切换时，可对窗口进行层叠排列。如果用户希望把其中一个掩盖住的窗口变为当前窗口时，单击这个窗口的标题栏，这个窗口将会被提升到这串层叠起来的窗口的最上面。

"堆叠显示窗口"：窗口从上到下不重叠的显示窗口。

"并排显示窗口"：窗口从左到右不重叠的显示窗口。

"显示桌面"：将所有打开的窗口都最小化。

2.2.6 对话框的基本操作

在 Windows 7 操作系统中，对话框是用户和电脑进行交流的中间桥梁。用户通过对话框的提示和说明，可以进一步操作。与窗口的主要区别是无最小化和最大化/还原按钮，一般不可以改变大小。

一般情况下，对话框中包含各种各样的选项，例如选项卡、复选、单选、按钮、文本框、列表等。通过 Windows 窗口中"工具"→"文件夹选项(O)…"打开如图 2.12 所示文件夹选项，具体操作如下。

"选项卡"：选项卡多用于对一些比较复杂的对话框，分为多页，实现页面的切换操作。

"单选"：实现一组多个选项中只能选择一个。

"复选"：实现一组多个选项中可以任意选择多个。

"按钮"：命令按钮，用来执行某一项具体任务。

另外还有文本框、列表等控件。

2.2.7 菜单的基本操作

Windows 7 系统的所有命令都可以从菜单中选取，用户使用时，用鼠标或键盘选中某个菜单项，相当于输入并执行了该命令。Windows 7 系统所有菜单都具有统一的符号约定，菜单项后标有实心三角形，则表示该菜单项有下一级子菜单；菜单项后有括号字母，则表示为热键；菜单项后有"Ctrl+字母"，则表示为快捷键；菜单项后有"…"，则表示可打开对

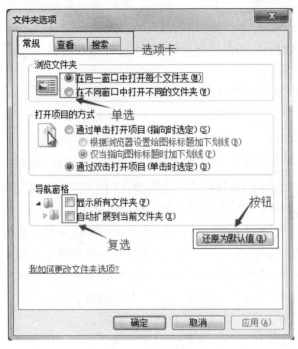

图 2.12 文件夹选项

话框。

"下拉菜单":也称为级联菜单,每个下拉菜单中都有一系列的菜单命令。如图 2.13 所示。

"快捷菜单":用鼠标右击某个对象时,会弹出快捷菜单,其内容通常是与当前操作或选中对象相关的命令项,如图 2.14 所示"计算机"快捷菜单。

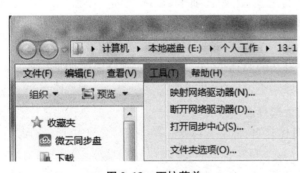

图 2.13 下拉菜单　　　　　　　　图 2.14 快捷菜单

"系统菜单":右击标题栏,可打开系统菜单,主要是为用户更改窗口的大小、位置或关闭窗口。

"开始菜单":这是启动应用程序最直接的工具。用鼠标单击桌面最左下角的"开始"按钮,将打开如图 2.15 所示的开始菜单。该菜单包括所有程序、文档、计算机、控制面板、设备及打印机、关机等命令。

图 2.15 开始菜单

2.2.8 中文输入

中文输入法,又称为汉字输入法,是指为了将汉字输入计算机或手机等电子设备而采用的编码方法,是中文信息处理的重要技术。中文输入法从 1980 年发展起来经历了单字输入、词语输入、整句输入几个阶段。汉字输入法编码可分为几类:音码、形码、音形码、形音码、无理码等。广泛使用的中文输入法有拼音输入法、五笔字型输入法、二笔输入法、郑码输入法等,在中国台湾流行的输入法有注音输入法、呒虾米输入法和仓颉输入法等。中国大陆流行的输入法在 Windows 系统有搜狗拼音输入法、搜狗五笔输入法、百度输入法、谷歌拼音输入法、QQ 拼音输入法、QQ 五笔输入法、极点中文输入法等。

当我们需要向计算机内部输入汉字时,首先必须选择输入法。输入法切换方法主要有两种。

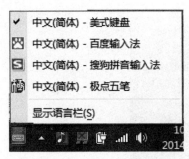

图 2.16　输入法列表框

方法一：单击任务栏右边的小键盘图标，将弹出如图 2.16 所示的输入法列表框。

方法二：逐次按"Ctrl"+"Shift"键，从多种输入法中选择一种。这里我们以搜狗输入法为例介绍如何使用输入法输入我们需要的内容。

1. 搜狗输入法基本常识

当输入法切换到搜狗输入法后，桌面将显示输入法状态条，如图 2.17 所示。状态条从左到右图标依次为：搜狗标志、中/英文(Shift)、全/半角(Shift+Space)、中/英文标点符号(Ctrl+·)、软键盘(Ctrl+Shift+K)、登录输入法账户、打开皮肤小盒子、菜单(Ctrl+Shift+M)，括号内为快捷键。下面分别介绍具体功能。

"中/英文(Shift)"：在中文和英文之间进行切换。单击该按钮，"中"将变为"英"，表示转为英文输入状态。再次单击重新切换回中文输入状态。

图 2.17　搜狗输入法状态条

"全/半角(Shift+Space)"：在全角与半角之间进行切换，普通中文输入时，输入的英文字符和数字均为半角，其宽度为汉字的一半。如希望两者同宽，可单击该按钮将"半月"变为"满月"即为全角状态，再次单击切换回半角。

"中/英文标点符号(Ctrl+.)"：在中文与英文标点符号之间进行切换。单击此按钮将在中文标点与英文标点之间切换。中文标点符号与键位对应关系如表 2.2 所示，这里注意有些键位有上下两个字符的，需要输入上面字符时需按住"Shift"键的同时按下此键位。

表 2.2　标点符号与键位对应表

标点符号	键位	说明
。句号	.	
，逗号	,	
；分号	;	
：冒号	:	
？问号	?	
！感叹号	!	
""双引号	"	自动配对
''单引号	'	自动配对
（左括号	(	
）右括号	)	
《左书名号	<	
》右书名号	>	
……省略号	^	双符处理
——破折号	—	双符处理
、顿号	/或\	
￥人民币符号	$	

"软键盘(Ctrl+Shift+K)":Windows 7 提供 13 种软键盘,每种软键盘用于输入一类字符或符号,如希腊字符、俄文字符、拼音字符、中文数字、特殊符号、标点符号等等。单击"▥"图标弹出菜单让我们选择"特殊符号"或"软键盘"。选择"特殊符号"弹出如图 2.18 所示对话框,可以输入各类符号;选择"软键盘"默认弹出如图 2.19 所示 PC 键盘。

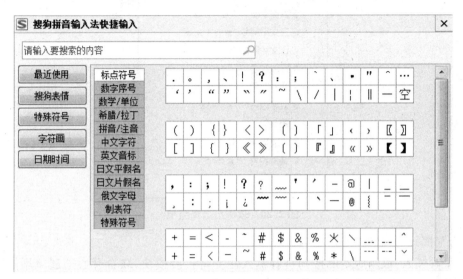

图 2.18 特殊符号快捷输入框

图 2.19 软键盘

如果需要其他类型的符号,在"软键盘"按钮上右击右键,弹出如图 2.20 所示的选择菜单。关闭软键盘只需单击输入法状态条上"软键盘"按钮。

2. 搜狗输入法的特色

1) 网络新词:搜狐公司将网络新词作为搜狗拼音最大优势之一。鉴于搜狐公司同时开发搜索引擎的优势,搜狐声称在软件开发过程中分析了 40 亿网页,将字、词组按照使用频率重新排列。用户使用表明,搜狗拼音的这一设计的确在一定程度上提高了打字的速度。

2) 快速更新:不同于许多输入法依靠升级来更新词库的办法,搜狗拼音采用不定时在线更新的办法。这减少了用户自己造词的时间。

3) 符号输入:搜狗拼音将许多符号表情也整合进词库,如输入"haha"得到"^_^"。另外还有提供一些用户自定义的缩写,如输入"QQ",则显示"我的 QQ 号是 XXXXXX"等。

4) 笔画输入:输入时以"u"做引导可以将"h"(横)、"s"(竖)、"p"(撇)、"n"[捺,也作"d"

图 2.20 软键盘选择菜单

（点）]、"t"（提）用笔画结构输入字符。

5）手写输入：最新版本的搜狗拼音输入法支持扩展模块，联合开心逍遥笔增加手写输入功能，当用户按"u"键时，拼音输入区会出现"打开手写输入"的提示，或者查找候选字超过两页也会提示，点击可打开手写输入（如果用户未安装，点击会打开扩展功能管理器，可以点安装按钮在线安装）。该功能可帮助用户快速输入生字，极大地增加了用户的输入体验。

6）输入统计：搜狗拼音提供了一个统计用户输入字数，打字速度的功能。但每次更新都会清零。

7）输入法登录：可以使用输入法登录功能登录搜狗、搜狐、Chinaren、17173 等网站会员账号。这时你的词库会同步到服务器，在另一台机器上再次登录后，词库会自动同步到此计算机，极大提高了用户体验。

8）个性皮肤：用户可以选择多种精彩皮肤，更有每天自动更换一款"皮肤系列"功能。最新版本按"i"键可开启快速换肤。

9）细胞词库：细胞词库是搜狗首创的、开放共享的、可在线升级的细分化词库功能。细胞词库包括但不限于专业词库，通过选取合适的细胞词库，搜狗拼音输入法可以覆盖几乎所有的中文词汇。

10）截图功能：可在选项设置中选择开启、禁用和安装、卸载。

3. 输入内容

1）全拼输入。全拼输入是拼音输入法中最基本的输入方式。如输入"搜狗输入法"，输入"sougoushurufa"即可得到。

2）简拼输入。如输入"中华人民共和国"，我们仅输入"zhrmghg"即可。即输入的是待输入词语的拼音首字母。对于有些简拼会根据词频的使用率显示多个候选词，需要您进一步选择。

3）全拼简拼混用输入。简拼由于候选词过多，可以采用简拼和全拼混用的模式，这样能够兼顾最少输入字母和输入效率。例如，输入"指示精神"只需输入"zhishijs"、"zsjingshen"、"zsjingsh"、"zsjingsh"、"zsjings"都是可以的。打字熟练的人会经常使用全拼和简拼混用的方式。

4) V 模式输入。V 模式中文数字是一个功能组合,包括多种中文数字的功能。只能在全拼状态下使用。

① 中文数字金额大小写:输入"v424.52",输出"肆佰贰拾肆元伍角贰分";

② 罗马数字:输入 99 以内的数字例如"v12",输出"Ⅻ";

③ 年份自动转换:输入"v2014.8.8"或"v2014－8－8"或"v2014/8/8",输出"2014 年 8 月 8 日";

④ 年份快捷输入:输入"v2007n7y6r",输出"2007 年 7 月 6 日";

⑤ v 模式计算功能:输入 v,然后输入你想计算的公式,例如"13＋14",输入"v 13＋14",结果就自动计算出来了。

5) 插入当前日期时间:此功能可以方便的输入当前系统日期、时间、星期。例如:

① 输入"rq"(日期的首字母),输出系统日期"2014 年 7 月 16 日";

② 输入"sj"(时间的首字母),输出系统时间"2014 年 7 月 16 日 14:59:48";

③ 输入"xq"(星期的首字母),输出系统星期"2014 年 7 月 16 日星期三"。

2.3　Windows 7 文件与文件夹的管理

Windows 7 是一个面向对象的文件管理系统,在 Windows 7 中,几乎所有的任务都要涉及到文件及文件夹的操作,本节主要介绍文件组织与管理的操作细节,以帮助读者快速掌握 Windows 7 中的文件系统。

2.3.1　文件和文件夹

1. 文件和文件夹的概念

文件是一组相关信息的集合,所有的程序和数据都是以文件的形式存放在计算机的外存储器上。文件是计算机在磁盘上存放信息的最小单位,在 Windows 系统中,文字、数据、图标、图形图像、声音等都是以文件的形式存放在磁盘上的。文件夹是 Windows 中保存文件的最基本单元,用来放置各种类型的文件。文件夹中也可以包含另一个文件夹,称为该文件夹的"子文件夹"。

2. 文件和文件夹的命名

Windows 7 支持长文件名,文件名和文件夹名最多可以使用 255 个字符,其中可以包括一个或多个空格,可以用多个句点"."分割,也可以使用汉字。但命名的字符中不能出现 \、/、:、、*、?、"、<、>、| 九个字符中的任意一个。不区分英文字符大小写。

3. 文件的类型

Windows 中的所有文件名称都是"文件名·扩展名"的格式,这里的扩展名用于表示文件的类型,反映文件的格式。一般默认设置是隐藏文件扩展名的,我们可以通过"资源管理器"→"工具"→"文件夹选项"→"查看"选项卡的"隐藏已知文件类型的扩展名"命令,确定是否显示扩展名,如图 2.21 所示。

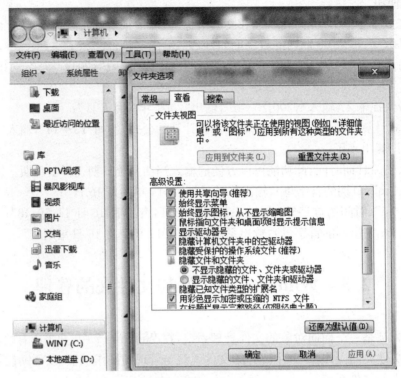

图 2.21　文件夹选项

我们常见的文件类型主要有以下几类:

1) 文档文件:TXT(文本文件)、DOCX(高版本的 Word 文档)、WPS(国产办公软件 wps 文档)、C(C 语言源文件)等。

2) 图形图像文件:BMP(Windows 使用的基本位图格式文件)、GIF(一种应用广泛的图像文件,尤其在网络上,是唯一可以存储动画的图形文件)、JPG(具有高压缩比的图像文件,以 24 位颜色存储单个光栅图像)、PNG(图像文件存储格式,其目的是试图替代 GIF 和 TIFF 文件格式,同时增加一些 GIF 文件格式所不具备的特性)等。

3) 视频文件:MPEG(采用 MPEG 方式压缩的视频文件)、AVI(对视频文件采用的一种有损压缩方式,压缩率高)、RMVB(它们是 Real Networks 公司所制定的音频、视频压缩规范,根据不同的网络传输速率,而制定出不同的压缩比率,从而实现在低速率的网络上进行影像数据实时传送和播放,具有体积小,画质也还不错的优点)、FLV(是 Flash Video 的简称,FLV 流媒体格式是随着 Flash MX 的推出发展而来的视频格式。由于它形成的文件极小、加载速度极快,使得网络观看视频文件成为可能)等。

4) 音频文件:WAV(微软公司专门为 Windows 开发的一种标准数字音频文件,又称为波形文件)、MID/MIDI(国际 MIDI 协会开发的乐器数字接口文件。采用数字方式对乐器演奏的声音进行记录,播放时再对这些记录进行合成,占用磁盘空间很小,一般来说,适合记录乐曲)、MP3(目前热门的音乐文件格式。特点是能以较小的比特率、较大的压缩率达到几乎完美的 CD 音质)等。

2.3.2 Windows 7 资源管理器

"资源管理器"如图 2.22 所示。在计算机中,浏览文件和文件夹主要用"资源管理器"。同时可对收藏夹、库、家庭组、计算机、网络控制面板、映射网络驱动器等进行操作。

图 2.22 资源管理器

资源管理器窗口打开方式有三种:一是双击桌面上"计算机"图标;二是"WIN+E"组合键;三是在桌面最左下角"开始"按钮上单击右键选择"Windows 资源管理器"。

2.3.3 文件和文件夹的操作

在 Windows 操作系统中,文件和文件夹的操作主要包括新建、选择、重命名、打开、移动、复制、删除、查看属性等操作,下面我们逐一介绍。

1. 文件和文件夹的新建

(1) 新建文件夹

在当前文件夹中创建一个新的文件夹,具体步骤为:打开"父文件夹",单击菜单"文件"→"新建"→"文件夹"命令,输入新文件夹的名字,然后按"Enter"键或鼠标单击其他空白处。

另外,在打开父文件夹后,还可以鼠标右键单击文件夹内空白处,从打开的快捷菜单中,选择"新建"→"文件夹"命令实现,功能与上述方法完全相同。还可以在父文件夹窗口的工具栏上,直接单击"新建文件夹"命令实现。

(2) 新建文件

在当前文件夹中建立一个新的文件,具体步骤为:打开要在其下新建文件的文件夹,选择"文件"→"新建"命令,弹出菜单如图 2.23 所示。选择文件的类型(这里包含的文件类型根据 Windows 7 操作系统安装软件的不同,会有所不同。),如:"Mircosoft Office Word 文档"、"文本文档"等,输入新的文件名称后按"Enter"键。

图 2.23 新建菜单

2. 文件和文件夹的选择

在对文件或文件夹进行各种操作之前,首先必须选择要操作的文件或文件夹。在一文件夹内,一次可以选择一个到多个文件或文件夹。

(1) 选择一个文件或文件夹

单击要选定的文件或文件夹,呈现选中状态,表示被选择。

(2) 选择多个连续的文件或文件夹

先单击要选择的第一项,按住"Shift"键,然后单击要选择的最后一项,释放"Shift"键,则选择了包含前后两项之间的所有项。

也可以在当前文件夹内空白处按住鼠标左键,然后拖动鼠标绘制出一个虚框,则虚框包含的文件和文件夹都会被选择。

(3) 选择多个非连续的文件或文件夹

先按住"Ctrl"键,然后依次单击要选择的每一项,释放"Ctrl"键。

(4) 选择文件夹中所有文件

单击"编辑"→"全选"命令,将所有文件和文件夹选中或者"Ctrl"键+"A"键。

单击"编辑"→"反向选择"命令,将选择文件夹中已选择文件之外的文件,即选择原来未选择的文件。

(5) 取消文件或文件夹的选择

取消一项:先按住"Ctrl"键,然后单击要取消的一项。

取消多项:先按住"Ctrl"键,然后依次单击每一个要取消的项。

取消全部:单击空白处即可。

3. 重命名文件和文件夹

每一个文件或文件夹都有一个名字,如果我们需要更改这个名字,可以使用以下方法:

方法一:选中要修改的文件或文件夹,然后单击该文件或文件夹名,此时名称处于编辑状态,直接输入新的名称后按"Enter"键。

方法二:选中要修改的文件或文件夹,然后单击菜单"文件"→"重命名"命令,输入新的名称后按"Enter"键。

方法三:将鼠标移动到需要更名的文件或文件夹处,单击鼠标右键,从打开的快捷菜单中,选中"重命名"命令,输入新的名称后按"Enter"键。

4. 文件和文件夹的打开

(1) 文件的打开

打开文件的含义取决于文件的类型,如打开一个应用程序,Windows 将启动该程序。打开一个文件,系统会调用相应的应用程序来打开。可用如下方法打开:

方法一:直接双击要打开的文件。

方法二:选择要打开的文件,右键快捷菜单中选择"打开"命令。

方法三:选择要打开的文件,然后按"Enter"键。

方法四:在应用程序的窗口中,选择"文件"→"打开"命令,从打开对话框中,选择要打开的文件。

(2) 文件夹的打开

打开文件夹,指在文件夹内容框中显示文件夹的内容。要打开一个文件夹,可用以下方法:

方法一:直接双击要打开的文件夹。

方法二:选择要打开的文件夹,右键快捷菜单中选择"打开"命令。

方法三:选择要打开的文件夹,然后按"Enter"键。

5. 文件和文件夹的移动和复制

(1) 文件和文件夹的移动

移动主要指从当前位置将文件移动到另一个位置。且只能从一处移至另一处,不能移动到多处。可用如下方法实现文件和文件夹的移动。

方法一:选择要移动的文件或文件夹,选择"编辑"→"剪切"命令,打开目标文件夹,选择"编辑"→"粘贴"命令,即实现将文件或文件夹从一个位置移动到另一文件夹内。

方法二:使用快捷键,选择文件或文件夹,右键弹出菜单中选择"剪切"命令,打开目标文件夹,空白处单击右键弹出菜单中选择"粘贴"命令,完成移动。

方法三:移动鼠标到预移动的文件或文件夹上,按住左键,将鼠标拖动到目标位置,然后释放鼠标左键。注意如果移动文件的原位置和目标位置不在同一磁盘下,这种移动将变成复制,需要在移动时按下"Shift"键操作。

方法四:选择需要移动的文件或文件夹按下"Ctrl+X"组合键,然后到目标位置按下"Ctrl+V"组合键,完成移动。

(2) 文件和文件夹的复制

将选中的对象从源文件夹拷贝到一个或多个到目标文件夹,主要操作方法如下:

方法一:选择要复制的文件或文件夹,选择"编辑"→"复制"命令,打开目标文件夹,选择"编辑"→"粘贴"命令,即实现文件或文件夹的复制。

方法二:使用快捷键,选择文件或文件夹右键弹出菜单中选择"复制"命令,打开目标文件夹,空白处单击右键弹出菜单中选择"粘贴"命令,完成复制。

方法三:移动鼠标到预复制的文件或文件夹上,按住左键,按住"Ctrl"键同时将文件和文件夹拖动到目标位置,然后依次释放鼠标左键,松开"Ctrl"键。注意如果移动文件的原位置和目标位置不在同一磁盘下,可以不按下"Ctrl"键。

方法四:选择需要复制的文件按下"Ctrl+C"组合键,然后到目标位置按下"Ctrl+V"组合键,完成复制。

6. 文件和文件夹的删除

删除文件和文件夹,是将文件从原位置删除,在 Windows 7 中有多种删除方法,用户可选择使用。常用方法如下:

方法一:选中要删除的文件或文件夹,然后按"Del"键。

方法二:选中要删除的文件或文件夹,然后单击"文件"→"删除"命令。

方法三:将鼠标指向要删除的文件或文件夹,右键弹出菜单中选择"删除"命令。

方法四:选中要删除的文件或文件夹,按下左键拖拽到桌面的"回收站"中。

注意:

1) 以上删除动作,并不是真的将文件从计算机硬盘上删除,而是放到"回收站"中,如果仍需要使用,打开"回收站"找到所需文件,右键弹出菜单中选择"还原"命令,文件就又回到原删除位置处。

2) 如果删除的是文件夹,那么文件夹内的所有文件也都将被删除。就像一个包丢掉了,那么包内的所有物品将随着包一起丢了。

3) 如果按住"Shift"键执行以上删除操作时,那么删除的内容不进入"回收站",而被永久性删除。

7. 文件或文件夹的属性

文件属性是系统为文件保存的目录信息的一部分,可帮助系统识别一个文件,并控制该文件所能完成的任务类型。

选中文件右键弹出菜单选择"属性"命令,打开属性对话框,如图 2.24 所示。

"常规"选项卡中列出了文件类型、大小、位置、创建时间、修改时间、访问时间等,同时提供"只读"和"隐藏"选择。

"安全"选项卡提供不同用户对文件操作权限的指定。

文件夹属性对话框打开方式同上,在对话框中多一个"共享"选项卡,用来将文件夹以不同权限共享到网络上,方便连接此计算机的用户使用。

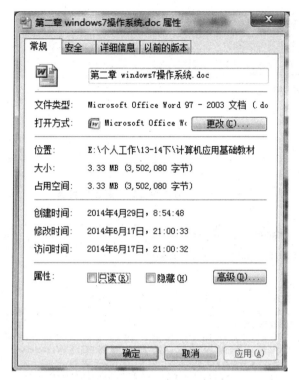

图 2.24　文件属性对话框

2.3.4　剪贴板的使用

Windows 自带的剪贴板(ClipBoard)是内存中的一块区域,是 Windows 内置的一个非常有用的工具,通过小小的剪贴板,架起了一座彩桥,使得在各种应用程序之间,传递和共享信息成为可能。然而美中不足的是,剪贴板只能保留一份数据,每当新的数据传入,旧的便会被覆盖。目前许多输入法自带多重剪贴板,旧的不会被覆盖,比如搜狗、QQ 等。

1. 使用剪贴板移动、复制文件或文件夹

首先我们选中需要移动或复制的文件,执行剪切或复制命令,这时在剪贴板中就记录了文件或文件夹的信息,在目标位置粘贴就可将文件移动或复制到指定位置。可以通过剪贴板查看器,查看剪贴板中的内容。剪贴板的默认存放位置是"C:\Windows\System32\clipbrd.exe",可以直接在运行中输入"clipbrd"后,按"Enter"打开(也可以直接找到 clipbrd.exe 双击打开)如图 2.25 所示。

2. 使用剪贴板复制文件内容

打开 Word 文件,选择一段文字,执行复制命令,在剪贴板查看器中可以看到复制的内容,如图 2.26 所示。如果复制的是图片内容,我们可以看到复制的图片。

注意:

1) 剪贴板的内容可以查看、删除,但不能修改。复制的内容可以多次粘贴,仍存在于剪

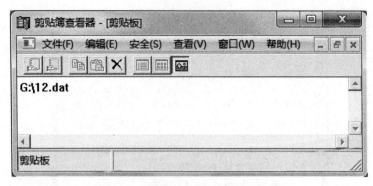

图 2.25 复制文件后的剪贴板查看器

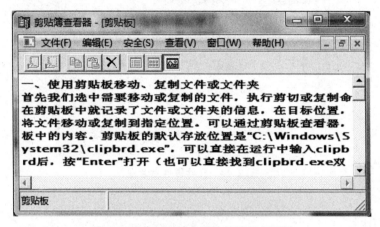

图 2.26 复制文件内容的剪贴板查看器

贴板中；剪切的内容粘贴一次，将从剪贴板中删除。

2）剪贴板中的内容可以另存为扩展名为".Clp"的文件，以做到长期保存。当需要使用保存的剪贴板内容时，使用剪贴板查看器打开后，执行"粘贴"命令，实现复制保存的剪贴板内容。

3）剪贴板查看器，在 Windows 7 默认安装情况下，不进行安装。可以在"控制面板"→"程序和功能"→"打开或关闭 Windows 功能"→"Windows 组建"→"附件"中找到剪贴板查看器。同时可以从网上下载"clipbrd.exe"文件放在"C:\Windows\System32\"目录中。

2.4 Windows 7 的设置

Windows 7 设置是通过控制面板进行的。控制面板是 Windows 图形用户界面一部分，可通过开始菜单访问。它允许用户查看并操作基本的系统设置和控制，比如个性化设置，添加硬件，添加/删除程序，控制用户账户，更改辅助功能选项等等。

2.4.1 外观和个性化设置

个性化设置是指根据个人爱好，改变计算机显示设置、声音效果等。主要有更改主题、更改桌面背景、更改声音效果、更改屏幕保护程序、桌面小工具、文件夹选项等，如图 2.27 所示。

图 2.27　外观和个性化设置

1. 更改主题

主题指的是 Windows 系统的界面风格，包括窗口的色彩、控件的布局、图标的样式等内容，通过改变这些视觉内容以达到美化系统界面的目的。在 Windows 操作系统中，"主题"一词特指 Windows 的视觉外观。电脑主题可以包含风格、桌面壁纸、屏保、鼠标指针、系统声音事件、图标等，除了风格是必需的之外，其他部分都是可选的，风格可以定义的内容是大家在 Windows 里所能看到的一切。通过"控制面板"→"外观和个性化"→"个性化"→"更改主题"选择自己喜爱的主题。

2. 更改桌面背景

桌面背景指桌面的背景图片。通过"控制面板"→"外观和个性化"→"个性化"→"桌面背景"选择自己喜爱的图片作为桌面背景。

3. 更改声音效果

Windows 声音效果方案，指定了操作系统的程序事件的声音提示。如 Windows 登录、Windows 注销、Windows 用户账号控制等。通过"控制面板"→"外观和个性化"→"个性化"→"更改声音效果"设置。

4. 桌面小工具

Windows 7 中有称为"小工具"的小程序，这些小程序可以提供即时信息以及可轻松访问常用工具的途径。例如，您可以使用小工具显示图片幻灯片或查看不断更新的标题。Windows 7 随附了一些小工具，包括日历、时钟、天气、提要标题、幻灯片放映和图片拼图板等。

5. 文件夹选项

通过文件夹选项我们可以修改文件的查看方式(隐藏文件和文件夹、隐藏已知文件类型的扩展名等),编辑文件的打开方式等。

2.4.2 键盘和鼠标的设置

1. 鼠标设置

鼠标是电脑上最常用的工具,只要我们使用电脑就一定需要鼠标的配合才能完成各种操作。这就意味着鼠标的设置决定着我们的使用是否舒服。我们可以根据自己的习惯设置鼠标。不同的人有不同的使用习惯,下面就介绍一下电脑上如何设置鼠标。首先通过"控制面板"→"所有控制面板项"双击"鼠标"图标打开鼠标属性对话框,如图2.28所示。

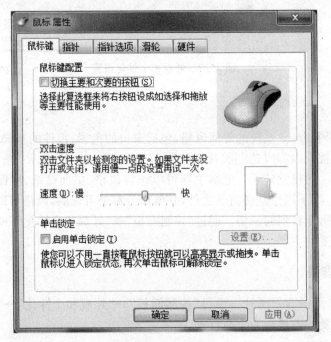

图 2.28 鼠标属性

"鼠标键":可以根据用户使用习惯调整鼠标的左右手模式。根据鼠标使用熟练程度调整鼠标的双击速度。

"指针":定义各种情况下鼠标指针的样式。可以通过方案更改,也可以修改某种情况下的指针样式。

"指针选项":在指针选项中可以对鼠标的移动速度、对齐、可见性等进行设置。可见性中可以设置显示指针轨迹、在打字时隐藏指针、当按"Ctrl"键时显示指针的位置。

"滑轮":设置在浏览时滚动鼠标的滑轮一个齿格,垂直滚动和水平滚动的距离。

"硬件":指示设备的属性及驱动等信息。

2. 键盘设置

主要用来设置键盘上按键的重复速度,光标闪烁速度等。

2.4.3 添加新硬件

在计算机使用过程中,我们需要添加的硬件大部分属于即插即用设备。在 Windows 7 操作系统中,针对即插即用设备都提供自动安装功能,比如 U 盘或者打印机,我们只要插入计算机的 USB 接口,操作系统自动提示发现硬件,安装相应驱动,如果没有找到应用驱动,会提示插入驱动光盘,我们只需按硬件安装向导提示做即可完成安装。下面重点介绍下安装网络打印机的步骤。

步骤一:在已安装有打印机的计算机上,打开"控制面板"→"设备和打印机"选择需要共享的打印机,右键选择"打印机属性"。如图 2.29 所示。

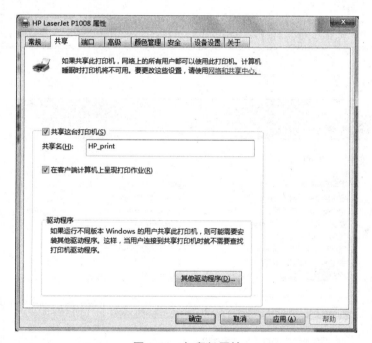

图 2.29　打印机属性

步骤二:在打印机属性窗口的"共享"选项卡中勾选"共享这台打印机"复选框,填入共享名"HP_print",单击确定。

步骤三:在另一台计算机上,打开"控制面板"→"设备和打印机"→"添加打印机",出现如图 2.30 所示"添加打印机"对话框。

步骤四:单击"添加网络、无线或 Bluetooth 打印机",系统会自动搜索局域网上共享的打印机,列出可用的打印机,如图 2.31 所示。选择"A 上的 HP_print"打印机,单击下一步,系统会自动安装所需要的驱动程序,如果安装不成功,可插入驱动光盘进行安装。

步骤五:驱动安装成功后,新添加的打印机出现在设备和打印机窗口中,如果是首台打印机系统会自动设置为默认打印机。当需要打印文件时,直接单击打印即可。

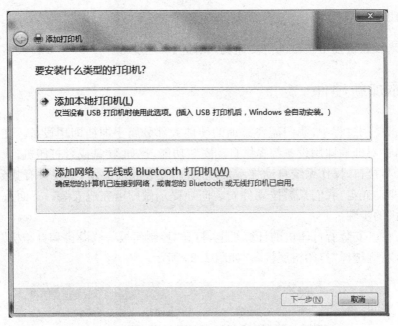

图 2.30　添加打印机对话框

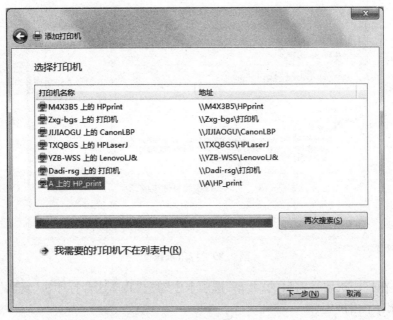

图 2.31　添加网络打印机

2.4.4　添加/删除程序

在 Windows 7 系统中,每一项功能的实现都是由程序提供的。Windows 7 作为操作系统提供了一个平台,我们可以根据自身需要任意的添加或删除程序。

1. 添加程序

一般指增加计算机的功能，如添加一个 QQ 应用程序，就是让计算机能使用 QQ 的所有功能。这里的添加程序一般分为两种情况：

1) 通过安装程序添加。需要应用程序的安装文件，安装文件在 Windows 系统中扩展名一般为".exe"，我们直接双击鼠标后，通过安装向导选择"程序安装位置"和"需要安装子功能"完成安装。安装后一般在开始菜单、桌面、快速启动栏有对应的菜单和快捷方式图片。

2) 添加 Windows 功能。打开"控制面板"→"程序和功能"→"打开或关闭 Windows 功能"，在"Windows 功能"窗口中将需要添加的 Windows 功能前的复选框选中，单击确定。提示"Windows 正在更改功能，请稍候。这可能需要几分钟。"完成后自动关闭提示框。

2. 删除程序

删除程序指从计算机的硬盘中删除一个应用程序的全部程序和数据，包括注册数据。一般用户可能会认为找到程序安装目录将文件夹全部删除就是删除程序，实际这样只是删除程序和数据，而系统的注册数据并没有删除，系统认为仍有此程序存在，在打开或调用此程序时会出现一些非法操作等错误信息，这样可能会导致系统崩溃。这里删除程序也分为两种情况：

1) 删除通过安装文件安装的程序。这类程序安装后在"控制面板"→"程序和功能"窗口中，会以列表方式列出计算机上安装的所有应用程序。单击右键出现"卸载→更改(U)"，如图 2.32 所示，按照向导操作步骤即可完成删除程序。

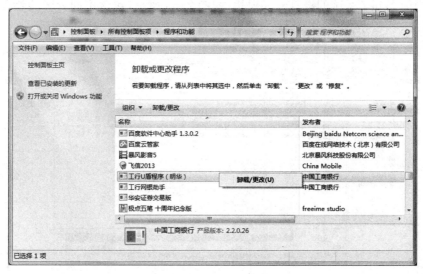

图 2.32　程序和功能

2) 删除 Windows 功能。和"添加 Windows 功能"类似，只需将不需要的 Windows 功能前的复选框取消选择后，确定即可删除 Windows 功能。

2.4.5 磁盘管理

磁盘管理是一项计算机使用时的常规任务,它是以一组磁盘管理应用程序的形式提供给用户的,他们位于"计算机管理"控制台中。主要包括查看修改磁盘分区情况、修改盘符、磁盘查错程序、磁盘碎片整理程序等。这里给大家介绍磁盘分区情况的修改和碎片整理程序。

1. 修改磁盘分区

为方便大家都用上正版 Win 7 系统,微软公司与多家品牌电脑合作伙伴开展 Win 7 预装合作业务,为消费者提供了多款预装 Win 7 系统(Win 8 推出后,大多预装 Win 8 系统)的品牌电脑,方便用户在购买新电脑产品时能以最便利优惠的途径获取微软正版软件。购买预装有 Win 7 系统的电脑,无需安装即可直接享用正版 Win 7,确实方便,不过现成 Win 7 电脑的硬盘分区未必符合用户的个性需求,多数只有一个分区或是两个分区,那么,我们可以在不损坏已有文件的情况下,给 Win 7 电脑硬盘做分区调整吗?其实 Win 7 系统自带有磁盘管理工具,可以轻松简单地完成分区操作。最常见的应用就是将空间过大的分区一分为二,下面我们一起来看看具体的操作方法和步骤。

步骤一:鼠标右击 Win 7 桌面"计算机",从弹出快捷菜单中选择"管理",打开"计算机管理"窗口。

步骤二:在 Win 7"计算机管理"窗口左边的目录树中找到"存储"→"磁盘管理",窗口右边显示出当前 Win 7 系统的磁盘分区现状,如图 2.33 所示,包含不同分区的卷标、布局、类型、文件系统、状态等。

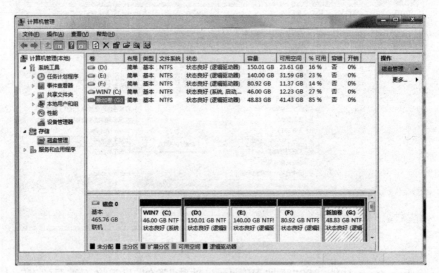

图 2.33 计算机管理窗口

步骤三:假设这里我们需要将"G"分区分成两个,鼠标右键 G 分区,快捷菜单选择"压缩卷",打开"压缩 G:"对话框如图 2.34 所示。压缩前的总计大小(MB):是这个分区的总大小;可用的压缩空间大小(MB):此分区最大可以分割出新分区的大小;输入压缩空间量

(MB):指分割出的新分区的大小;压缩后的总计大小(MB):分割后原分区剩余的大小,与"输入压缩空间量"之和为"压缩前的总计大小"。

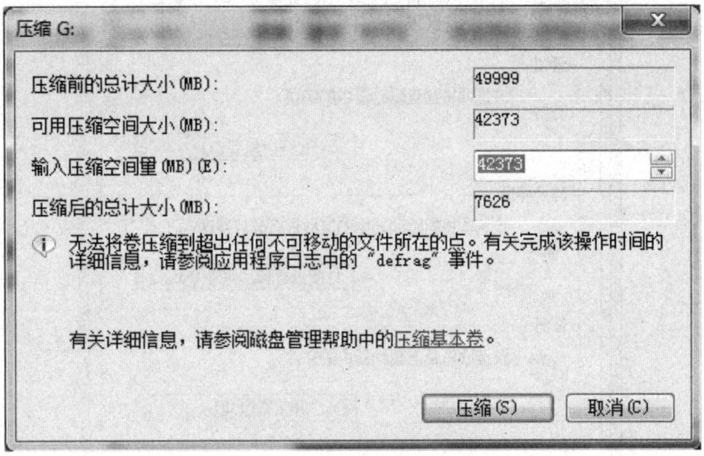

图 2.34 压缩对话框

步骤四:在"输入压缩空间量"中输入需要分割新分区的大小,单击"压缩"按钮,Win 7 系统便开始自动分配磁盘,分配完毕后我们会看到一块标识为绿色的新磁盘空间。

步骤五:右键绿色分区,从弹出菜单中选择"新建简单卷",按操作提示指定卷大小、分配驱动号和路径、选择文件系统格式、格式化分区。至此在 Win 7 系统中成功分割和创建了一个新的分区。

2. 磁盘碎片整理

磁盘碎片整理,就是通过系统软件或者专业软件,对计算机磁盘在长期使用中产生的碎片和凌乱文件重新整理,可提高电脑的整体性能和运行速度。磁盘碎片应该称为文件碎片,是因为文件被分散保存到整个磁盘的不同地方,而不是连续地保存在磁盘连续的簇中形成的。硬盘在使用一段时间后,由于反复写入和删除文件,磁盘中的空闲扇区会分散到整个磁盘中不连续的物理位置上,从而使文件不能存在连续的扇区里。这样,在读写文件时就需要到不同的地方去读取,增加了磁头的来回移动,降低了磁盘的访问速度。这里的碎片产生主要有两个原因:

1)当应用程序所需的物理内存不足时,一般操作系统会在硬盘中产生临时交换文件,用该文件所占用的硬盘空间虚拟成内存。虚拟内存管理程序会对硬盘频繁读写,产生大量的碎片,这是产生硬盘碎片的主要原因。

2)其他如 IE 浏览器浏览信息时生成的临时文件或临时文件目录的设置也会造成系统中形成大量的碎片。

文件碎片一般不会在系统中引起问题,但文件碎片过多会使系统在读文件的时候来回寻找,引起硬盘性能下降,严重的还要缩短硬盘寿命。建议一般家庭用户一个月整理一次,商业用户以及服务器半个月整理一次。但要根据碎片比例来考虑,如在 Win 7 中,碎片超过 10%,则需整理,否则不必。这里我们详细介绍碎片整理的步骤。

步骤一:打开我的电脑,右键单击一个盘符,选择"属性"命令。选项卡中切换到"工具"选项如图 2.35 所示。

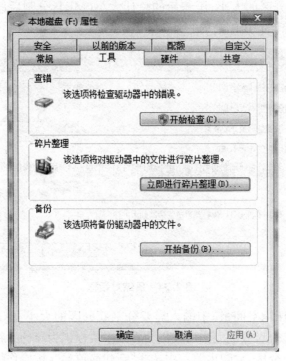

图 2.35　磁盘属性对话框

步骤二：单击"立即进行碎片整理"，打开磁盘碎片整理程序，如图 2.36 所示，选择一个磁盘，单击"分析磁盘"按钮，程序中显示当前分析进度，结束后会显示当前盘的碎片情况。

图 2.36　磁盘碎片整理程序

步骤三：一般碎片超过 10%，我们就进行碎片整理。这里 F 盘达到 41%，我们单击"磁盘碎片整理(D)"按钮,程序开始对我们指定的磁盘进行整理,并显示实时的进度,如图 2.37 所示。整理完成后,程序中"上一次运行时间"会显示前一次碎片整理的时间和当前碎片情况。

图 2.37　磁盘碎片整理进行中

2.5　Windows 7 的附件

Windows 7 中的"附件"程序为用户提供了许多使用方便且功能强大的工具,当用户要处理一些要求不是很高的工作时,可以利用附件中的工具来完成。本节重点介绍其中的写字板、画图、计算器、媒体播放器等程序。

2.5.1　写字板

写字板是 Windows 7 提供的一个简易的文字处理程序。可用于编写简单的文稿、信函、便条,具有文稿所需的基本功能。

1. 写字板的功能

1) 文档的输入、编辑、修改和删除等。还可以将选择的文本从一个地方复制或移动到另一个地方,也可在两个不同的程序之间复制或移动文本。

2) 文档的字体、字型和字符大小以及段落对齐方式、缩进方式的设置。还可以设置特殊的标签并创建段头或数据列表。

3) 文档的页面设计,如页面的大小及边界设置等。

4)创建复合文档,该文档可以包含其他应用程序创建的图片、图标、电子表格信息、声音和视频信息等。

2. 写字板的使用

1)打开写字板。选择"开始"→"所有程序"→"附件"→"写字板"命令,打开如图2.38所示"写字板"窗口。

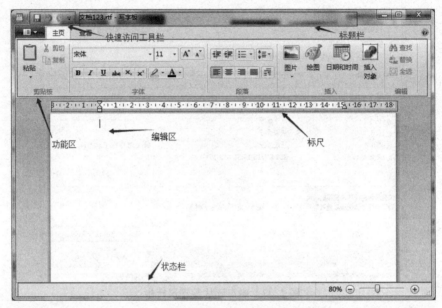

图2.38 写字板窗口

"写字板"窗口从上到下分为快速访问工具栏、标题栏、功能区、标尺、编辑区、状态栏。可自定义快速访问工具栏,另标尺、状态栏可在查看功能区内设置是否显示。

2)文档操作。文档的常见操作有文档的新建、打开、保存、编辑文档、文档的页面设置、文字格式设置、段落设置、插入图像对象及打印等。以上操作与Word 2010类似,在后续章节中会详细介绍。

2.5.2 画图

附件中的"画图"程序是一个专门用来处理图像的简易绘图软件,有一套绘制工具和颜料盒,用于编辑图形图像,也可以输入文字。画图程序支持对象的链接和嵌入技术,通过"画图"可以将图片链接或嵌入到其他应用程序的文档中。

1)启动"画图"程序。选择"开始"→"所有程序"→"附件"→"画图"命令,即可启动"画图"程序,如图2.39所示。

2)画图程序的使用。这里我们以任务为驱动讲解画图程序的使用。通过"画图"程序完成如图2.40所示图案。具体技术分析及操作步骤如下。

技术分析:首先要设置绘图画布的大小。这里绘制时需要掌握如何绘制正圆,改变颜色,对齐方式,修改图形,输入文字,字体字号修改,保存等功能。

操作步骤:

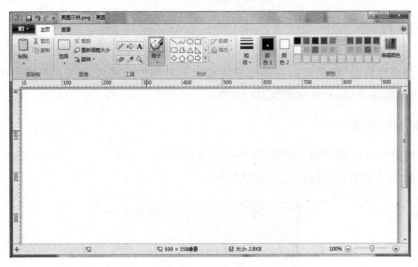

图 2.39　画图程序窗口

图 2.40　完成效果图

步骤一:启动"画图"程序。

步骤二:选择"图像"→"重新调整大小"工具设置画布大小,依据"像素"分别设置水平 860 像素,垂直 520 像素。

步骤三:选择"形状"→"椭圆"工具,选择合适的粗细,在颜色中选择蓝色,按下"Shift"键并拖拽鼠标,画正圆。

步骤四:重复"步骤三"在合适的地方绘制其余四个圆。为方便摆放圆的位置,在"查看"功能区,将标尺和网格线显示。

步骤五:选择"刷子"和对应颜色,修改每两个圆的重叠部分一处,使其呈现出环环相扣的效果。如当黄色绘制完成后,我们将右上方一个重叠部分用"刷子"修改为蓝色。依次将其他重叠部分修改。

步骤六:选择"工具"→"A"命令,在五环下单击鼠标,出现文字输入框,输入"2008 年北京奥运会"。在"文本"功能区选择字体、字号、颜色、透明等,调整效果。本例中使用的字体是"方正汉简简体"、字号 72 号。

步骤七:选择"保存"按钮,将其保存。

2.5.3 计算器

附件中的"计算器"程序可以帮助用户完成日常工作中的简单运算。它的作用及使用方法与常用的计算器类似,有几项较实用的功能。

1. 标准型计算器

选择"开始"→"所有程序"→"附件"→"计算器"命令,打开如图 2.41 所示的"标准型计算器"。标准型计算器能进行普通的数学计算。

图 2.41 标准型计算器

2. 科学型计算器

单击计算器"查看"菜单,选择"科学型",打开如图 2.42 所示的"科学型计算器"。

图 2.42 科学型计算器

科学型计算器是标准型计算器的扩展,除普通的数学计算之外,主要添加了一些数学函数的计算:

1) 三角函数:正弦(sin)、双曲正弦(sinh)、余弦(cos)、双曲余弦(cosh)、正切(tan)、双曲正切(tanh),单击"Inv"可以计算它们的反函数,这样就可以得出12个函数。

2) 代数函数:阶乘(n!)、指数函数(10^x)、幂函数(x^2,x^3,x^y,$x^{\frac{1}{3}}$,$x^{\frac{1}{y}}$)、对数函数(ln,log)。

3) 其他:取整(Int),圆周率(Pi),取模(Mod),度分秒(dms),科学计数法(F-E),科学计数输入(Exp)。

3. 程序员型计算器

单击计算器"查看"菜单,选择"程序员",打开如图2.43所示的"程序员型计算器"。

图2.43 程序员型计算器

程序员型计算器扩展了一些程序员常使用的功能,是为了程序员使用方便设计的。主要扩展了以下功能:

1) 进制运算:二进制、八进制、十进制、十六进制计算。

2) 字节运算:字节、字、双字、四字,一个字节有八位(1 byte=8 bit),这里主要就是占用内存大小的不同。

3) 逻辑运算:And(与运算)、Or(或运算)、Not(非运算)、Xor(异或运算)。

4) 算术移位运算:Lsh(Left Shift 左移操作)、Rsh(Right Shift 右移操作),当乘数或除数是2n时,算术移位用来快速地完成对整数进行乘法或除法的运算。算术左移n位相当于乘上2n,执行方法是把原来的数中每一位都向左移动n个位置,左面移出的高位丢弃不要,右面低位空出的位置上全部补0。

5) 逻辑移位运算:RoL(Rotate Left 左移操作)、RoR(Rotate Right 右移操作),逻辑左移n位的执行方法,是把原来的数中每一位都向左移动n个位置,左面移出的高位丢弃不要,右面低位空出的位置上全部补0。逻辑右移n位的执行方法是把原来数中的每一位都向右移动n个位置,右面移出的低位丢弃不要,左面高位空出的位置上全部补0。

4. 统计信息型计算器

单击计算器"查看"菜单,选择"统计信息",打开如图 2.44 所示的"统计信息型计算器"。

图 2.44　统计信息型计算器

统计型计算器可以进行一组数据的平均值、平均平方值、总和等计算,具体功能对应按钮如表 2.3 所示。

表 2.3　按钮对应功能表

按钮	功能
$\overline{x}$	平均值
$\overline{x^2}$	平均平方值
$\sum x$	总和
$\sum x^2$	平方值总和
σ_n	标准偏差
σ_{n-1}	总体标准偏差

5. 各种附加功能的计算

1) 单位转换:可以对功率、角度、面积、能量、时间、速率、体积、温度、压力、长度和质量的单位转换。

2) 日期计算:计算两个日期之间相差天数;计算一个日期加上或减去指定天数所得

日期。

3) 另外还有抵押、汽车租赁和油耗的计算。

2.5.4 媒体播放器

Windows 7 中默认安装了 Windows Media Player,是微软公司出品的一款免费播放器,是 Windows 的一个组件,通常简称"WMP",支持通过插件增强功能。

选择"开始"→"所有程序"→"Windows Media Player"命令,打开如图 2.45 所示的"Windows Media Player 播放器"。

图 2.45 Windows Media Player 播放器

通过 Windows Media Player,计算机将变身为你的媒体工具。刻录、翻录、同步、流媒体传送、观看、倾听……任你尽情享用。你可以自定义布局,以你喜欢的方式欣赏音乐、视频和照片。你也可以从在线商店下载音乐和视频,并且同步到手机或存储卡中使用其他设备播放。

第 3 章 文字处理软件 Word 2010

Word 是一种集编辑、制表、插入图形及绘图、排版与打印为一体的字处理系统。它不仅具有丰富的全屏幕编辑功能，还提供了各种控制输出格式及打印功能。使文稿能基本上满足各种文书的打印需要。Word 功能齐全，操作简便，并且提供了一系列在线帮助信息和各种编辑工具、功能菜单，能使用各种工具栏提供的工具和菜单栏提供的功能自由地进行操作。

本章重点介绍了 Word 2010 文档的建立、编辑和保存，字符和段落的格式化，页面排版和编辑等内容，这些都是我们学习和工作中经常接触的基本操作。本章还进一步由浅入深地给大家介绍了表格的制作、图片的插入和编辑、自选图形的插入和编辑等，并通过大量实例使读者快速地掌握这些操作。

3.1 Microsoft Office 2010 中文版简介

1. 中文版 Office 2010 简介

Office 2010 是由 Microsoft 公司推出的较新版本的套装办公软件，它主要由 Word 2010、Excel 2010、PowerPoint 2010 和 Access 2010 等组件构成，其全新设计的用户界面、稳定安全的文件格式、集成高效的运作机制，是众多办公软件中的佼佼者，备受广大用户的喜爱。

Office 2010 是微软推出的智能商务办公软件，由于程序功能的日益增多，微软专门为 Office 2010 开发了新界面，新界面干净整洁，清晰明了，没有丝毫混淆感。Ribbon 新界面主题用于适应企业业务程序功能需求的日益增多。

Office 2010 还具备了全新的安全策略，在密码、权限、邮件线程都有更好的控制。且 Office 的云共享功能包括跟企业 SharePoint 服务器的整合，让 PowerPoint、Word、Excel 等 Office 文件皆可通过 SharePoint 平台，同时间供多人编辑、浏览，提升文件协同作业效率。

2. Office 2010 对系统配置要求：

1) 计算机和处理器：500 MHz 或者更高。
2) 内存：256 MB 以上。
3) 硬盘：3 GB 可用硬盘空间。
4) 驱动器：CD-ROM 或 DVD 光驱。
5) 显示器：Super VGA(1024×768)或更高分辨率的显示器。

6）操作系统：

32位版本的：Windows XP Service Pack 3、Windows Server 2010 SP2、MSXML 6.0。

32位或64位版本的：Windows Vista SP1、Windows Server 2008、Windows 7、Windows 8、终端服务器、Windows on Windows（WOW）（允许在除 Windows Server 2010 64位和 Windows XP 64 位外的 64 位操作系统上安装 32 位版本的 Office 2010）。

不支持任何版本的：Windows Server 2010 64 位、Windows XP 64 位。

3. Word 2010 新增功能

Word 2010 在继承以前版本优点的基础上，又做了很多改进，其操作界面更加清晰、友好，同时还增加了许多新的功能。

（1）发现改进的搜索与导航体验

在 Word 2010 中，可以更加迅速、轻松地查找所需的信息。利用改进的新"查找"体验，现在可以在单个窗格中查看搜索结果的摘要，并单击以访问任何单独的结果。改进的导航窗格会提供文档的直观大纲，以便于对所需的内容进行快速浏览、排序和查找。

（2）与他人协同工作，而不必排队等候

Word 2010 重新定义了人们可针对某个文档协同工作的方式。利用共同创作功能，可以在编辑论文的同时，与他人分享观点。也可以查看一起创作文档的他人的状态，并在不退出 Word 的情况下轻松发起会话。

（3）几乎可从任何位置访问和共享文档

在线发布文档，然后通过任何一台计算机或 Windows 电话对文档进行访问、查看和编辑。借助 Word 2010，可以从多个位置使用各种设备来尽情体会非凡的文档操作过程。

Microsoft Word Web App，当离开办公室、出门在外或离开学校时，可利用 Web 浏览器来编辑文档，同时不影响查看体验的质量。

Microsoft Word Mobile 2010，利用专门适合于 Windows 电话的移动版本的增强型 Word，保持更新并在必要时立即采取行动。

（4）向文本添加视觉效果

利用 Word 2010，可以像应用粗体和下划线那样，将诸如阴影、凹凸效果、发光、映像等格式效果轻松应用到文档文本中。可以对使用了可视化效果的文本执行拼写检查，并将文本效果添加到段落样式中。现在可将很多用于图像的相同效果同时用于文本和形状中，从而能够无缝地协调全部内容。

（5）将文本转换为醒目的图表

Word 2010 提供用于使文档增加视觉效果的更多选项。从众多的附加 SmartArt 图形中进行选择，从而只需键入项目符号列表，即可构建精彩的图表。使用 SmartArt 可将基本的要点句文本转换为引人入胜的视觉画面，以便更好地阐释观点。

（6）为文档增加视觉冲击力

利用 Word 2010 中提供的新型图片编辑工具，可在不使用其他照片编辑软件的情况下，添加特殊的图片效果。可以利用色彩饱和度和色温控件来轻松调整图片。还可以利用所提供的改进工具来更轻松、精确地对图像进行裁剪和更正，从而有助于将一个简单的文档转化为一件艺术作品。

(7) 恢复认为已丢失的工作

利用 Word 2010,像打开任何文件那样轻松恢复最近所编辑文件的草稿版本,即使从未保存过该文档。

(8) 跨越沟通障碍

Word 2010 有助于跨越不同语言进行有效地工作和交流。比以往更轻松地翻译某个单词、词组或文档。针对屏幕提示、帮助内容和显示,分别对语言进行不同的设置。利用英语文本到语音转换播放功能,为以英语为第二语言的用户提供额外的帮助。

(9) 将屏幕截图插入到文档

直接从 Word 2010 中捕获和插入屏幕截图,以快速、轻松地将视觉插图纳入到工作中。如果使用已启用 Tablet 的设备(如 Tablet PC 或 Wacom Tablet),则经过改进的工具使设置墨迹格式与设置形状格式一样轻松。

(10) 利用增强的用户体验完成更多工作

Word 2010 可简化功能的访问方式。新的 Microsoft Office Backstage 视图将替代传统的"文件"菜单,从而只需单击几次鼠标即可保存、共享、打印和发布文档。利用改进的功能区,可以更快速地访问常用命令,方法为:自定义选项卡或创建自己的选项卡,从而使工作风格体现出个性化。

3.2 Word 2010 概述

3.2.1 Word 2010 的启动和退出

1. Word 2010 的启动

启动 Word 的方法很多,最常用的方法有三种:

1) 启动 Windows 后,选择"开始"→"程序"→"Microsoft office"→"Microsoft Office 2010"命令来启动 Word,如图 3.1 所示。

2) 通过桌面上"Microsoft Word 2010 快捷方式"启动。

3) 利用 Word 文件启动 Word 2010,如图 3.2 所示。

2. Word 2010 的退出

退出 Word 2010 常用的方法有以下几种:

1) 单击标题栏右上的"关闭"按钮" "。

2) 单击标题栏左侧的"W"符号,从弹出的快捷菜单中选择"关闭"菜单项,如图 3.3 所示。

图 3.1 通过"开始"启动 Word 2010

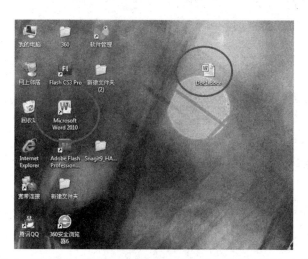

图 3.2 通过"Word 2010 快捷方式"、"Word 文件"启动 Word 2010

图 3.3 通过标题栏快捷菜单退出 Word

3) 双击标题栏左侧的"W"符号"![W]"。

4) 单击"文件"→"退出"命令。

5) 按组合键"Alt"+"F4"。

3.2.2　Word 2010 的操作界面

1. Word 2010 的操作界面

启动中文版 Word 2010 后,屏幕上就会显示其操作界面。Word 2010 的操作界面主要由标题栏、功能区、工具组、编辑区、状态栏等组成,如图 3.4 所示。

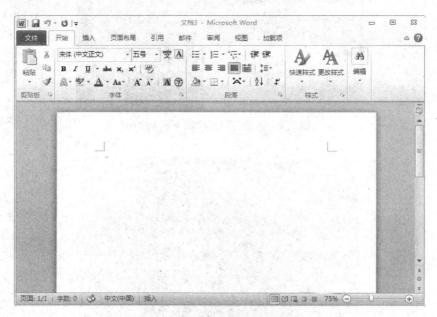

图 3.4　Word 2010 的操作界面

1) 标题栏:位于 Word 工作窗口的顶端,用于显示当前正在编辑文档的文件名。单击标题栏右边的按钮"　　　",可以最小化、最大化/恢复或关闭程序,如图 3.5 所示。

图 3.5　标题栏

2) 快速访问工具栏:快速访问工具栏主要包括一些常用命令,例如"Word"、"保存"、"撤销"、"恢复"等按钮,如图 3.6 所示。

图 3.6　快速访问工具栏

3) 功能区:包含"文件"、"开始"、"插入"、"页面布局"、"引用"、"邮件"、"审阅"、"视图"、"加载项"等选项卡,如图 3.7 所示。

图 3.7　功能区

4）文档编辑区：Word 工作窗口中央的空白区域，其中显示了正在编辑文档的内容。

5）滚动条：包括水平滚动条和垂直滚动条，可用于改变在编辑文档的显示位置，如图 3.8 所示。

图 3.8　文档编辑区和滚动条

6）状态栏：位于 Word 文档窗口的底部，用于显示当前文档的状态及与该文档相关的上下文信息，如当前文档页码、总页数，以及当前光标在文档中的位置信息等。

7）视图切换区：可用于改变正在编辑文档的显示模式，以符合用户的要求。

8）比例缩放区：可用于改变正在编辑文档的显示比例设置，如图 3.9 所示。

图 3.9　状态栏、视图切换区和比例缩放区

2. Word 2010 中文版帮助功能

使用"Microsoft Word 帮助"主题获取帮助：点击右上角的" "会显示 Word 2010 中文版帮助功能，如图 3.10、图 3.11 所示。

图 3.10 "帮助"按钮

图 3.11 "Word 帮助"对话框

3.3 Word 2010 的基本操作

文档,在 Word 2010 中泛指用户使用 Word 2010 创建、打开、编辑或修改的所有文字、表格或图形的集合。在 Word 2010 的文档窗口中,将用户正在处理的文字、表格或图形的集合称为文档。而用户将处理过的文档进行保存时,文档保存在系统中的形式称为文件。也就是说,文件是文档的保存形式,而文档是文件的打开形式。

3.3.1 文档操作

1. 新建文档

Word 文档是文本、图片等对象的载体,当 Word 启动时,它自动为用户建立一个以通用模板"Normal.docx"为基准模板的新文档,通常缺省名为"文档 1.docx",保存时可以根据用户的需要更改为其他文件名。进入 Word 环境,可以直接在文档窗口进行编辑工作。如果用户想重新建立一个新文档,可按如下方式操作:

1) 在"快速访问工具栏"单击"新建"按钮,如图 3.12 所示。
2) 单击功能区"文件"→"新建",然后在"可用模板"列表框中选择"空白文档"选项,最后单击右下角的"创建"按钮,如图 3.13 所示。
3) 在桌面上右键单击,选择"新建"→"Microsoft word 文档"。

图 3.12 使用"快速访问工具栏"创建空白文档

图 3.13 使用功能区"文件"创建空白文档

2. 打开 Word 文档

用户已创建并存盘的文件,如果再次使用时需要打开它,将其内容调入当前文档窗口才能对它进行各种操作。在 Word 2010 的"文件"→"打开"菜单项中,可打开位于不同位置的文件。

Word 2010 可打开本机硬盘上或与本机相连的网络驱动器上的文件,即使本机不与网络服务器相连,只要所在的网络支持 UNC 地址,就可打开网上的文件。对于硬盘或有读写权的网络驱动器上的文件,可创建并打开该文件的一个副本,所有操作都在副本上进行,而原文件则保持不变。无论文件位于何处,都可作为只读文件打开,以保证原文件不被修改。如果用"文件"菜单中的"版本"命令保存了一篇文档的多个版本,则可找到并打开较早的版本。

(1) 打开硬盘或网络上的文档

1) 单击功能区"文件"→"打开",将弹出"打开"对话框,如图 3.14 所示。
2) 在"查找范围"框中单击包含该文档的驱动器、文件夹或 Internet 地址。
3) 在文件夹列表中双击各文件夹,直到打开包含所需文件的文件夹。

图 3.14 "打开"对话框

4) 双击要打开的文件名。

(2) 打开近期编辑过的文件

如要打开最近编辑过的文件,请单击功能区"文件"→"最后所用文件"。

3.3.2 文档的保存和关闭

对于在新建 Word 文档或编辑某个文档时,如果出现了计算机突然死机、停电等非正常关闭的情况,文档中的信息就会丢失,因此为了保护劳动成果,保存文档是十分必要的。

1. 保存文档

当启动 Word 2010 后,就可以在文档窗口中输入文档内容。用户输入的文档是驻留在计算机内存中,不会自动存储到磁盘上,当退出 Word 2010 或发生意外时都会全部丢失。用户应在退出 Word 2010 或每间隔一定时间就对编辑的文档进行一次存盘操作,以便以后使用。

(1) 保存新建的、未命名的文档

保存未命名的文档有以下方法:

1) 选择功能区"文件"→"保存"(或"另存为")。

2) 直接单击"快速访问工具栏"中的"保存"按钮。

弹出"另存为"对话框后,在"保存位置"确定新文档存放的路径(默认路径为"My Documents"),在"文件名"框中,键入文档的名称,如果需要,可用长的、描述性的文件名;在"保存类型"框确定要保存的文件类型;最后单击"保存"按钮,新建的文档内容将以指定的路径、文件名及文件类型等选定的参数存盘,存盘后,仍然保持在当前文档编辑窗口,用户可继续进行编辑工作,如图 3.15 所示"另存为"对话框。

(2) 保存已存在的文档

保存已存在的文档有以下方法:

1) 依次单击功能区"文件"→"保存"。

图 3.15 "另存为"对话框

2) 直接单击"快速访问工具栏"中的"保存"按钮。

当前编辑的内容将以原文件名存盘,存盘后,仍然保持在当前文档编辑窗口,用户可继续进行编辑工作。

(3) 换文件名或路径保存文档

换文件名或路径保存文档一般用于第一次保存文档,用户希望给当前编辑的文件命名一个便于见名知义的文件名。或该文件已经存在,用户希望以另一个名字保存文件,换名、换路径或换文件格式保存文件,给文件保存一个备份。

2. 关闭 Word 文档

为了保证文档的安全,一般一个文档编辑结束都应将其关闭。可以按下列方式退出 Word 2010 编辑器窗口。

1) 选择功能区"文件"→"关闭",即可关闭 Word 文档。

2) 也可以单击屏幕右上角"　　"按钮,关闭 Word 文档。

3) 在"快速访问工具栏"的左上角单击"Word"按钮,从弹出的下拉菜单中选择"关闭"菜单栏可关闭 Word 文档。

如果被关闭的文档在关闭前进行过操作,且尚未保存过,则屏幕将弹出如图 3.16 所示的窗口,如果需要保存修改的内容,则单击"保存(S)";确定不需要保存,则单击"不保存(N)";若单击"取消",则返回到文档编辑窗口,不做关闭操作。

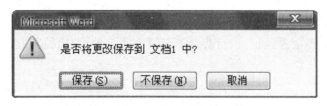

图 3.16 "关闭"窗口

如果被关闭的文档未命名,则屏幕将弹出"另存为"对话框,按"另存为"方式操作,即可关闭 Word 文档。

3.3.3 编辑文档

1. 确定插入点位置

进入 Word 2010 编辑窗口,在窗口中有一个闪烁的光标竖线"|",即为当前输入位置(插入点)。在文档中,可以使用鼠标或快捷键滚动文档、确定选择页或文字的位置。

(1) 用键盘移动光标

若要使用键盘选择文档位置,可以用如表 3.1 所示按键来操作。

表 3.1 用键盘移动光标

向右移动一个字符或汉字	(右箭头)→
向左移动一个字符或汉字	(左箭头)←
向下移动一行	(下箭头)↓
向上移动一行	(上箭头)↑
移至行尾	End 键
移至行首	Home 键
向上移动一屏(滚动)	Page Up 键
向下移动一屏(滚动)	Page Down 键
移动到下页顶端	Ctrl+Page Down 组合键
移动到上页顶端	Ctrl+Page Up 组合键
移动到文档末尾	Ctrl+End 组合键
移动到文档开头	Ctrl+Home 组合键
返回前一编辑位置	Shift+F5 组合键

(2) 用鼠标移动光标

如果需要将光标在当前窗口内移动,只要将鼠标指针定位到所需要的位置处,单击鼠标确定即可;如果需要的目标位置不在当前屏幕上,则需要将用户需要的文档内容移动到当前屏幕窗口内,通常使用文档窗口的滚动条,如图 3.17 所示。

(3) 使用定位命令

用户还可以使用"定位"命令方式选定文档位置。操作是:单击"编辑"→"定位",在弹出的"定位"窗口中,根据需要选定页、行等,确定后"关闭",即可"定位"到选择的位置。

2. 输入操作

在 Word 2010 编辑窗口中,既可输入汉字,也可输入英文字母、符号、图形和表格等。文本是文字、符号、特殊符号、图形等内容的总称。在新建一个空文档后,光标所在的位置就是即将录入文本的位置,当输入文字时,光标会随着文字向后移动。在输入文本前,要选择一种汉字输入法。

图 3.17 滚动条

(1) 输入文字

启动 Word 2010,进入编辑窗口,就可以在插入点输入文字。一般启动 Word 后默认的输入状态是英文方式,这时可以输入键盘上的字母和符号;如果要输入汉字,必须选择一种用户熟悉的中文输入方法,打开该输入方法,然后才能输入汉字。

输入的文字总是紧靠插入点左边,而插入点随着文字的输入而向后移动。如果在输入过程中,输错了字,可用两种方法删除:一是将插入点移到要删除的文字前面,用"Delete"键删除插入点后面的文字;二是将插入点移到要删除的文字后面,用"BackSpace"键删除插入点前面的文字。在编辑窗口内可以使用键盘上的方向键(←、↑、→、↓)移动插入点,也可以使用鼠标移动插入点。

Word 具有自动换行功能,当输入的文字充满一行时,将自动换行,而不用按"Enter"键。而按"Enter"键是一个段落的结束标记,仅当一个段落输入结束时才使用"Enter"键。

(2) 输入特殊字符或符号

如果要输入键盘上没有的符号,如特殊字符、国际通用字符以及符号。可用下述方法操作:

1) 单击要插入符号的位置(选定插入点),如图 3.18 所示。

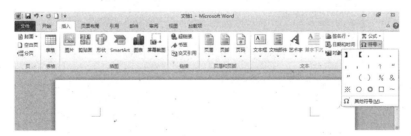

图 3.18 选定插入点

2) 单击"插入"→"符号",然后单击"其他符号"选项卡,弹出"符号"对话框,从中选择需要的符号,如果需要的符号不在对话框的窗口中,可以通过右边的滚动条将欲选择的符号显示在对话框的窗口中,也可以通过"字体"和"子集"框的下拉按钮选择显示某一类型的符号,如图 3.19 所示。

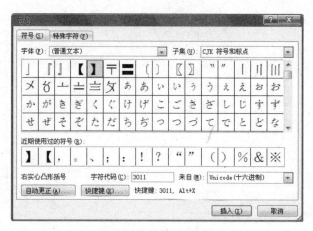

图 3.19 "符号"选项卡

3) 双击要插入的符号或字符,即可将选定的符号插入到插入点。

4) 可以连续插入若干个需要的特殊符号或字符,直到不需要时,单击"取消"框,即可返回文档编辑窗口。

在输入过程中会遇到以下情况,可通过下述方法进行切换:

1) 中文、英文,标点符号切换:用"Ctrl+Shift"键,或直接用鼠标从右下角的语言栏选择。

2) 大小写切换:"Caps Lock"键。

3) 特殊符号:"shift+数字"键。

4) 特殊文字:"插入"→"符号"→"特殊符号"选项卡。

(3) 在文档中插入日期和时间

在文档中可插入固定的或当前的日期和时间。插入当前日期和时间的方法是:

1) 单击日期和时间的插入点。

2) 单击"插入"→"日期和时间",弹出"日期和时间"对话框,如图 3.20 所示。

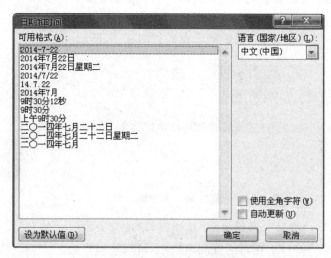

图 3.20 "日期和时间"对话框

3) 单击"可用格式"框中的一种格式以指定要用的日期或时间格式。如果需要的"日期和时间"不在其中,可以通过右边的滚动条将欲选择的"日期和时间"显示在"有效格式"框中,然后单击"有效格式"框中选定的日期或时间格式,再单击"确定",即可将其插入到文档中的插入点位置。

4) 如果要对插入的日期或时间应用其他语言的格式,请单击"语言"框中的语言。

3. 选择文字

(1) 键盘方式

用键盘方式选定文字时,需将光标定位到欲选择的文字块首,然后再使用相关的组合键实现操作,如表 3.2 所示。

表 3.2 键盘方式选定文字

右侧一个字符	Shift+右箭头(→)
左侧一个字符	Shift+左箭头(←)
单词结尾	Ctrl+Shift+右箭头(→)
单词开始	Ctrl+Shift+左箭头(←)
行尾	Shift+End 组合键
行首	Shift+Home 组合键
下一行	Shift+下箭头(↓)
上一行	Shift+上箭头(↑)
段尾	Ctrl+Shift+下箭头(↓)
段首	Ctrl+Shift+上箭头(↑)
下一屏	Shift+Page Down 组合键
上一屏	Shift+Page Up 组合键
窗口结尾	Alt+Ctrl+Page Down 组合键
文档开始处	Ctrl+Shift+Home 组合键
包含整篇文档	Ctrl+A 组合键
纵向文字块	Ctrl+Shift+F8 组合键,然后使用箭头键
文档中的某个具体位置	F8+箭头键;按 Esc 键可取消选定模式

(2) 使用鼠标

1) 选择一行:将鼠标移动到该行的左侧,直到鼠标变成一个指向右边的箭头,然后单击鼠标,则该行被选中。

2) 选择多行:将鼠标移动到该行的左侧,直到鼠标变成一个指向右边的箭头,然后向上或向下拖动鼠标。

3) 选择一个句子:按住"Ctrl"键,然后在该句的任何地方单击。

4) 选择一个段落:将鼠标移动到该段落的左侧,直到鼠标变成一个指向右边的箭头,然后双击。或者在该段落的任何地方三击。

5)选择一个矩形块:将鼠标指针移动到需要选择区域的一角并单击,按住"Alt"键,然后拖动鼠标至矩形区域的对角,则该区域被选中。

6)选择整篇文档:将鼠标移动到任何文档正文的左侧,直到鼠标变成一个指向右边的箭头,然后三击。

4. 复制、剪切、粘贴与移动文字

剪切、复制和粘贴是 Word 提供的移动文字和图形的一项非常方便的功能,它能使用户在当前文档中移动文字和图形,以及在当前文档与其他 Word 文档,甚至其他 Windows 应用程序之间移动文字和图形。

(1) 复制

复制是文档编辑常用的操作,可在文档内、文档间或应用程序间移动或复制文字。
1)使用剪贴方式复制文字。
2)使用拖动方式复制文字。
3)与键盘结合复制文字。

(2) 剪切

剪切是将选定的文字剪切到剪贴板中,原文字不存在,即原文字被删除。剪贴板中的内容还可以根据需要选择粘贴操作,实现复制功能。

(3) 粘贴

粘贴是将剪贴板中的内容复制到用户需要的位置。

(4) 剪贴板

在 Office 2010 剪贴板中,用户可以按剪切或复制对象的先后次序存放。

(5) 移动文字

移动文字操作是将所选择的文字块从原位置移动到另一个新的位置。其操作方式是先将要移动的文字剪贴到剪贴板中,然后将之粘贴到新的位置,操作与复制方法相似,不再重复。

(6) 撤销

选择"快速访问工具栏"的左上角单击"撤销"按钮;或用"Ctrl+Z"键。

5. 文本的修改

1)光标在错误文字的后面,敲击键盘上的"Backspace"退格键可以将其删除。
2)光标在错误文字的前面,敲击键盘上的"Delete"键可删除错误的文字。
3)如果整行的文字需要修改,将文本选取,敲击键盘上的"Delete"键将其删除。
4)在原文字上直接进行修改。
5)文字块的删除还可以通过"剪切"按钮剪贴到剪贴板中,也可以达到删除的目的。

6. 查找与替换

在文档编辑过程中,查找和替换是常用的操作。查找和替换可以搜索和替换文字、指定格式和诸如段落标记、域或图形之类的特定项。

插入点的定位即确定光标当前闪烁的位置。实现插入点快速定位的方法有:找到插入位置时,将光标指向目标点,单击鼠标左键即可;如果已经预知插入点的位置,选择功能区中的"开始"→"编辑"→"查找"→"定位"。

在多页文档中查找某文本,如果逐字查寻不但费时而且还会有遗漏,遇到这种情况时,可以运用"查找"命令进行编辑。如果个别文本需要用新内容来替换,还可以应用"替换"命令来进行文本的替换。

(1) 查找文字

以常规方式查找文本时,可选择功能区中的"开始"→"编辑"中的"查找"命令,弹出导航窗格。在查找文本框中输入要查找的内容,单击"Enter"按钮,随即在导航窗格中查找到了该文本所在页面和位置,同时该文本在 Word 文档中反色显示,如图 3.21 所示。

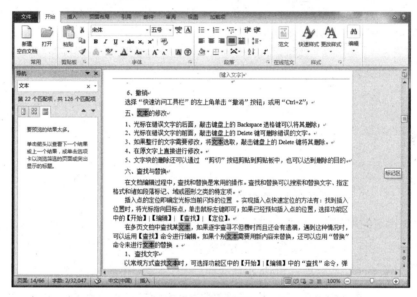

图 3.21 "查找"窗口

(2) 替换

如果要替换相关文本可以在"编辑"组中,单击"替换"按钮,弹出"查找与替换"对话框,自动切换到"替换"选项卡,在"查找内容"文本框中输入要查找的内容,在"替换为"文本框中输入要替换的内容。单击"替换"按钮,在文本中显示找到的第一个文本,如果不想替换该处文本,单击"查找下一处"按钮,如果想替换全部,可以点击"全部替换",如图 3.22 所示。

图 3.22 "查找和替换"窗口

(3) 查找指定格式

在"查找"选项卡中单击"更多"按钮,可展开该对话框用来设置文档的高级查找选项,要查找指定格式,可在最下方"查找"选项中,单击"格式"选项,可在弹出的下一级子菜单中设置要查找的文本格式,如字体、段落和制表位等。若要搜索带有特定格式的文字,输入文字,再单击"格式"按钮,然后选择所需格式。若要只搜索特定的格式,删除所有文字,再单击"格式"按钮,然后选择所需格式,如图3.23所示。

图 3.23 查找指定格式

(4) 替换指定的格式

若要替换带有特定格式的文字,可先在"查找内容"中输入文字,再在"替换为"中输入文字,再单击"格式"按钮,然后选择替换所需格式,如图3.24所示。

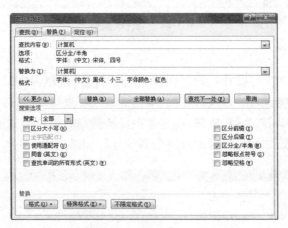

图 3.24 替换指定的格式

7. 检查拼写和语法

在输入文本时自动进行拼写和语法检查是 Word 2010 默认的操作,但若是文档中包含有较多特殊拼写或特殊语法,则启用键入时自动检查拼写和语法功能,就会对编辑文档产生一些不便,因此在编辑一些专业性较强的文档时,可暂时将输入时自动检查拼写和语法关闭。

设置拼写检查:依次选择功能区中"文件"→"选项"→"校对",进行语法检查设置,如图 3.25 所示。

使用拼写检查:选中文本,依次选择功能区中"审阅"→"拼写和语法",可检查文本中的拼写和语法,如图 3.26 所示。

图 3.25　设置拼写和语法

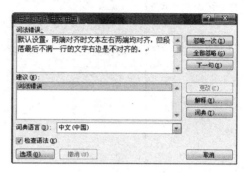

图 3.26　检查拼写和语法

3.3.4　文档的显示

视图,就是文档的显示方式。Word 2010 提供了页面、阅读版式、Web 版式、大纲、草稿五种视图方式。在 Word 视图中,可以调整视图比例,也可以设置视图的背景。

1. 页面视图

页面视图以纸张页面的形式显示,精确地显示文本、图形及其他元素在最终打印文档中的情形。页面视图方式具有所见即所得功能。在页面视图中可以查看在打印时的页面中文字、图片和其他元素的位置。页面视图可用于编辑页眉和页脚、调整页边距、处理栏和图形对象;可以直接观察文档的输出效果,如图 3.27 所示。

图 3.27　页面视图

2. 阅读版式视图

阅读版式视图是 Word 的一种视图显示方式,阅读版式视图以图书的分栏样式显示 Word 文档,"文件"按钮、功能区等窗口元素被隐藏起来,如图 3.28 所示。

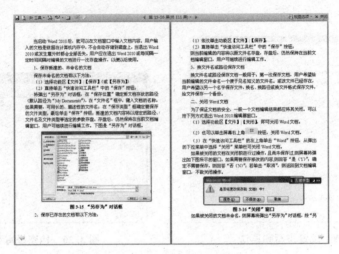

图 3.28　阅读版式视图

3. Web 版式视图

Web 版式视图将显示文档在 IE 浏览器中的外观,在屏幕上显示的效果就是在浏览器中的效果。在 Web 版式视图中,可以创建能显示在屏幕上的 Web 页或文档。在 Web 版式视图中,可看到背景和为适应窗口而换行显示的文档,且图形位置与在 Web 浏览器中的位置一致,如图 3.29 所示。

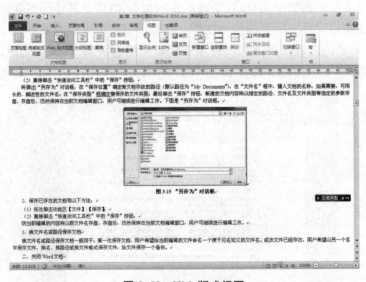

图 3.29　Web 版式视图

4. 大纲视图

大纲视图提供了一个处理提纲的视图界面，能分级显示文档的各级标题，层次分明。在大纲视图中，能查看文档的结构，还可以通过拖动标题来移动、复制和重新组织文档。还可以通过折叠文档来查看主要标题，或者展开文档以查看所有标题，以至正文内容。大纲视图还使得主控文档的处理更为方便，主控文档有助于使较长文档（如有很多部分的报告或多章节的书）的组织和维护更为简单易行，如图 3.30 所示。

图 3.30　大纲视图

5. 草稿视图

草稿视图取消了页面边距、分栏、页眉页脚和图片等元素，仅显示标题和正文，是最节省计算机系统硬件资源的视图方式，如图 3.31 所示。

图 3.31　草稿视图

6. 视图显示比例

在阅读文档时，可运用"视图"→"显示比例"对文档进行放大和缩小显示。

7. 视图背景

运用"页面布局"→"页面背景"可以给文档设置背景,让页面变得更加精彩生动,但是加入的背景只是一种阅读效果,在打印稿中是不会体现的(水印效果除外)。大纲视图和草稿视图中不显示背景。

3.4 文档的排版

3.4.1 文本格式的设置

用户可以使用功能区中的"开始"→"字体"来设置文本字体、字号、字形、字体颜色、加下划线、字符间距、文字效果等格式。

Word 2010 提供了多种可用的字体,默认字体为"宋体",字号是指文字的大小,字形包括文本的常规显示、加粗显示、倾斜显示及加粗和倾斜显示。

1. 可以使用"字体"组来进行设置

"字体"组提供了一些常用的格式设置工具,如图 3.32 所示,用户可以通过"字体"组的按钮设置文档格式,如字体、字号、字型、加下划线、添加边框、添加底纹、字符缩放、字符颜色等。

图 3.32 "字体"组

2. 使用"字体"对话框设置字体格式

使用功能区中的"开始"→"字体"右下角的"对话框启动器"按钮" ",可以设置更加丰富的字体格式,除一些常用的文字格式外,还可以设置特殊效果的文字格式及字符间距等。

操作步骤如下:

1) 选中要修改的文本。

2) 依次打开功能区中的"开始"→"字体"右下角的"对话框启动器"按钮,弹出"字体"对话框,选择"字体"选项卡,在其中设置字号、斜体、下划线及颜色等,如图 3.33 所示。

3) 点击"确定"按钮完成设置。

3. 调整字符间距

字符间距是指文档中字与字之间的距离。在通常情况下,文本是以标准间距显示的,这样的字符间距适用于大多数文本。但有时为了创建一些特殊的文本效果,需要扩大或缩小字符间距。更改字符间距的具体操作是:

1)选定要更改的文字。

2)单击功能区中的"开始"→"字体"右下角的"对话框启动器"按钮,弹出"字体"对话框,选择"高级"选项卡,弹出如图 3.34 所示的"高级"对话框,设置"缩放"、"间距"、"位置"等值。

图 3.33 "字体"选项卡　　　　　　　图 3.34 "高级"选项卡

3.4.2 段落格式的设置

Word 中除可以进行文字格式设置外,还可以对"段落"进行格式设置。Word 中段落是指用户输入回车键结束的一段图形或文字。段落的格式包括文档对齐、缩进大小、行距、段落间距等。Word 中显示的文档和打印出的文档是完全相同的,Word 不用格式代码表示格式。因此,设置好段落格式对文档的美观易读是非常重要的。

1. 段落格式的设置方法

(1)可以使用"段落"组来进行设置

用功能区中的"开始"→"段落"设置段落格式,如图 3.35 所示。

图 3.35 "段落"组

(2) 使用"段落"对话框设置段落格式

选中要修改的文本,单击功能区中的"开始"→"段落"右下角的"对话框启动器"按钮,弹出"段落"对话框,在其中进行段落格式设置,如图 3.36 所示。

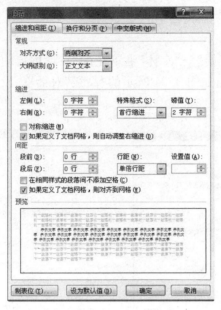

图 3.36 "段落"对话框

2. 段落格式设置

(1) 设置段落对齐方式

段落对齐是指段落内容在文档的左右边界之间的横向排列方式,Word 共有五种对齐方式:两端对齐、左对齐、右对齐、居中对齐和分散对齐。

1) 两端对齐:默认设置,两端对齐时文本左右两端均对齐,但段落最后不满一行的文字右边是不对齐的。

2) 左对齐:文本左边对齐,右边参差不齐。

3) 右对齐:文本右边对齐,左边参差不齐。

4) 居中对齐:文本居中排列。

5) 分散对齐:文本左右两边均对齐,而且段落最后一行不满一行时,将拉开字体间距使该行均匀分布。

设置段落对齐方式最便捷的方法是使用"段落"组的按钮,除此之外,还可以使用"段落"对话框中的"缩进和间距"选项卡设置段落的对齐方式。要注意,设置段落的对齐方式之前先要将插入点定位到段落中,或选中此段落,如图 3.37 所示。

(2) 设置段落缩进方式

设置段落缩进的方式主要有以下三种。

1) 使用"段落"→"缩进和间距"设置。在段落"缩进"框中用户可以设置段落的缩进格式,包括:"左缩进"和"右缩进";在"特殊格式"框,可选择"首行缩进"和"悬挂缩进",如

图 3.38 所示。

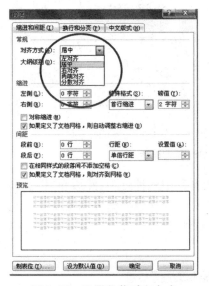
图 3.37 设置段落对齐方式

图 3.38 设置段落缩进

首行缩进:可以控制段落的第一行第一个字的起始位置。
悬挂缩进:可以控制段落中第一行以外的其他行的起始位置。
左缩进:可以控制段落左边界的位置。
右缩进:可以控制段落右边界的位置。

2) 用标尺设置左、右缩进量。借助 Word 2010 中的标尺,可以很方便的设置文档段落缩进。切换到功能区"视图"→"显示"组中,选中"标尺"复选框。会出现标尺,上有 4 个缩进滑块:首行缩进滑块、悬挂缩进滑块、左缩进滑块、右缩进滑块,如图 3.39 所示。

图 3.39 使用标尺设置缩进

3) 使用常用工具栏"减少缩进量"按钮,减少左边界的缩进量。"增加缩进量"按钮增加左边界的缩进量。操作方法是:选定需要更改缩进量的段落,单击"缩进量"按钮,每单击一次,所选定需要更改缩进量段落的左边界向指定的方向移动一次,如图 3.40 所示。

(3) 设置间距

行间距,用于控制每行之间的间距;段间距,用于控制段落之间的间距。
具体操作步骤为:
1) 选中要修改的文本。
2) 单击功能区中的"开始"→"段落"右下角的"对话框启动器"按钮,弹出"段落"对话框,如图 3.41 所示,在下拉列表中设置对齐方式、行间距等。
在"行距"下拉列表中,有六种行距选项:"单倍行距"、"1.5 倍行距"、"2 倍行距"、"最小

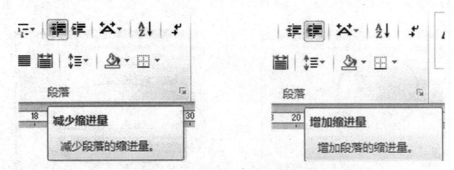

图 3.40 使用常用工具栏设置缩进

值"、"固定值"、"多倍行距"。可以在下拉列表中选择其中一种行距,然后在"设置值"文本框中输入行距的值。

段间距在"段前"和"段后"文本框内输入具体的数值。

3) 点击"确定"按钮完成设置。

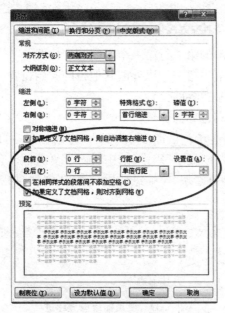

图 3.41 设置间距

3.4.3 文档页面设置、预览与打印

文档录入计算机的目的是要打印输出,在打印之前对文档页面进行编排,对于一篇文章统一设置一个美观、大方的页面是一项非常重要的工作。设置好页面,可以通过打印预览观察页面设置效果,直到满意后,就可以打印输出。

1. 页面设置

页面设置含有作用于页面的各种格式化选项,如页边距、页眉和页脚等。页面设置的格式化选项可应用于一个节、多个节或整篇文档。

使用功能区"页面布局"→"页面设置"组,可以对文档的页面进行多方面的设置。主要包括设置页边距、纸型、纸张来源、分栏、版式和文档网格等。

(1) 设置页边距

如要指定固定的页边距值,可以按下述方式操作:

单击"页面布局"→"页面设置"→"页边距"选项卡,弹出图示的"页边距"对话框;从中可以在"页边距"选项卡中设置"上"、"下"、"左"、"右"四个页边距值调整需要的页边距,还可以设置其他选项,如装订线位置。在"应用于"框中选择"所选文字"或"整篇文档"选项,如图 3.42 所示。

(2) 设置纸张大小

如果需要将文档的内容打印到纸上,则首先应该考虑好使用多大尺寸的打印纸。默认情况下,纸张大小是标准的 A4 纸。如果设置的纸张大小与实际的纸张不符,会造成分页错误,致使在页的中间部位发生换页,这时就需要重新设置纸张大小,具体操作步骤如下:

单击"页面布局"→"页面设置"→"纸张"选项卡,从"纸张大小"下拉列表框中选择要打印的纸张大小。如果要自定义特殊的纸张,则在"高度"和"宽度"微调框中输入数值,如图 3.43 所示。

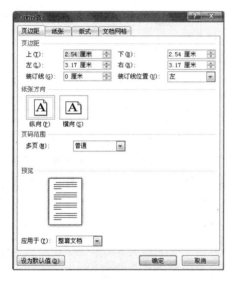

图 3.42 设置"页边距"对话框

图 3.43 设置"纸张"对话框

(3) 版式

Word 自动设置了新页边距的文字前后插入分节符。如果文档已划分为若干节,可以单击某节中的任意位置或选定多个节,然后修改页边距,如图 3.44 所示;设置完成后单击"确定"即可。

(4) 设置文档网格

单击"页面布局"→"页面设置"→"文档网格"选项卡,弹出"文档网格"对话框,如图 3.45 所示。

在"网格"选项中,用户首先要在四个单选项之间进行选择。如果用户选中单选项"无网格",则 Word 将在页面格式中使用系统默认的页面字符排列方式,包括每行中的字符数目、字符跨度、每个页面中的行数以及行的跨度等;如果用户选中单选项"只指定行网格",则Word将允许用户在随后的"每页"和"跨度"组合框中设置每页中所需包含的行数及行的跨度值;如果用户选中单选项"指定行和字符网格",则Word将允许用户在各个单选项之后的四个组合框中设置页面中每行的字符数、字符跨度、每页中的行数以及行跨度;如果用户选中单选项"文字对齐字符网格",则Word将会自动将文档页面中的正文字符与字符网格对齐,并允许用户在各个单选项之后的"每行"和"每页"组合框中指定页面每行中的字符数目和每页中行的数目,但不允许用户指定字符跨度和行的跨度。

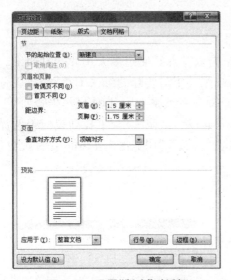 

图 3.44 设置"版式"对话框　　　　图 3.45 设置"文档网格"对话框

（5）插入分隔符

插入分页符:通常,如果文档的内容超过一页时,Word会自动插入分页符并生成新页。但为了避免在某一页出现"孤行"(出现在页顶部或底部的单独行),或避免在段落内部、表格行中或段落之间分页(如标题行及其后续行),也可以人为插入分页符,在指定位置分页,例如,可以在指定段前分页,或在一章的标题前重新分页。

插入分节符:在未插入分节符之前,Word将整个文档作为一节。可以人为将文档分为几节,为每一节设置不同的格式、版面、页边距等,使文档的编排更加灵活。

人工插入分页、分节符的操作为:单击需要插入分页、分节符的位置;单击"页面布局"→"页面设置"组中"分隔符"旁的下拉菜单,如图 3.46 所示。

（6）分栏效果

单击"页面布局"→"页面设置"组中"分栏"旁的下拉菜单,弹出"分栏"对话框,可以对文本进行分栏设置,如图 3.47 所示。

2. 对页面进行页眉和页脚设置

（1）设置页码

编辑的文档较长,如果不带页码,打印输出后往往容易搞乱次序,若想打印页码,必须在打印前对文档设置页码。

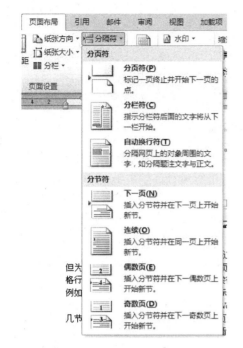

图 3.46 插入"分隔符"

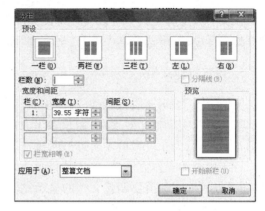

图 3.47 使用分栏

具体操作步骤为：单击"插入"→"页眉和页脚"组中"页码"按钮，如图 3.48 所示。弹出"页码格式"对话框，进行页码格式设置，如图 3.49 所示。

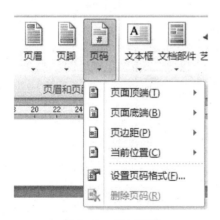

图 3.48 插入页码

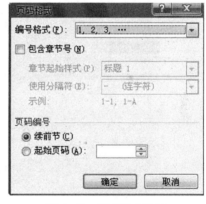

图 3.49 页码格式设置

（2）创建页眉和页脚

用户可以创建包含文字和图形的页眉和页脚（例如，页码、日期、公司徽标、文档的标题或文件名、作者姓名等等），对文档页面进行修饰。在整个文档中可用同样的页眉和页脚，也可在文档的不同部分用不同的页眉和页脚。例如，在第一页使用唯一的页眉或页脚，或者不在第一页使用页眉或页脚。还可对一个文档的奇数页和偶数页或文档的不同部分使用不同的页眉和页脚。

这里仅以整个文档创建同样的页眉和页脚为例：单击"插入"→"页眉和页脚"组中的"页眉"按钮，在弹出的下拉列表中选择"编辑页眉"选项，Word 文档进入页眉编辑状态，如

图 3.50 所示。

图 3.50 页眉和页脚工具

在页眉和页脚工具中可以设计奇数偶数页不同，也可以插入文字、图片、日期等，如果要对页脚进行设计，可选择其中的"转至页脚"即可对页脚进行设计。

3. 预览打印文档

文档录入、编辑完成，设置好版面格式、页眉、页脚等后，可以将结果先通过打印预览在显示器上模拟实际打印效果，供用户参考，如不满意，则可进行修改、重新设置，然后再预览显示，直到满意为止。最后才通过打印机打印出令用户满意的结果。

打印预览的操作方法是：单击功能区"文件"→"打印"，即可在右侧看到文档的打印效果，还可以根据实际需要调整文档的显示比例。在打印预览的界面下方调整滑块的位置，可以调整显示比例，如图 3.51 所示。

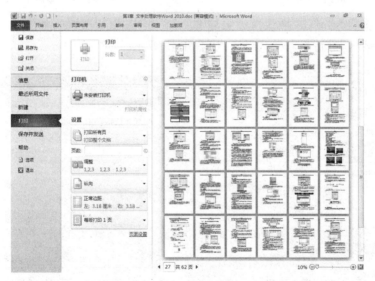

图 3.51 "打印"窗口

4. 打印

通过打印预览认为文档版面满意之后，就可以打印输出了。打印前应检查打印机是否安装好、是否有打印纸等。准备就绪，可以发打印命令了。

打印文档的操作方法是：单击功能区"文件"→"打印"，在"打印份数"微调框中输入要打印的份数，在"设置"下拉列表中选择"打印所有页"选项，设置完毕，单击"打印"按钮" "，即可打印当前文档,如图 3.52 所示。

图 3.52 "打印"设置

3.5 表格制作

单纯的文字往往会给人单调的感觉,很多时候,我们需要将表格形式的数据统计插入到文本中。表格具有直观、简明、信息量大的特点,是一种很好的表现方法。在 Word 2010 中,可以在文档中插入多种类型的表格,使文档丰富多彩,从而增强文档的吸引力。

3.5.1 表格的建立

1. 快速插入 10 列 8 行之内的表格

快速插入 10 列 8 行之内的表格是使用虚拟表格插入的方法,通过该方法可以快速完成表格的插入操作,但是所插入表格的单元格数量有限。

操作方法是单击要创建表格的位置,单击功能区"插入"→"表格"组,在弹出的下拉列表中出现一个示意表格,如图 3.53 所示,用鼠标在示意表格中拖动,以选择表格的行数和列数,同时可在示意表格的上方显示相应的行列数,选定所需行列数后,释放鼠标,即可得到表格。

2. 插入 10 列 8 行以上的表格

当需要插入更多行列的表格时,就需要用"插入表格"对话框来完成操作,在该对话框中可以根据需要随意设置表格的行列数。

操作方法是:单击要创建表格的位置,单击功能区"插入"→"表格"组,在弹出的下拉列表中单击"插入表格"选项,在弹出的"插入表格"的对话框中输入表格的列数、行数等,就可

图 3.53 快速插入 10 列 8 行之内的表格

以进行相关设置了,如图 3.54 所示。

 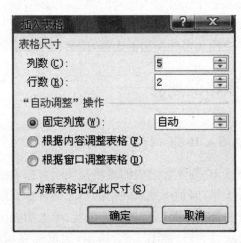

图 3.54 "插入表格"对话框

在"列数"框内选择欲建表格的列数;在"行数"框内选择欲建表格的行数;在"自动调整"操作中选择"固定列宽",默认值为"自动",则以 Word 自定的相等列宽,如输入一个确定的值,则以该值表示列宽;如果选中"根据窗口调整表格",则 Word 将在创建表格的过程中,根据当前文档窗口的大小自动对表格的列宽进行调整,以符合文档窗口的大小;如果选中"根据内容调整表格",则 Word 将在创建表格的过程中,根据表格中的内容自动对表格的列宽进行调整,以符合表格本身;选择完毕后单击"确定",则在插入点位置产生创建的空表格,如图 3.55 所示。

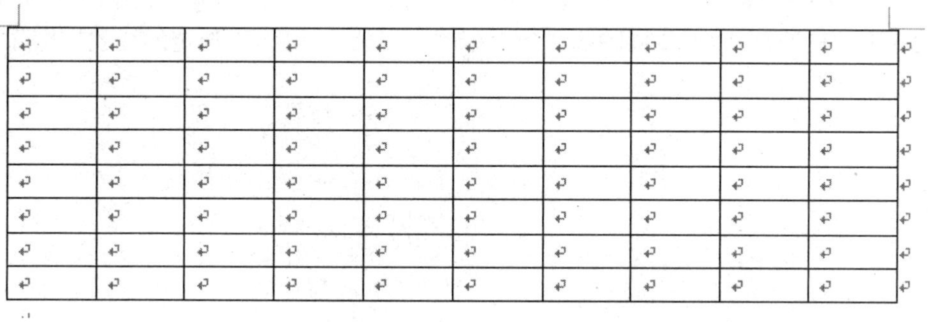

图 3.55 插入的空白表格

3. 手动绘制表格

使用前述方式一般只能创建规则的表格,即表格的行与行之间,列与列之间都是等距的。在实际应用中可能需要制作不规则的复杂表格,如表格中需要斜线、某局部单元格较多等,则可以通过"绘制表格"来创建。

具体操作步骤如下:

1) 在要绘制表格的位置单击。

2) 单击功能区"插入"→"表格"组,在弹出的下拉列表中单击"绘制表格"按钮,指针会变为铅笔状,如图 3.56 所示。

3) 在编辑区中拖动,即可画出一个矩形框,当矩形框的大小合适后,释放鼠标,即可绘制出表格的外框。

4) 用"绘制表格"按钮在方框内画横线、竖线或斜线,形成单元格,如图 3.57 所示。

图 3.56 "绘制表格"按钮

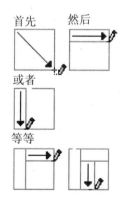

图 3.57 用"绘制表格"画横线、竖线或斜线

5) 要取消绘制表格状态,表格绘制完成后,程序自动切换到"表格工具"的"格式"选项卡,单击"绘图边框"组中"绘制表格"按钮,取消该按钮的选中状态,使文档恢复到正常编辑状态。

6）要擦除一条线或多条线，在"绘图边框"组中，单击"擦除"按钮，如图 3.58 所示，此时鼠标就变为橡皮的形状，在要擦除的线条上拖动。释放鼠标后，被选定的线就被擦除了。

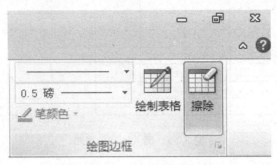

图 3.58 "绘图边框"组

3.5.2 表格的编辑

1. 选择单元格

通过前述的方法创建的表格是一个空白表，还需要输入数据，要输入数据必须首先将插入点移到需要输入数据的单元格，再输入数据。在表格中移动插入点除使用鼠标外，还可以使用键盘的方法移动插入点。

1）通过键盘在表格中移动插入点（光标）选定单元格，如表 3.3 所示。

表 3.3 通过键盘选定单元格

移至下一单元格	按 Tab 键，如果插入点位于表格的最后一个单元格时，按下 Tab 键将添加一行
移至前一单元格	Shift+Tab 组合键
移至上一行或下一行	按向上或向下（↑、↓）箭头
移至本行的第一个单元格	Alt+Home
移至本行的最后一个单元格	Alt+End
移至本列的第一个单元格	Alt+Page Up
移至本列最后一个单元格	Alt+Page Down
开始一个新段落	回车键（Enter）
在表格末添加一行	则在最后一行的行末按下 Tab 键
在位于文档开头的表格之前添加文档	则在第一个单元格的开头按下回车键。

2）用鼠标在表格中移动插入点（光标）选定单元格，如表 3.4 所示。

表 3.4　通过鼠标选定单元格

选定一个单元格	单击单元格左边边界
选定一行单元格	单击该行的左侧
选定一列单元格	单击该列顶端的虚框或边框
选定多个单元格、多行或多列	在要选定的单元格、行或列上拖动鼠标；或者，先选定某一单元格、行或列，然后在按下 Shift 键的同时单击其他单元格、行或列

3) 单元格中文档对齐。改变表格单元格中文档的垂直对齐方式。具体操作步骤是：

将光标定位在表格上，功能区上出现"表格工具"，选择"表格工具"→"布局"上的"对齐方式"组，如图 3.59 所示。

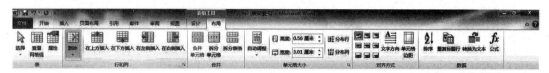

图 3.59　"表格工具"的"布局"面板

单击要设置文档对齐方式的单元格，对齐单元格中横向显示的文档，可选择"表格工具"→"布局"上的"对齐方式"组中九种"对齐"按钮，进行文档对齐操作。

2. 添加单元格、行和列

（1）添加单元格

具体操作步骤是：

1) 选定添加单元格的位置，选定的单元格数与要插入的单元格数相同。

2) 单击"表格工具"→"布局"上的"行和列"组右下角的启动按钮，将弹出"插入单元格"对话框，如图 3.60 所示；

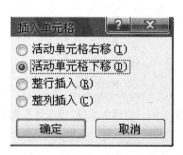

图 3.60　"插入单元格"对话框

从对话框中选择插入单元格选项后，原位置的单元格内容将发生不同的移动。四个选项只能选择其中一项，若选择"活动单元格右移"，则插入到所选定单元格的左边；若选择"活动单元格下移"，则插入到所选定单元格的上边；若选择"整行插入"，则在所选定单元格之上插入一整行；若选择"整列插入"，则在所选定单元格左边插入一列；选定之后按"确定"即可。

（2）添加行和列

具体操作步骤是：

1) 选定将在其上面插入新行的行,选定的行数与要插入的行数相同。

2) 单击"表格工具"→"布局"上的"行和列"组,如果想插入行,则选择"在上方插入"或"在下方插入";如果想插入列,则选择"在左侧插入"或"在右侧插入",如图 3.61 所示。如果在表格末添加一行,请单击最后一行的最后一个单元格,再按下 Tab 键。

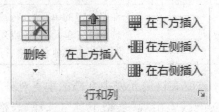

图 3.61 插入行和列

3. 删除表格、单元格、行和列、删除表格内容

用户可以删除单个或多个单元格、行或列,也可删除整张表格,还可只清除单元格的内容而不删除单元格本身。

(1) 删除整个表格

删除整个表格,必须首先选择整个表格;再单击常用工具栏上的"剪切"按钮。

(2) 单元格、行或列的删除

1) 选定要删除的单元格、行或列。删除单元格时,要包括单元格结束标记。删除行时,要包括行结束标记。

2) 单击"表格工具"→"布局"上"行和列"组,选择"删除"按钮。

3) 根据需要删除的内容选择,如果删除单元格,请单击所需的选项,如图 3.62 所示。

图 3.62 删除单元格、行或列及表格

(3) 删除表格内容

首先选定要删除的表格项;然后按下"Delete"键,则被选定的表格中的内容就被删除,只保留表格的单元格。

4. 单元格列宽和行高的调整

在创建表格时,一般选择自动设置行高和列宽,如果觉得不合适,可以在创建表格后随时调整。

1) 用鼠标调整:将鼠标指向表格边框线,当鼠标变成双向箭头时,按住鼠标左键对表格进行拉伸。

2) 使用"表格属性":选择"表格工具"→"布局"上"单元格大小"组,选择右下角启动按钮,弹出"表格属性"对话框,在其中的"行"、"列"选项卡中进行设置,如图 3.63 所示。

图 3.63 表格属性

3) 自动调整行高和列宽:选择"表格工具"→"布局"上"单元格大小"组,单击"自动调整"按钮。

对 Word 文档而言,如果没有指定行高,则各行的行高将取决于该行中单元格的内容以及段落文档前后间隔。

5. 拆分表格、拆分单元格与合并单元格

1) 拆分表格:拆分表格是指将一个表格拆分成两个完整表格。

具体操作步骤:将光标定位在要拆分表格的位置,选择"表格工具"→"布局"上"合并"组上的"拆分表格"按钮,如图 3.64 所示。

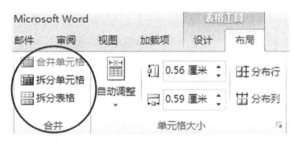

图 3.64 "合并"组

2) 拆分单元格:拆分单元格是指将表格中的一个单元格拆分成两个或多个单元格。

具体操作步骤:将光标置于要分开的行分界处,选择"表格工具"→"布局"上"合并"组上的"拆分单元格"按钮,出现"拆分单元格"对话框,在"列数"和"行数"文本框中分别输入每个单元格要拆分的列数和行数。

3) 单元格的合并:合并表格单元是将同一行或同一列中的两个或多个单元格合并为一个单元格。例如,用户可将若干横向的单元格合并成横跨若干列的表格标题。

具体操作步骤:先选定要合并的多个单元格,选择"表格工具"→"布局"上"合并"组上的"合并单元格"按钮。利用表格编辑功能,将规定表格进行合并,并设置行高和列宽,形成如

图 3.65 所示样式。

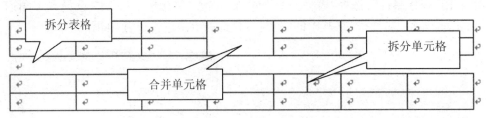

图 3.65 合并和拆分单元格

3.5.3 表格的格式化

1. 表格的对齐方式

具体操作步骤:将光标置于要对齐的表格,选择"表格工具"→"布局"上"单元格大小"组,选择右下角启动按钮,弹出"表格属性"对话框可以进行设置表格的对齐方式,如图 3.66 所示。

图 3.66 表格的对齐和定位

2. 表格内容的对齐

具体操作步骤是:将光标定位在表格上,功能区上出现"表格工具",选择"表格工具"→"布局"上的"对齐方式"组,如图 3.67 所示。或者单击"单元格大小"组右下角启动按钮,弹出"表格属性"对话框,在其中的"单元格"选项卡中也可进行垂直对齐方式的设置,如图 3.68 所示。

3. 设置表格边框和底纹

(1) 添加边框

在 Word 文档中,用户可为表格、段落或选定文档的四周或任意一边添加边框。也可为文档页面四周或任意一边添加各种边框,包括图片边框。还可为图形对象(包括文档框、自选图形、图片或导入图形)添加边框或框线。

图 3.67 "对齐方式"组

图 3.68 "表格属性"中"单元格"选项卡

在 Word 文档中,默认情况下,所有的表格边框都为 1/2 磅的黑色单实线。

具体操作步骤:将光标定位于表格中的任意位置,选择"表格工具"→"设计"上的"表格样式"组上的"边框"按钮,弹出"边框和底纹"对话框,如图 3.69、图 3.70 所示。

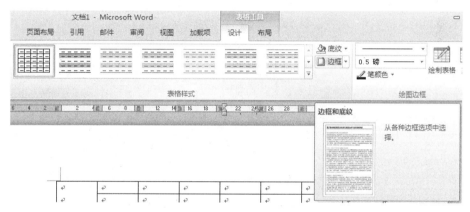

图 3.69 "表格样式"组

图 3.70 "边框和底纹"对话框

在"应用于"下拉列表框中选择"表格"选项;在"设置"选项卡中选择边框的设置方式;在"样式"列表框中选择边框的线型;在"颜色"下拉列表框中选择边框的颜色;在"宽度"下拉列表框中选择边框线条的磅数。

(2) 取消边框

要取消表格边框,首先单击该表格中任意位置。要取消指定单元格的边框,请选定该单元格,包括单元格结束标记;再单击"边框和底纹"对话框中的"边框"选项卡,单击"设置"下的"无"。

如果要快捷的取消表格的边框或底纹,请单击选择"表格工具"→"设计"上的"表格样式"组上的"边框"按钮旁的下拉列表,选择"无框线"。

若要取消表格中的部分边框,先选中要取消边框的单元格,再单击选择"表格工具"→"设计"上的"表格样式"组上的"边框"按钮旁的下拉列表,选择"无框线",如图 3.71 所示。

图 3.71 "边框"下拉菜单

(3) 添加表格底纹

要为表格或者单元格添加底纹,可以按以下步骤进行操作:要为表格添加底纹,可单击该表格的任意位置。要为部分单元格添加底纹,需选定这些单元格;然后选择"表格工具"→"设计"上的"表格样式"组上的"底纹"按钮,选择要添加的颜色,如图 3.72 所示。或者选择"边框和底纹"对话框中的"底纹"选项卡,在"应用于"列表框中选择应用底纹的范围;在"填充"列表框中选择所需的底纹填充色,如图 3.73 所示。

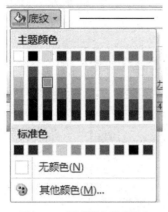 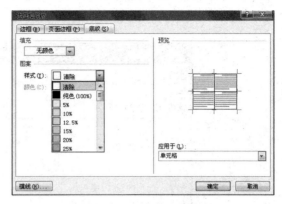

图 3.72　设置"底纹"颜色　　　　　　图 3.73　"底纹"选项卡

3.5.4　表格的排序与计算

1. 表格的排序

Word 提供了对表格中的数据进行排序的功能,用户可以将列表或表格中的文本、数字或数据按升序(A 到 Z、0 到 9 或最早到最晚的日期)进行排序。

在表格中排序的操作步骤如下:单击"表格工具"→"布局"的"数据"组中的"排序"按钮,打开"排序"对话框;在"主要关键字"选项区中可以选择用于排序的主要关键字;在"类型"下拉列表框中选择需要排序的数据类型,其中有"数字"、"笔画"、"日期"、"拼音"四个选项可以选择;在"升序"或"降序"单选按钮中进行选择;单击"选项"按钮,可以在"排序"对话框中设置排序的分隔符和排序选项,如图 3.74 所示。

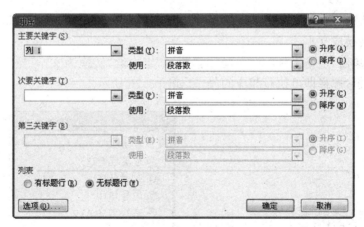

图 3.74　表格的排序

2. 表格的计算

对表格进行计算时,需要先将光标插入在要输入计算结果的单元格中,单击"表格工具"→"布局"的"数据"组中的"公式"按钮,打开"公式"对话框,在该对话框中"公式"的文本框的

"＝"后输入函数名,在"编号格式"下拉列表中选择需要的编号格式,单击"确定",计算结果就会出现在光标所在的单元格中,如图 3.75 所示。

图 3.75 使用公式对表格计算

(1) 计算行或列数值的总和

数据求和方法:先将插入点移到存放求和数据的单元格中(通常是一行或一列的最后一个单元格),单击"表格工具"→"布局"的"数据"组中的"公式"按钮,在弹出的"公式"对话中,会自动显示求和公式,即可对一行或一列的数据求和,结果存入插入点所在单元格。

(2) 按表格中的公式进行计算

在公式的括号中键入单元格引用,用 A1(代表表格的第一列,第一行)、B2(代表表格的第二列,第二行)之类的形式引用,其中字母代表列,而数字代表行,可引用单元格的内容。例如,单元格 A1 和 B4 中的数值相加时,会显示公式"＝SUM(A1,B4)"。

3.5.5 表格转换为文本

应用 Word 2010 的"文本转换成表格"命令,可将编辑好的文本变成表格样式,也可以将绘制好的表格转换成文本。

选中表格,单击"表格工具"→"布局"的"数据"组中的"转换为文本"按钮,弹出"表格转换成文本"对话框,选择即可执行相应的操作,如图 3.76 所示。

图 3.76 表格转换为文本

3.6 图 文 混 排

如果一篇文章全部是文字,没有任何修饰性的内容,那么这样的文档在阅读时不仅缺乏吸引力,而且会使读者阅读起来疲惫不堪。在文章中适当地插入一些图形和图片,不仅会使文章显得生动有趣,还能帮助读者更快的地理解文章内容。Word 2010 支持图文混排,可以通过多种途径在文档中插入多种格式的图片文件,使文档图文并茂,更加生动活泼。

3.6.1 图形文件格式

常见的图像文件格式有以下几种:

1) BMP 格式:BMP 是英文 Bitmap(位图)的简写,它是 Windows 操作系统中的标准图像文件格式,能够被多种 Windows 应用程序所支持。这种格式的特点是包含的图像信息较丰富,几乎不进行压缩,但由此导致了它与生俱来的缺点,即占用磁盘空间过大。

2) GIF 格式:GIF 是英文 Graphics Interchange Format(图形交换格式)的缩写。顾名思义,这种格式是用来交换图片的。GIF 格式的特点是压缩比高,磁盘空间占用较少,所以这种图像格式迅速得到了广泛的应用。但 GIF 有个小小的缺点,即不能存储超过 256 色的图像。

3) JPEG 格式:JPEG 也是常见的一种图像格式,它由联合照片专家组(Joint Photographic Experts Group)开发并命名为"ISO 10918-1",JPEG 仅仅是一种俗称而已。JPEG 文件的扩展名为".jpg"或".jpeg",其压缩技术十分先进,它用有损压缩方式去除冗余的图像和彩色数据,获取极高压缩率的同时能展现十分生动的图像。

4) JPEG2000 格式:JPEG 2000 同样是由 JPEG 组织负责制定的,它有一个正式名称叫做"ISO 15444",与 JPEG 相比,它是具备更高压缩率以及更多新功能的新一代静态影像压缩技术。

5) PSD 格式:这是著名的 Adobe 公司的图像处理软件 Photoshop 的专用格式 Photoshop Document(PSD)。PSD 其实是 Photoshop 进行平面设计的一张"草稿图",它里面包含有各种图层、通道、遮罩等多种设计的样稿,以便于下次打开文件时可以修改上一次的设计。

6) PNG 格式:PNG(Portable Network Graphics)是一种新兴的网络图像格式。在 1994 年底,由于 Unysis 公司宣布 GIF 拥有专利的压缩方法,要求开发 GIF 软件的作者须缴纳一定费用,由此促使免费的 PNG 图像格式的诞生。PNG 一开始便结合 GIF 及 JPG 两家之长,打算一举取代这两种格式。PNG 是目前保证最不失真的格式,它汲取了 GIF 和 JPG 二者的优点,存贮形式丰富,兼有 GIF 和 JPG 的色彩模式。

7) SWF 格式:利用 Flash 可以制作出一种后缀名为".swf"(Shockwave Format)的动画,这种格式的动画图像能够用比较小的体积来表现丰富的多媒体形式。

8) SVG 格式:SVG 英文全称为 Scalable Vector Graphics,意思为可缩放的矢量图形。它是基于 XML(Extensible Markup Language),由 World Wide Web Consortium(W3C)联盟进行开发的。严格来说应该是一种开放标准的矢量图形语言,可让你设计激动人心的,高分辨率的 Web 图形页面。

3.6.2 图片的插入及编辑

在进入文档的创建时,采取图文并茂的方式,可使文档更加生动活泼,Word 2010 提供了多种插入图片的方法。

1. 图片的插入

单击"插入"→"插图"组,会出现图片、剪贴画、形状、SmartArt、图表等选项,选择相应的选项即可插入相应类型的图片,如图 3.77 所示。

图 3.77 "插图"组

(1) 插入已有的图片文件

要将已处理好的图片插入文档中,具体操作步骤如下:将光标定位到插入图像的位置,选择"插入"→"插图"组的"图片"按钮,出现"插入图片"对话框。在"查找范围"下拉列表中选择图片文件所在的文件夹,然后选定一个要插入的图片文件;单击"插入"按钮,即可将选定的图片文件插入到文档中,如图 3.78 所示。

图 3.78 "插入图片"对话框

(2) 插入剪贴画

Word 提供了一个剪贴画库,其中包含了许多图片,用户可以很容易地将它们插入到文档中。

具体操作步骤如下：将光标置于要插入剪贴画的位置，单击"插入"→"插图"组的"剪贴画"按钮，出现"剪贴画"任务窗格。单击"搜索"按钮进行搜索，搜索的结果将显示在任务窗格的"结果"区中，在搜索的"结果"区中单击所需的剪贴画，即可将剪贴画插入到文档中，如图 3.79 所示。

图 3.79 "剪贴画"任务窗格

注意：要将搜索结果限制为特定的媒体文件类型，可以在"结果类型"下拉列表中选择查找剪辑类型的复选框，如"插图"、"照片"、"视频"、"音频"等。

2. 图片的编辑

当插入一幅图片时，有时不会仅局限于图片当前的样式，通常还要对其进行编辑，如调整图片的大小、裁剪图片、改变图片亮度或对比度等，使其适应于输入的文档。

单击要编辑的图片，图片四周会出现 8 个句柄，同时在功能区会出现"图片工具"→"格式"选项卡，如图 3.80 所示。

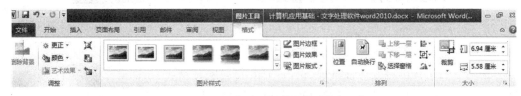

图 3.80 "图片工具"中的"格式"选项卡

（1）缩放和裁剪图片

缩放图片是整体地按比例缩小或放大图片，而裁剪图片是控制图片显示的范围。

缩放图片的具体操作步骤如下：单击要缩放的图片，使其周围出现 8 个句柄，用鼠标拖动不同句柄，可改变图片的大小，如图 3.81 所示。

裁剪图片的具体操作步骤如下：选中要裁剪的图片，单击"图片工具"→"格式"上"大小"

图 3.81 缩放图片

组中的"裁剪"按钮,如图 3.82 所示,将鼠标指向图片的某个句柄时,鼠标变为裁剪形状,向图片内部拖动时,可以隐藏图片的部分区域;向图片外部拖动时,可以增大图片周围的空白区域,如图 3.83 所示。

图 3.82 "裁剪"按钮

图 3.83 裁剪图片

(2) 精确缩放或裁剪图片

要精确地对图片进行缩放或裁剪,可以使用"设置图片格式"对话框。

具体操作步骤:选中要缩放或裁剪的图片,单击"图片工具"→"格式"上"大小"组右下角的启动按钮,弹出"设置图片格式"对话框。要缩放图片,可以单击"大小"选项卡进行设置,如图 3.84 所示;要裁剪图片,可以单击"大小"选项卡中"裁剪"下拉列表进行设置,如图 3.85 所示。

(3) 设置图片的图像属性

图片的图像属性包括图像的对比度、亮度和颜色效果。"图片工具"→"格式"上"调整"

组可以设置图片的图像属性,如图 3.86 所示。

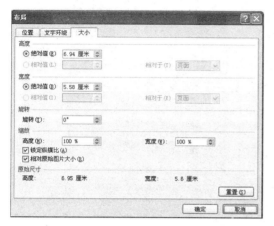

图 3.84 "大小"选项卡

图 3.85 "裁剪"下拉列表

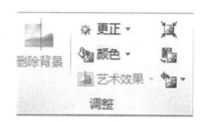

图 3.86 "调整"组

(4) 设置图片的版式

单击"图片工具"→"格式"上"排列"组上的"位置"或"自动换行"的下拉菜单,从中选择相应的选项,可以设置图片与文字的排列方式,如图 3.87 所示。

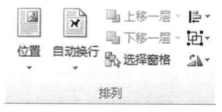

图 3.87 "排列"组

如单击"自动换行"按钮下拉菜单中的"四周型环绕",文字就在图片的周围排列了。把图片放置在文字的上面,可以单击弹出的菜单中的"浮于文字上方"命令,图片就位于文字上方了,从同样的菜单中选择"衬于文字下方"命令,图片就到文字的下方了,如图 3.88 所示。

如果插入的图形都是矩形的,文字也就环绕着这个矩形排列。如果插入的图形是其他形状,让文字随图形的轮廓来排列会有更好的效果。

3. 设置图片的艺术效果

Word 2010 中的艺术效果是指图片的不同风格,程序中预设了标记、铅笔灰度、铅笔素描、线条图、粉笔素描、画图笔画等 22 种效果,在应用了任意一种效果后,都可以自定义对其

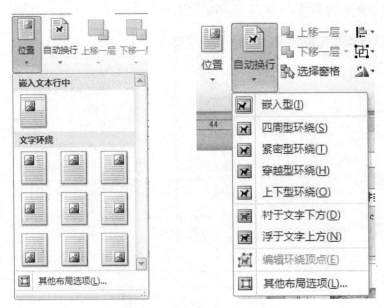

图 3.88　设置图片的排列方式

效果进行设置。

(1) 应用预设艺术效果

选中要设置效果的图片,文档会自动切换到"图片工具"→"格式"选项卡,单击"调整"组中"艺术效果"按钮,在弹出的下拉列表中选择要设置的效果图标,即可为图片设置艺术效果,如图 3.89 所示。

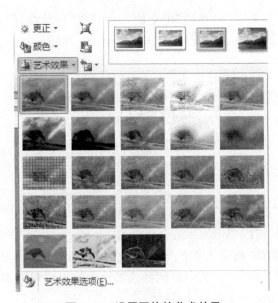

图 3.89　设置图片的艺术效果

(2) 自定义设置艺术效果

选中要设置的图片,文档会自动切换到"图片工具"→"格式"选项卡,单击"调整"组中"艺术效果"按钮,在弹出的下拉列表中选择"艺术效果选项"按钮,弹出"设置图片格式"对话框。可以对某些艺术效果进行相应参数的调整来改变图片的艺术效果，如图 3.90 所示。

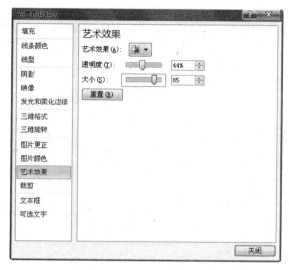

图 3.90　自定义设置艺术效果

4. 调整图片的色调与光线

当图像文件过暗或曝光不足时，可通过调整图片的色彩与光线等参数将其恢复为正常效果。

选中要设置的图片，文档会自动切换到"图片工具"→"格式"选项卡，单击"调整"组中"颜色"按钮，在弹出的下拉列表中单击"色调"区域内"色温：5 300 K"图标，如图 3.91 所示。

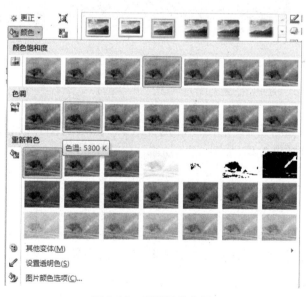

图 3.91　设置图片色调

还可以对图片进行颜色饱和度、色调、重新着色操作。选中要设置的图片，文档会自动切换到"图片工具"→"格式"选项卡，单击"调整"组中"颜色饱和度"、"色调 "、"重新着色"按钮，选择适当的按钮进行设置。

5. 设置图片样式

图片的样式是指图片的形状、边框、阴影、柔化边缘等效果。设置图片样式时，可以直接应用程序中预设的样式，也可以自定义对图片样式进行设置。

选中要设置的图片，文档会自动切换到"图片工具"→"格式"选项卡，单击"图片样式"组中预设的图片样式，并可以对图片进行设置，如图 3.92 所示。

图 3.92　设置预设图片样式

除了预设图片样式，还可自定义图片样式，可以选择"图片样式"组中"图片边框"、"图片效果"、"图片版式"，进行图片样式设置。在"图片边框"中可为图片设置不同粗细、不同颜色、不同线型的边框，如图 3.93 所示。在"图片效果"中，可为图片设置阴影、映像、发光、柔化边缘、棱台、三维旋转等效果，如图 3.94 所示。

3.6.3　图形的绘制与设置

在处理文档的实际工作中，用户常常需要在文档中绘制一些直线或箭头来分割区域、指示位置。Word 2010 可以绘制各种各样的图形，并可以将多个对象组合生成图形。

1. 绘制基本图形

基本图形是指一些线条比较简洁的图形，如直线、箭头、矩形和椭圆等。

在文档中使用绘图工具创建图形的操作步骤如下：单击文档中要创建图形的位置；单击"插入"→"插图"选项卡的"形状"按钮，在弹出的下拉列表中选择"基本形状"组中"立方体"图标，选择了要绘制的图形样式后，指针变成十字形状，在需要绘制图形的起始位置处开始拖动鼠标,绘制需要的形状,绘制完毕后,释放鼠标,就完成了基本图形的绘制,如图 3.95 所示。

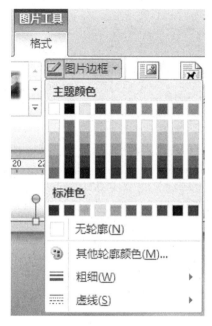

图 3.93 设置图片边框

图 3.94 设置图片效果

图 3.95 绘制基本图形

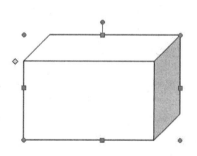

2. 更改图形形状

在文档中绘制了图形形状后,在后面的编辑过程中需要将图形更换为另一种形状时,可直接将绘制好的图形进行更换。

选中要编辑的形状图形,切换到"绘图工具"→"格式"选项,如图 3.96 所示。

图 3.96 "绘图工具"下的"格式"选项卡

单击"插入形状"组中"编辑形状"按钮下的"更改形状"按钮,弹出了"形状"列表,选择"基本形状"组中"圆柱体"图标,将图形更改为圆柱体形状,如图 3.97 所示。

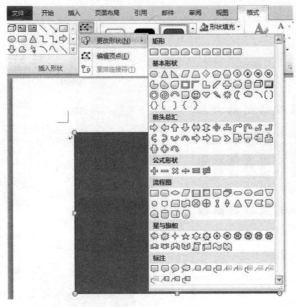

图 3.97 更改图形形状

3. 在图形中添加与设置文字

使用自选图形时,经常会在图形中添加一些文字,在 Word 2010 中,程序将插入的自选图形默认为文本框。需要在其中添加文字,可选中图形,单击右键弹出快捷菜单,选择"添加文字"输入即可,添加后可根据文档需要对文本的格式进行设置。

4. 设置形状样式

在为文档插入形状图形后,为了使图形更加美观,在后期制作过程中,可以对其填充颜色、轮廓、棱台、阴影等效果进行适当的设置。

在选中要编辑的形状图形,切换到"绘图工具"→"格式"选项卡中的"形状样式"组,可以给图形设置预设的形状样式,也可以自定义形状的填充效果、轮廓线、阴影、棱台效果,还可以对图形样式设置发光、柔化边缘、三维旋转的效果,设置方法与设置图片样式类似,如图 3.98 所示。

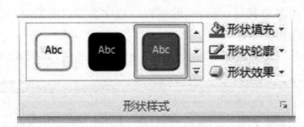

图 3.98 设置图形形状样式

3.6.4 使用 SmartArt 图形

SmartArt 图形是信息和观点的视觉表示形式,Word 2010 中预设了很多种图表类型,使用程序中预设的 SmartArt 图形,可制作出专业的流程、循环、关系等不同布局的图形,从而方便、快捷地制作出美观、专业的图形。

1. 认识 SmartArt 图形

Word 2010 中预设了列表、流程、循环、层次结构、关系、矩阵、棱锥等不同布局类型的图形,每种图形都有各自的作用。

列表型:显示非有序信息或分组信息,主要用于强调信息的重要性。
流程型:表示任务流程的顺序或步骤。
循环型:表示阶段、任务或事件的连续序列,主要用于强调重复过程。
层次结构型:用于显示组织中的分层信息或上下级关系,最广泛地应用于组织结构。
关系型:用于表示两个或多个项目之间的关系,或者多个信息集合之间的关系。
矩阵型:用于以象限的方式显示部分与整体的关系。
棱锥型:用于显示比例关系、互连关系或层次关系,最大的部分置于底部,向上渐窄。

2. 插入 SmartArt 图形

在文档中插入 SmartArt 图形的操作步骤如下:单击文档中要创建图形的位置;单击"插入"→"SmartArt",弹出"选择 SmartArt 图形"对话框,单击"列表"选项卡,然后单击对话框中间列表框中的"垂直图片列表"布局的样式图标,插入 SmartArt 图形,如图 3.99 所示。

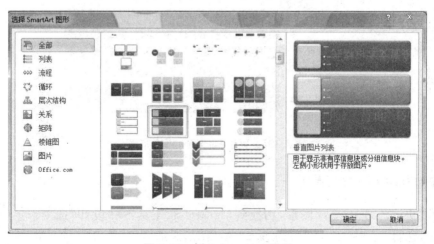

图 3.99 插入 SmartArt 图形

3. 为 SmartArt 图形添加文本

为文档中插入 SmartArt 图形后,可以在图形中看到"文本"字样,单击要添加文本的位置,将光标定位,直接输入需要的文本即可。

在 SmartArt 图形中添加文本,还可以通过图形的文本窗格添加,为文档中插入 Smart-

Art 图形后，单击图形左侧的展开按钮，弹出文本窗格后，将光标定位在要添加文本的位置，然后输入即可，如图 3.100 所示。

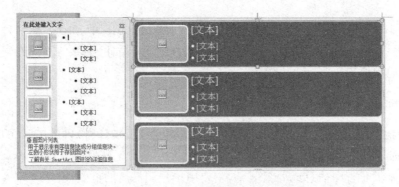

图 3.100　为 SmartArt 图形添加文本

4. 更改 SmartArt 图形布局

选中要更改的 SmartArt 图形，切换到"SmartArt 工具"→"设计"选项卡上"布局"组中，选择"布局"组列表框中的某一种布局样式，可以更换 SmartArt 图形布局，如图 3.101 所示。

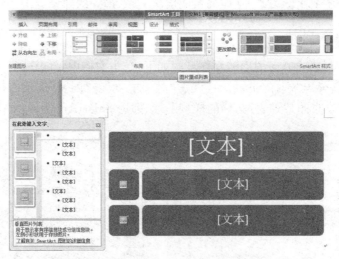

图 3.101　更改 SmartArt 图形布局

5. 设置 SmartArt 图形样式

选中要更改的 SmartArt 图形，切换到"SmartArt 工具"→"设计"选项卡上"SmartArt 样式"组中，选择"更改颜色"，可以为 SmartArt 图形添加颜色，单击"SmartArt 样式"组列表框右下角的快翻按钮，可选择"三维"组中"卡通"样式图标，可以将 SmartArt 图形应用选中样式。

6. 在 SmartArt 图形中添加形状

在插入了 SmartArt 图形后，每个图形都有默认的形状，如果想自定义形状，可以进行添加。

选中要更改的 SmartArt 图形,切换到"SmartArt 工具"→"设计"选项卡上"创建图形"组中,选择"添加形状",可以为 SmartArt 图形添加形状,添加了新的形状图形后,可对样式再进行设置,如图 3.102 所示。

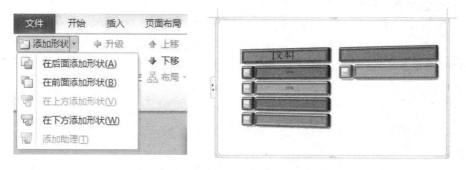

图 3.102 在 SmartArt 图形中添加形状

3.6.5 文本框的插入与设置

文本框是 Word 2010 提供的一种可以在页面任意处放置文本的工具,同图片类似,也可以对其格式进行设置,例如设置线条和填充颜色,设置文本框大小及环绕方式等。

1. 插入文本框

单击文档中要插入文本框的位置;单击"插入"→"文本"选项卡的"文本框"按钮,弹出文本框选择列表框,如图 3.103 所示,这时可以选择"简单文本框",相应文本框就插入到文档中去了,在文本框中单击鼠标设定输入点,即可输入文本。

图 3.103 插入文本框

图 3.104　设置文本框格式

若在文档的同一页中既有横排也有竖排的段落,用文本框来处理很方便,选择插入的文本框,在功能区会出现"绘图工具"→"格式"选项卡,选择"文本"组,单击"文字方向"即可以改变文字的排列方向。

在"绘图工具"→"格式"选项卡"文本"组中还可以对文本框做文字方向、对齐文本、创建链接等设置,设置方法和对图形设置一样,如图 3.104 所示。

2. 链接文本框

当文档中有多个文本框时,可以将它们链接起来,这样,每一个文本框装不下的文字会自动移到第二个文本框中。

比如文字在图片的左右两边出现。使用文字绕排功能是很难实现的,而用文本框则很容易。在文档中建立两个文本框,将图片插入进来,把图片和文本框排好位置,然后设置一个文本框的链接:选中文本框,单击"绘图工具"→"格式"选项卡"文本"组中的"创建链接"命令,鼠标就变成了一个酒杯的形状,将这个酒杯移动到右边的空文本框上,酒杯就变成了一个倾倒的样子,现在单击左键,我们就创建了两个文本框之间的链接。把原来的文字拷贝进来,可以看到原来的文字就在文本框之间自动衔接了。

3. 去掉文本框的黑边

选中左边的文本框,按住"Shift"键,单击右边的文本框的边框,同时选中这两个文本框,单击"绘图工具"→"格式"选项卡"形状样式"组中的"形状轮廓"命令按钮的下拉列表,选择"无轮廓"命令,单击文本框以外的地方,现在就看不出文本框的痕迹了,如图 3.105 所示。

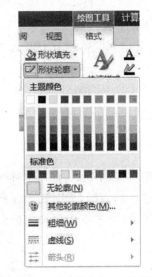

图 3.105　"形状轮廓"下拉列表

3.6.6　艺术字与首字下沉

1. 艺术字

Word 2010 提供艺术字可以让文本显得更加生动和丰富多彩,在 Word 2010 中,艺术字是图形对象,因此可以用"插入"→"文本"选项卡的"艺术字"改变其效果,如艺术字的边框、填充颜色、阴影和三维效果。

(1) 插入艺术字

使用艺术字的操作步骤如下:选中文档中要添加艺术字的位置;单击"插入"→"文本"选项卡的"艺术字"按钮,这时会出现"艺术字"下拉列表,如图 3.106 所示,在"艺术字"下拉列表中选择你想要设置的"艺术字"样式,单击"确定",在工作区出现"请在此放置您的文字",输入文字,如图 3.107 所示,在空白处单击鼠标,文档中就插入了艺术字。

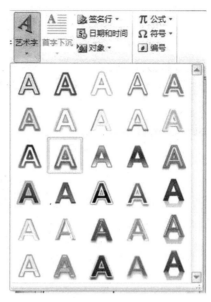

图 3.106 插入"艺术字"

图 3.107 输入艺术字文字

（2）改变艺术字的属性

艺术字的属性可以通过"绘图工具"→"格式"选项卡进行设置。选择插入的艺术字，在功能区会出现"绘图工具"→"格式"选项卡，可以对艺术字进行形状样式、艺术字样式、文本、排列等设置，如图 3.108 所示。

图 3.108 "绘图工具"下的"格式"选项卡

如单击"艺术字样式"组中的"文字效果"按钮下的"转换"按钮，从打开的面板中选择"弯曲"某个选项，可以把这个艺术字的形状变成了弧形，如图 3.109 所示。

还可以通过拖动圆形控制点，改变艺术字的大小；拖动黄色的控制点，改变艺术字的形状；拖动绿色的圆形控制点，旋转艺术字，如图 3.110 所示。此外，艺术字也可以同剪贴画一样设置填充颜色、对齐、环绕等格式。

图 3.109 "文字效果"中"转换"列表

图 3.110 艺术字控制点

2. 首字下沉

将光标插入点定位在段落中,选择"插入"→"文本"组的"首字下沉"命令,在弹出的下拉列表中选择"下沉",将默认首字下沉三行,如果需要设置不同的下沉格式,可以选择"首字下沉"选项,在弹出的"首字下沉"对话框中设置,如图 3.111 所示。

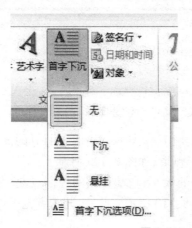 

图 3.111 首字下沉

首字下沉的效果如图 3.112 所示。

在 Word2010 中，则插入到文档的剪贴画或图片为嵌入式，既不能任意移动位置，也不能在其周围环绕文字，但可以像对待文字那样进行段落的格式排版操作，嵌入式图片周围的句柄为黑色的小方块。要使图片四周环绕正文，可对图片进行文字环绕设置。

图 3.112　首字下沉的效果

3.6.7　图文混排示例

在 Word 2010 中，插入到文档的剪贴画或图片为嵌入式，既不能任意移动位置，也不能在其周围环绕文字，但可以像对待文字那样进行段落的格式排版操作，嵌入式图片周围的句柄为黑色的小方块。要使图片四周环绕正文，可对图片进行文字环绕设置。

1. 利用表格进行图文混排——通讯录

具体操作步骤如下：

1）制作一个 3 行 3 列的表格，利用合并单元格操作对表格进行调整，并输入文字，如图 3.113 所示。

	单位/公司名称：	
电话：	传真：	电邮：
地址：		邮编：

图 3.113　插入表格

2）在表格的第一行第一列中插入图片。

3）对“单位/公司名称”进行字体、字号、底纹的设置。

4）利用“边框和底纹”设置表格边框线。

5）最终效果如图 3.114 所示。

	单位/公司名称	
电话：	传真：	电邮：
地址：		邮编：

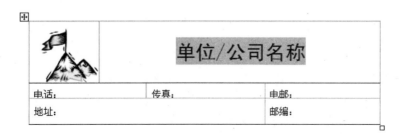

图 3.114　“通讯录”效果图

2. 请柬

具体操作步骤如下：
1) 输入"请柬"正文。
2) 对文字进行字体、字号、对齐方式设置。
3) 插入图片，并对图片进行"大小"、"文字环绕方式"的设置。
4) 最终效果如图 3.115 所示。

请柬

XXX 公司：

经理：

本公司定于 2014 年 12 月 24 日上午 9:30 在 xxx 餐厅二楼举办本年度公司聚会，敬请您的光临。

XXX 公司宣传部
2014 年 12 月 1 日

注意：入场时请出示该请柬

图 3.115 "请柬"效果图

3.7 Word 2010 的高级功能和用户自定义

3.7.1 样式、模板和宏

1. 创建样式

样式是规定文档中字符、段落、制表位、标题、题注以及正文等各个文本元素的形式。简单的说，样式就是一系列预置的排版命令。对某个段落或者词语应用一种样式时，通过简单的操作即可创建应用于整个一组字符或段落的样式，或者二者之一。如果要一次改变某个特定元素的所有文字的格式时，只需改变应用于该元素的样式即可。使用样式不仅可以更加方便的设置文档的格式，而且可以构筑大纲和目录。

(1) 创建新样式

在 Word 2010 的空白文档窗口中,用户可以新建一种全新的样式。例如新的表格样式、新的列表样式等,操作步骤如下所述:

在功能区"开始"→"样式"组右下角中单击显示"样式"窗口,在打开的"样式"窗格中单击"新建样式"按钮,如图 3.116 所示,弹出"根据格式设置创建新样式"对话框,如图 3.117 所示。

打开"根据格式设置创建新样式"对话框,在"名称"编辑框中输入新建样式的名称。然后单击"样式类型"下拉三角按钮,在"样式类型"下拉列表中包含五种类型:

1) 段落:新建的样式将应用于段落级别。
2) 字符:新建的样式将仅用于字符级别。
3) 链接段落和字符:新建的样式将用于段落和字符两种级别。
4) 表格:新建的样式主要用于表格。
5) 列表:新建的样式主要用于项目符号和编号列表。选择一种样式类型,例如"段落"。

 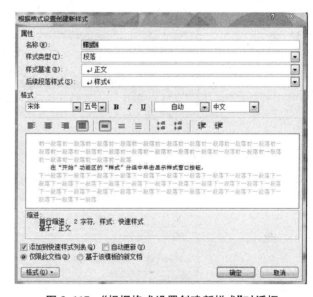

图 3.116 "样式"窗格　　图 3.117 "根据格式设置创建新样式"对话框

单击"样式基准"下拉三角按钮,在"样式基准"下拉列表中选择 Word 2010 中的某一种内置样式作为新建样式的基准样式。单击"后续段落样式"下拉三角按钮,在"后续段落样式"下拉列表中选择新建样式的后续样式。在"格式"区域,根据实际需要设置字体、字号、颜色、段落间距、对齐方式等段落格式和字符格式。如果希望该样式应用于所有文档,则需要选中"基于该模板的新文档"单选框。设置完毕单击"确定"按钮即可。

小提示:

1) 如果用户在选择"样式类型"的时候选择了"表格"选项,则"样式基准"中仅列出表格相关的样式提供选择,且无法设置段落间距等段落格式。

2) 如果用户在选择"样式类型"的时候选择了"列表"选项,则不再显示"样式基准",且格式设置仅限于项目符号和编号列表相关的格式选项。

(2) 应用样式

主要指应用已创建的其他样式。要使用其他段落样式的样式时,请单击此段落或者选择要做改动的一组段落。要使用某个段落样式的加粗或者斜体等字符属性时,选择希望改动的文字,然后再单击"开始"→"样式"组中的预设样式,如图 3.118 所示。

图 3.118 "样式"组

(3) 取消样式

在打开的"样式"窗格中单击"管理样式"按钮,弹出"管理样式"对话框,如图 3.119 所示;选中"选择要编辑的格式"框中所要取消的样式,点击下面的"删除"按钮。

图 3.119 "管理样式"对话框

(4) 更改样式的属性

在打开的"样式"窗格中单击"管理样式"按钮,弹出"管理样式"对话框;首先选择"选择要编辑的格式"框中要更改的样式,然后单击"修改"按钮;对"格式"下的各种属性如"字体"、"字号"等希望进行改动的属性进行修改,如图 3.120 所示;改动属性完毕,单击"确定"按钮即可,如要改动其他任何属性,重复上述步骤。

2. 模板和向导

在实际工作中会遇到类似信函这种经常使用的文档,它们在格式的设置上都大同小异,在这种情况下把文档保存为一个模板可以使工作更方便。在 Word 中,模板是一种特殊的

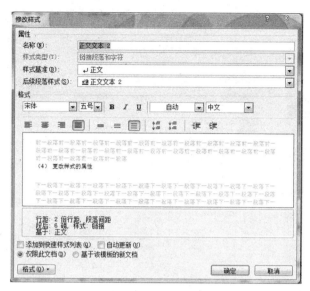

图 3.120 "修改样式"对话框

文档,任何 Word 文档都以模板为基础,模板决定文档的基本结构和文档设置。Word 提供了两种基本类型的模板,即公用模板和文档模板。共用模板包括 Normal 模板,所含设置适用于所有文档。文档模板(例如"新建"对话框中的备忘录和传真模板)所含设置仅适用于以该模板为基础的文档。

(1) 创建模板

模板可以保存占位符、自定义工具栏、宏、快捷键、样式和自动图文集词条。

根据已有文档创建一个新模板:单击"文件"→"打开",然后打开所需文档,单击"文件"→"另存为",打开"另存为"对话框,选择保存类型为"Word 模板(∗.dotx)",输入模板的名字,单击"保存"按钮,如图 3.121 所示。

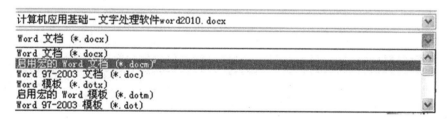

图 3.121 保存为 Word 模板

(2) 应用模板创建文档

根据已有模板创建一个新模板:请单击"文件"→"新建";在右边会出现"可用模板"窗格和"Office.com 模板"窗格,选择与要创建的一类模板,单击"创建"按钮,如图 3.122 所示。

如果想创建一份简历,可选择"可用模板"窗格中的"样本模板",弹出"样本模板"窗格,如图 3.123 所示,根据需要选择"基本简历"模板即可生成一份相应的中文文档,如图 3.124 所示。

图 3.122 "可用模板"窗格和"Office.com 模板"窗格

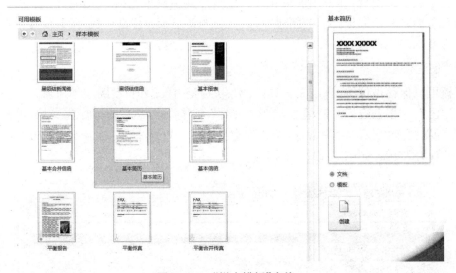

图 3.123 "样本模板"窗格

3. 宏

宏类似 DOS 的批处理文件。如果需要在 Word 中反复进行某项工作,那就可以利用宏来自动完成这项工作。宏是一系列组合在一起的 Word 命令和指令,它们形成了一个命令集,以实现任务执行的自动化。用户可以创建并执行宏(宏实际上就是一条自定义的命令),以替代人工进行的一系列费时又单调的重复性 Word 操作,自动完成所需任务。

(1) 用 Word 录制宏

录制或书写宏之前,请计划好需要宏执行步骤和操作命令,这样可以减少以后编辑并删除所录制宏的不必要步骤。因为在录制宏的过程中出现错误时,矫正错误的操作也会被录制。

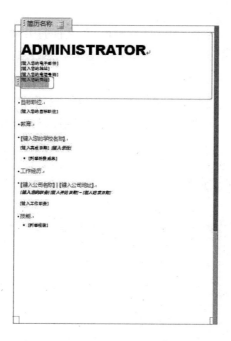

图 3.124 "基本简历"文档

(2) 查看宏

单击功能区"视图"→"宏"组上的"宏"按钮,将出现下拉菜单,如图 3.125 所示,可以对宏进行操作。选择"查看宏",可以弹出"宏"对话框,如图 3.126 所示。

单击"宏名"框中要运行的宏的名称(如果该宏没有出现在列表中,请选定"宏的位置"框中的其他宏列表);单击"运行"按钮。

图 3.125 "宏"下拉列表

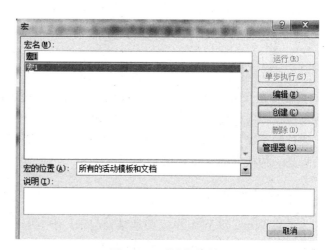

图 3.126 "宏"对话框

(3) 删除宏

单击"视图"→"宏"→"查看宏"命令,将在屏幕上显示"宏"对话框;单击"宏名"框中要删除的宏的名称;单击"删除"按钮;

如果要删除多个宏,请在按下"Ctrl"键时,单击"宏名"框中要删除的各个宏,然后单击"删除"按钮。

使用宏可以让我们更方便地工作,但要注意,在文件打开时如果 Word 提示有宏,而不能确认这个宏是否有恶意代码,这时最好选择不启用宏,这样才安全一些。

(4) 编制一个简单的宏

单击"视图"→"宏"→"录制宏"命令,打开"录制宏"对话框,如图 3.127 所示,在"宏名"输入框中输入宏的名字"macro1";单击"确定"按钮,鼠标指针下面出现一个录影带的样子,表示开始宏的录制了。

单击工具栏上的"插入表格"按钮,插入一个 3×5 的表格,单击"停止录制"工具栏上的"停止"按钮,一个宏就录制完成了。

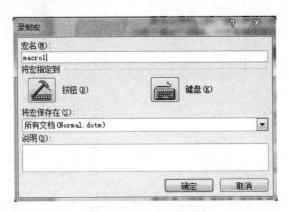

图 3.127　录制宏

单击"视图"→"宏"→"查看宏"命令,打开"宏"对话框,选择"macro1",单击"运行"按钮,一个表格就插入进来了,使用宏可以完成许多操作复杂又很常用的功能。

3.7.2　创建 Web 页及超级链接

国际互联网(Internet)已经进入每个人的生活,成为人们发表和获取信息的重要工具。Web 页含有超级链接并能以图形格式在 Internet 上提供信息,这种格式能包含文字、图像、声音及视频等各种资源。Web 页是普通的文本文档,按 HTML(超级文本标记语言)规范生成。通过浏览器可以在各种计算机上阅读 HTML 文档,因此利用 Web 页在 Internet 上发布信息是一种极好的发布方式。

1. 创建 Web 页

为了将 Word 和 Web 更完美地结合起来,用户可以将 HTML 设置为默认的文件格式,并且依然能够使用"Word.doc"格式的文档特性。Word 与 Web 的紧密集成,使任何人都可以使用浏览器查看丰富的 Word 内容。

如果要将一个 Word 文档存为 HTML 文档,可以选择"文件"→"另存为",出现"另存为"对话框。在"文件名"框中输入要保存的文件名,在"保存类型"中,可以选择"网页",如图 3.128 所示,单击"保存"按钮,Word 就将文档转化为 HTML 格式进行保存,然后切换到

Web 版式视图下。

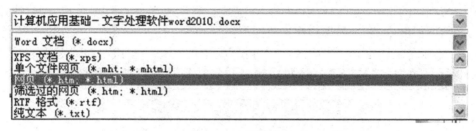

图 3.128　将 Word 文档存为 HTML 文档

在将文档保存为 HTML 格式时，Word 文档的丰富功能（译文和密码除外）都将被保留。这意味着用户可以进行 Word 和 HTML 的格式循环。可以将文档保存为 HTML 文档后，然后在 Word 中重新打开该 HTML 文档，Word 中的特性仍然继续存在。例如，如果用户在 Word 文档的段落中插入批注后，将文档保存为 HTML，随后在 Word 中打开这个 HTML 文件，批注仍旧会在文档中。Word 还保留了大量的在 Word 中应用的使用层叠样式表（CSS）和可扩展标记语言（XML）的格式。这种可循环的特性和编排格式的能力提供了一条通过浏览器访问 HTML 文档的简捷途径，同时还保留了文档的原始编辑状态。但是，将 Word 文档存为 Web 页后，进行浏览时显示效果还是有一些变化。

2. 超链接

超链接就是将不同应用程序、不同文档，甚至是网络中不同计算机之间的数据和信息通过一定的手段链接在一起的链接方式。在文档中，超链接通常以蓝色下划线显示，单击后就可以从当前的文档跳转到另一个文档或当前文档的其他位置，也可以跳转到浏览器中的网页上。

（1）插入超链接

使用 Word 提供的插入功能可以在文档中直接插入一个超链接。将鼠标定位在需要插入超链接的位置，选择功能区"插入"→"链接"组中的"超链接"按钮，打开"插入超链接"对话框，如图 3.129 所示。

图 3.129　"插入超链接"对话框

(2) 同一文档内的超级链接

同一文档内的超链接可以使用"书签"来完成。假定在某一文档的 A 点,需要快速跳转到 B 处,可以使用"书签"。具体操作步骤如下:

1) 将光标定在 B 处,单击"插入"→"链接"组中的"书签"按钮,打开"书签"对话框,如图 3.130 所示,在"书签名"下面的方框中输入一个名称,单击"添加"按钮返回。

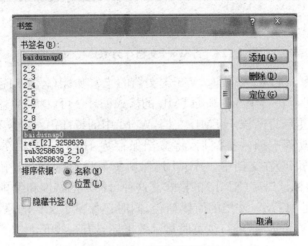

图 3.130 "书签"对话框

2) 在 A 处,选中作为超链接的文本或图形,单击"插入"→"链接"组中的"超链接"按钮(或直接按"Ctrl+K"组合键),打开"插入超链接"对话框。先在"链接到"下面选中"本文档中的位置"选项,然后展开"书签",选中刚才在 B 处建立的书签名,按下"确定"按钮。

3) 用鼠标单击 A 处的文本或图形,即可快速跳转到 B 处。此时,"Web"工具栏自动展开,单击工具栏上的"返回"按钮,即可快速返回到 A 处。

3.7.3 批注与修订

批注是 Word 的审阅功能之一(另一功能就是修订)。当文档审阅者只评论文档,而不是直接修改文档时就可使用批注。批注使用独立的批注框来注释或注解文档,因而批注并不影响文档的内容。Word 会为每个批注自动赋予不重复的编号和名称。修订则直接修改文档。修订用标记反映多位审阅者对文档所做的修改,这样原作者可以复审这些修改并以确定接受或拒绝所做的修订。

1. 插入批注

在文档中插入文字批注可按如下方法进行:

1) 将光标移到要插入批注的位置或者选定要插入批注引用的文本,选择功能区"审阅"→"批注"组中的"新建批注"按钮,出现"批注"窗口,如图 3.131 所示。

2) 在批注窗口中输入文字,并且可以对批注文字进行格式化。如果要切换到文档窗口中,用鼠标直接在文档窗口中单击即可。

3) 如果要连续插入多个批注,可以在不关闭批注窗口的状态下,在文档中直接选定要批注的文本或者定位插入点,然后选择"审阅"→"批注"组中的"新建批注"按钮,开始插入新

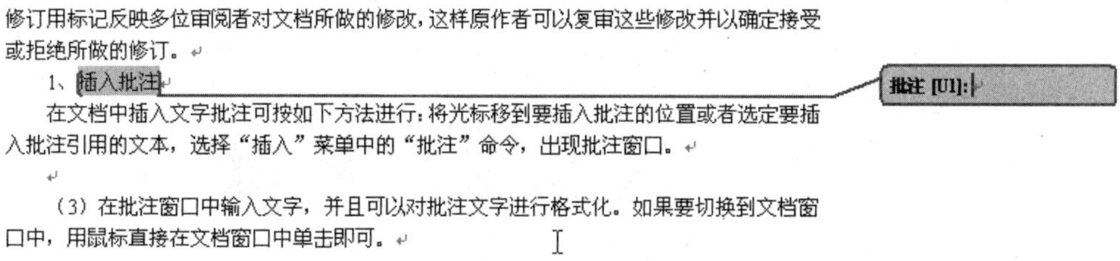

修订用标记反映多位审阅者对文档所做的修改，这样原作者可以复审这些修改并以确定接受或拒绝所做的修订。
1、插入批注
批注 [U1]:
在文档中插入文字批注可按如下方法进行：将光标移到要插入批注的位置或者选定要插入批注引用的文本，选择“插入”菜单中的“批注”命令，出现批注窗口。
（3）在批注窗口中输入文字，并且可以对批注文字进行格式化。如果要切换到文档窗口中，用鼠标直接在文档窗口中单击即可。

图 3.131　插入批注

的批注。

2. 显示或隐藏批注

每次给文档添加批注时，Word 都在文档中以隐藏文字的格式插入批注标记（批注者缩写和编号），打开批注窗口时将显示批注标记。如果关闭了批注窗口，可以通过单击“审阅”→“修订”组中的“显示标记”下拉菜单中的“批注”复选框来显示批注标记，如图 3.132 所示。

新建批注
删除
上一条
下一条
批注
修订
最终: 显...
显示标记
批注(C)
墨迹(K)
插入和删除(I)
设置格式(F)
标记区域突出显示(H)
批注框(B)
审阅者(R)
突出显示更新(U)
其他作者(O)

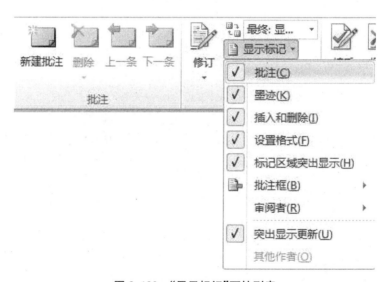

图 3.132　“显示标记”下拉列表

3. 更改或删除批注

如果要删除某个批注，把光标移到批注中，选择“审阅”→“批注”组中的“删除”按钮或者右键选中“删除批注”选项即可删除该批注。

4. 使用修订标记

使用修订标记，即是对文档进行插入、删除、替换以及移动等编辑操作时，使用一种特殊的标记来记录所做的修改，以便于其他用户或者原作者知道文档所做的修改，这样作者还可以根据实际情况决定是否接受这些修订。

使用修订标记来记录对文档的修改，需要设置文档使其进入修订状态，具体操作步骤如下：打开要做修订的文档，选择“审阅”→“修订”组中的“修订”按钮，即可进入修订状态，如

图 3.133 所示。

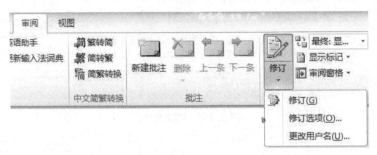

图 3.133 "修订"命令

5. 设置修订选项

默认情况下,Word 用单下划线编辑添加的部分,用删除线标记删除的部分。用户也可以根据需要来自定义修订标记。如果是多位审阅者在审阅一篇文档,更需要使用不同的标记和颜色以互相区分,所以用户有时需要对修订标记进行设置。

设置修订选项具体操作步骤如下:选择"审阅"→"修订"组中的"修订"下拉列表"修订选项"按钮,出现"修订选项"对话框,如图 3.134 所示,在"标记"选项组中,可以设置插入内容、删除内容以及设置格式时的标记和颜色。

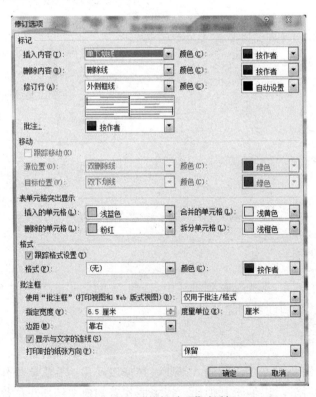

图 3.134 "修订选项"对话框

选择"审阅"→"修订"组中的"修订"下拉列表"修改用户名"选项卡,可以在其中输入修订者的姓名、缩写等。

6. 接受或者拒绝修订

文档进行了修订后,可以决定是否接受这些修改。

具体操作步骤如下:选择"审阅"→"更改"组,再选择"接受"或"拒绝"按钮。

如果接受当前的修订,单击"接受"下拉列表中的"接受修订"按钮。如果接受全部的修订,则单击"接受"下拉列表中的"接受对文档的所有修订"按钮。

如果不接受当前的修订,单击"拒绝"下拉列表中的"拒绝修订"按钮,如果不接受全部的修订,则单击"拒绝"下拉列表中的"拒绝对文档的所有修订"按钮即可,如图 3.135 所示。

图 3.135　接受或拒绝对文档所做修订

要按顺序把修订的地方逐项审阅,单击"更改"组中的"上一条"按钮可以向前查找前一处修订,单击"下一条"按钮可以向后查找下一处修订。

3.7.4　语言相关功能

一般安装后的 Word 默认的语言设置是中文和英文,现在 Word 2010 还有自动测定语言的功能,可以自己来设置文字的语言:选取文字,打开"审阅"→"语言"组的"语言"下拉菜单中的"设置校对语言",打开"语言"对话框,如图 3.136 所示,可以把选择的文字标记为相应的语种;不过一般情况下使用 Word 的自动测定语言功能就可以了。

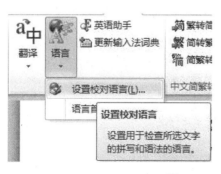 

图 3.136　"语言"对话框

在进行中英文互译时,可以用 Word 中提供的翻译功能:打开"审阅"→"语言"组的"翻译"下拉菜单中的"翻译所选文字"按钮,打开"信息检索"窗格,如图 3.137 所示,在"搜索"列表中,选择"翻译"。如果是第一次使用翻译服务,请单击"确定"来安装双语词典并通过"信息检索"任务窗格来启用翻译服务。若要更改用于翻译的语言,请在"信息检索"任务窗格中的"翻译"下,选择要翻译的源语言和目标语言。例如,若要从英语翻译成法语,可以在列表中选择"英语(美国)",在"翻译为"列表中选择"法语(法国)"。

图 3.137 "信息检索"窗格

Word 还提供了一个中文简繁体转换的功能:单击"审阅"→"中文简繁转换"组的"繁转简"或"简转繁"按钮,就可以对这个文档进行简繁转换了,如图 3.138 所示。

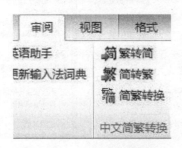

图 3.138 "中文简繁转换"组

第 4 章 电子表格制作软件 Excel 2010

4.1 Microsoft Excel 2010 的基本知识

4.1.1 Microsoft Excel 2010 文档的创建、打开和保存

1. Microsoft Excel 2010 的启动

1）使用开始菜单启动：在 Windows 7 系统桌面上单击"开始"→"所有程序"→"Microsoft Office"→"Microsoft Excel 2010"菜单项即可启动 Microsoft Excel 2010，如图 4.1 所示。

2）使用快捷方式启动：在 Windows 7 系统桌面，双击 Microsoft Excel 2010 的快捷方式图标即可启动 Microsoft Excel 2010。

图 4.1 使用"开始"菜单启动 Excel 2010

3）使用工作簿文件启动：工作簿在 Excel 2010 中的默认保存类型为"Excel 工作簿（*.xlsx）"，工作簿文件的扩展名为".xlsx"。双击电脑中已经存储的工作簿文件即可启动 Microsoft Excel 2010。使用这种方法启动 Excel 可以同时打开准备编辑的 Excel 文件。

4）使用"快速启动栏"启动：在 Windows 7 系统桌面"任务栏"→"快速启动栏"中，单击

Excel 2010 的图标即可启动 Excel 2010,如图 4.2 所示。

图 4.2 使用"快速启动栏"启动 Excel 2010

2. Microsoft Excel 2010 的工作界面

Microsoft Excel 2010 的工作界面由 Excel 图标、快速访问工具栏、标题栏、功能区、数据编辑栏、工作表编辑区、工作表标签、滚动条、状态栏以及视图栏等部分组成,如图 4.3 所示。

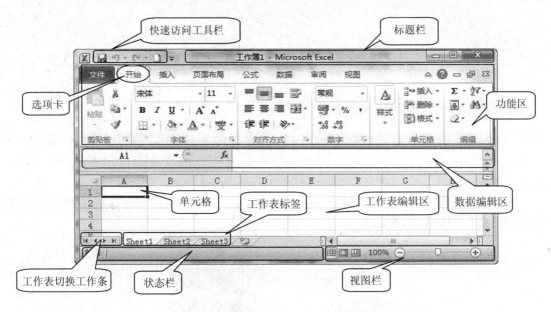

图 4.3 Microsoft Excel 2010 的工作界面

1) Excel 图标" "位于工作窗口的左上方,单击该图标可以进行窗口最小化、最大化、还原或关闭程序等操作。

2) 标题栏位于 Excel2010 工作窗口的最上方,显示当前正在编辑的工作簿和窗口的名称。在标题栏右侧的 3 个小按钮,分别为"最小化"按钮" "、"最大化"/"还原"按钮" "和"关闭"按钮" ",单击相应按钮即可对窗口进行相应的操作。

3) 快速访问工具栏默认位于 Excel 图标" "右侧,右键单击快速访问工具栏的任意一个按钮,在弹出的快捷菜单中选择"在功能区下方显示快速访问工具栏"菜单项可以将快速访问工具栏移动至功能区下方。单击"自定义快速访问工具栏"按钮" "将弹出"自定义快速访问工具栏"菜单,如图 4.4 所示,选择其中的菜单项可以将其添加到快速访问工具栏中。

4) 功能区是位于标题栏下方,是一个由 8 张选项卡组成的较宽的带形区域,其中包含各种按钮和命令。右键单击功能区选项卡标签区域,在弹出的快捷菜单中选择"功能区最小化"菜单项可以将功能区最小化。

选项卡:功能区顶部有 8 张选项卡,每个选项卡代表在 Excel 中或与给定任务相关一组

图 4.4 自定义"快速访问工具栏"菜单

命令。

组:每个选项卡中包含一些功能类似的组,并将组中相关项显示在一起。

命令:指按钮和用于输入信息的文本框或者菜单项等。

功能区还提供了上下文选项卡,以便在您需要工具时为您提供所需的工具。例如,当您单击一个图形时,功能区上会显示上下文选项卡,其中包含各种图形选项,如图 4.5 所示。

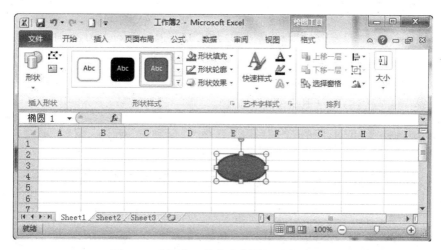

图 4.5 上下文工具会在您需要时自动显示

5) 数据编辑栏位于功能区下方,用于显示和编辑当前选择单元格中的数据和公式,由"名称框"、"取消"按钮" "、"输入"按钮" "、"插入函数"按钮" "和"编辑框"五部分组成,如图 4.6 所示。

6) 工作表编辑区是由行线和列线组成的表格区域,是 Excel 2010 的主题部分,其中的每一个小方格称为一个单元格。

图 4.6　Excel 2010 的数据编辑栏

7) 滚动条主要有水平滚动条和垂直滚动条两种,分别位于工作表编辑区的下方和右侧,通过拖动滚动条可以滚动窗口从而可以查看全部的信息。

8) 状态栏位于 Excel 窗口的最下方,用于显示各种操作和操作过程中的相应信息。右键单击状态栏,在弹出的"自定义状态栏"菜单中可以对状态栏要显示的信息进行自定义设置。

9) 视图工具栏和视图按钮在默认情况下显示在状态栏的右侧。视图工具栏中显示有"视图快捷方式"按钮"▦▢▥"、"显示比例"按钮"100%"和"缩放"滑块"⊖―――⊕",使用视图工具栏可以选择适合的视图方式和显示比例。

10) 工作表切换工作条"◀◀▶▶"位于工作表标签的左侧。如果当前工作簿中包含有众多工作表,则可通过单击该工作条中的按钮,实现工作表标签在列表区左右滚动,以便将显示在列表区之外的工作表标签显示到列表区域中。"工作表切换工作条"共包含四个按钮,分别是"切换到第一个工作表标签"、"向左移动一个标签"、"向右移动一个标签"和"切换到最后一个工作表标签"按钮。

3. 退出 Excel 2010

完成对工作表的编辑修改后即可退出 Excel 2010,退出 Excel 2010 的常见方法有以下三种。

1) 使用文件菜单退出:在 Excel 2010 工作界面中,单击"文件"选项卡,在弹出的文件菜单中单击"✕ 退出"按钮,即可退出 Excel 2010。

2) 在 Excel 2010 的工作界面中,单击标题栏右侧的"关闭"按钮"✕"即可退出 Excel 2010。

3) 单击 Excel 图标,在弹出的菜单中选择"关闭"或者直接按快捷键"Alt＋F4"退出 Excel 2010。

4. 工作簿的创建

Microsoft Excel 2010 软件启动后会自动创建一个名为"工作簿 1"的工作簿,默认包含三张工作表。也可以通过以下方式创建新的空白工作簿。

1) 单击"文件"→"新建"→"空白工作簿"→"创建"按钮即可创建一个空白工作簿,如图 4.7 所示。

2) 单击"自定义快速访问工具栏"按钮"▾",在弹出的"自定义快速访问工具栏"菜单中选择"新建"菜单项即可将"新建"按钮"▢"添加到快速访问工具栏中,单击"新建"按钮

图 4.7 使用"文件"选项卡新建空白工作簿

"![]"就可以创建一个空白工作簿。

3）在 Windows 7 桌面单击鼠标右键，选择"新建"中的"Microsoft Excel 工作表"创建一个工作簿文件。

4）启动 Excel 2010 后，按"Ctrl+N"组合键也可以创建一个空白工作簿。

Excel 2010 启动后还可以使用模板"根据现有内容新建"等方式创建工作簿。在"新建工作簿"窗口的"可用模板"列表框中，选择"Office.com 模板"列表框中的选项，即可从网络下载模板并使用。

5. 工作簿的保存

1）通过"文件"→"保存（另存为）"保存新建的工作簿。

2）单击快速访问工具栏中的"保存"按钮保存工作簿。

3）设置自动保存时间间隔：通过"文件"→"选项"→"保存"→"保存自动恢复信息时间间隔"设置自动保存的时间间隔。

6. 工作簿的打开

1）双击已保存的工作簿文件。

2）启动 Excel 2010 后，选择"文件"→"打开"命令，然后在"打开"对话框中找到要打开的工作簿。

3）启动 Excel 2010 后，选择"文件"→"最近使用的工作簿"，在最近使用的工作簿中找到要打开的工作簿单击即可。

4）启动 Excel 2010 后，按"Ctrl+O"组合键弹出"打开"对话框，在对话框中双击要打开的工作簿即可打开。

5）单击快速访问工具栏上的"打开"按钮"![]"也可弹出"打开"对话框。

7. 保护工作簿

保护工作簿可以防止对工作簿的结构进行不需要的更改，如移动、删除或添加工作表。

设置该项时可以指定一个密码,输入此密码可以取消对工作簿的保护,并允许进行上述更改。设置方法为:在功能区的"审阅"→"更改"中选择"保护工作簿"命令,在弹出的"保护结构和窗口"对话框中选择对工作簿的保护方式或范围,"结构"和"窗口"。在"保护结构和窗口"对话框中,密码项是可选的,即可以根据需要设置密码,也可以不设置密码。如设置密码,单击确定后会弹出"确认密码"对话框,需要再次输入密码。在"保护结构和窗口"对话框中选中"窗口"复选框后,每次将以固定的位置和大小显示该工作簿。

单击"文件"→"保存"菜单项,弹出"另存为"对话框,单击"工具(L) ▼"按钮,在弹出的菜单中选择"常规选项"菜单项,在弹出"常规选项"对话框中可以设置工作簿的打开权限密码和修改权限密码。如图 4.8 所示。

图 4.8 打开和修改权限密码设置

8. 关闭工作簿

单击"文件"→"关闭"菜单按钮,或者单击功能区中的"关闭窗口"按钮" ⊠ "即可关闭当前工作簿。关闭工作簿前,Excel 2010 将弹出对话框,提示是否保存对当前工作簿的更改,如果单击" 不保存(N) "按钮,将不保存工作簿文件并返回 Excel 2010 工作界面。

关闭工作簿后,Excel 2010 程序仍在运行中,因为关闭工作簿并不是退出 Excel 2010,而退出 Excel 2010 时将同时关闭所有打开的工作簿。退出 Excel 2010 的方法前面已经阐述,此处不再赘述。

4.1.2 工作簿、工作表和单元格

1. 工作簿

工作簿是 Excel 用来计算和存储数据的文件,一个工作簿就是一个 Excel 文件,其扩展名为".xlsx"。一个工作簿由多张工作表组成,新建一个 Excel 文件时默认包含三张工作表

(Sheet1、Sheet2 和 Sheet3)，在 Excel 中工作簿与工作表的关系就像是日常的账簿和账页之间的关系一样。一个账簿可由多个账页组成，如果一个账页反映的是某月的收支账目，那么账簿可以用来说明一年或更长时间的收支状况。用户可以将若干相关工资表组成一个工作簿，操作时不必打开多个文件，而直接在同一个文件的不同工作表中方便地切换。切换的方法是用鼠标单击工作表标签名，对应的工作表就从后面显示到屏幕上来，原来的工作表即被隐藏起来。

用户也可以根据需要增减工作表。在 Excel 2010 中已经突破了对工作表数目（256 个）的限制。如果要更改新工作簿内的默认工作表数量，可单击"文件"选项卡下的"选项"命令，在弹出的"Excel 选项"对话框中单击"常规"选项，在"包含的工作表数"框中输入或选择所需的工作表数目，单击"确定"按钮退出即可，下次新建工作簿时就会按照修改后的数目打开工作表了。

工作簿是 Excel 的主要操作对象，在 Excel 中可以对工作簿进行创建、保存、打开、关闭和保护等操作。在工作簿中可以对工作表对象进行插入、移动、复制和删除等操作。

在 Excel 2010 中可以同时打开多个工作簿，但只能有一个工作簿处于工作状态，即当前活动工作簿只能有一个。

2. 工作表

工作表是一个由行和列构成的二维表格。工作表是 Excel 完成一项工作的基本单位，Excel 2010 中的工作表是由 1 048 576 行、16 384 列组成的一个大表格，每一个工作表用一个标签来标识（如 Sheet1）。工作表上具有行号区和列号区，用来对单元格进行定位，每一张工作表共有 1 048 576×16 384 个单元格。表格中的每列用列标来表示，以 A、B、…Z、AA、AB、…的方式标识列号。表格中的每行用行号来表示，以 1、2、4、…标识行号。工作表内可以包括字符串、数字、公式和图表等丰富的信息。

工作表是工作簿的重要组成部分，工作簿与工作表的关系是包含和被包含的关系，一个工作簿中可以包含一个或多个工作表。在默认情况下，启动 Excel 2010 后，系统将自动新建一个名为"工作簿1"的工作簿，该工作簿默认包含名称为"Sheet1"、"Sheet2"、"Sheet3"三张工作表。在工作表标签区域中，显示当前工作簿中的工作表的数量和名称，单击工作表标签区域右侧的"插入工作表"按钮可以插入新的工作表，新的工作表以"Sheetn"的方式命名。

Excel 的工作簿中可以有多张工作表，但一般来说，只有一张工作表位于最前面，这个处于正在操作状态的电子表格就称为活动工作表。例如，单击工作表标签中的 Sheet3 标签，就可以将其设置为活动工作表。

3. 单元格

单元格是 Excel 工作表的最小组成单位，每一个行列交叉处即为一个单元格。在单元格中可以输入各种数据，单元格的长度、宽度以及单元格中数据的大小和类型都是可以变的。选择单元格和在单元格中输入数据是对工作表中数据进行编辑、统计和计算等操作的基础。

在 Excel 2010 中，每个单元格用其所在的行号和列标组成的地址来命名，称为单元格地址，如：第 3 行，第 C 列的单元格地址表示为"C3"。在公式中引用单元格时就必须使用单元格的地址。在 Excel 中，所有对工作表的操作都是建立在对单元格操作的基础上，因此单元格的选择，数据输入与编辑是最基本的操作。

4.2 工作表操作

4.2.1 工作表的选定和重命名

1. 选择工作表

在工作表标签区域中,单击需要选择的工作表标签即可选择该工作表。选择第一张工作表后,按住"Ctrl"键,逐一单击其他工作表标签即可选择多张工作表,操作完成后释放"Ctrl"键和鼠标左键。若要选择多张相邻的工作表时,选择第一张工作表后,按住"Shift"键,再单击最后一张工作表的标签即可。

右键单击工作表标签,选择"工作表标签颜色"菜单项,在弹出的"颜色"面板中选择一种颜色即可应用于选定的工作表标签中。

2. 重命名工作表

1) 右击需要重命名的工作表标签,在弹出的菜单中选择"重命名"菜单项,如图4.9所示,工作表标签将呈反选状态,直接输入工作表名称即可完成重命名工作表的操作。

2) 双击需要重命名的工作表标签也可重命名工作表。

3) 选择准备重命名的工作表,在功能区单击"开始"→"单元格"组→"格式"→"重命名工作表"菜单项,即可对工作表进行重命名操作,如图4.10所示。

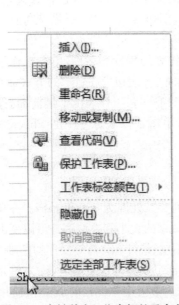

图 4.9　右键单击工作表标签重命名

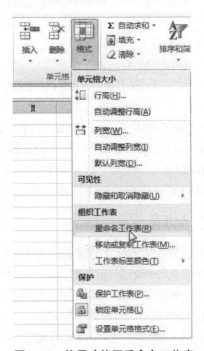

图 4.10　使用功能区重命名工作表

输入工作表名称后按"Enter"键或者在工作表中的其他区域单击即可完成重命名操作。

4.2.2 工作表的移动与复制

1. 复制工作表

选中要复制的工作表,选择"开始"→"单元格"组→"格式"→"移动或复制工作表"菜单项;或者直接右击要复制的工作表,选择"移动或复制工作表"菜单项,在"移动或复制工作表"对话框中的"下列选定工作表之前"列表框中选择工作表的位置,比如选择"Sheet2",选中"建立副本"复选框,然后单击"确定"按钮即可实现复制工作表,如图 4.11 所示。

图 4.11 移动或复制工作表

通过使用快捷菜单命令或按住"Ctrl"键不放同时用鼠标拖动工作表的方式也可以实现复制工作表,从而提高工作效率。

2. 移动工作表

上述复制工作表的操作过程中,在"移动或复制工作表"对话框中若取消选中"建立副本"复选框,实现将工作表移动到指定位置操作。也可以通过按住鼠标左键不放直接在工作簿中拖动工作表标签的方法实现移动工作表,以改变工作表的顺序。

在"移动或复制工作表"对话框的"工作簿"下拉列表中可以选择移动或复制工作表操作的范围,如选择"新工作簿"选项,即可将选择的工作表移动或复制到新建的工作簿中。

4.2.3 工作表的插入与删除

1. 插入工作表

1) 在工作表标签区域,选择任意一个工作表标签右击,选择"插入",在弹出的"插入"对话框的"常用"选项卡中选择"工作表"选项,单击"确定"按钮即可在所选工作表前插入一个工作表。

2) 选择一个工作表,单击"开始"→"单元格"组→"插入"→"插入工作表"菜单项,即可在所选工作表前插入一个工作表。如图 4.12 所示。

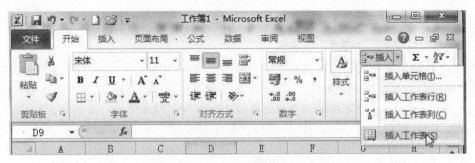

图 4.12　使用功能区插入工作表

3) 选择一个工作表后,按"Shift+F11"组合键可以在所选工作表前插入一个新的工作表。

4) 单击工作表标签区域右侧的"插入工作表"按钮"　　",在当前选中工作表之后插入一个新的工作表。

2. 删除工作表

对不需要的工作表,可以将其删除,删除工作表的方法如下。

1) 选中要删除的工作表单击鼠标右键,在弹出的快捷菜单中选择"删除"即可。

2) 选择准备删除的工作表,单击"开始"→"单元格"组→"删除"→"删除工作表"菜单项即可删除所选工作表。

工作簿中的工作表不可以被全部删除,至少有一张工作表处于被选择的状态。

选择多张工作表后,右键单击其中任意一张工作表的标签,在弹出的快捷菜单中选择"删除"菜单项,可以一次删除多张工作表。

如果工作表中有数据,选择"删除工作表"命令时将弹出一个提示对话框,确认是否要删除工作表,再次单击"　删除　"按钮可删除工作表。

4.2.4　保护工作表、隐藏或显示工作表

1. 保护工作表

当多个用户共用一台电脑时,若不愿意让表格中重要的数据被其他用户修改,可以为工作表设置保护。保护工作表可以防止对工作表中的数据进行不需要的修改和编辑。

选择需要设置保护的工作表,进行如下操作:

1) 单击"开始"→"单元格"组→"格式"→"保护工作表"菜单项。

2) 单击"审阅"→"更改"组→"保护工作表"按钮。

3) 鼠标右键单击工作表标签,选择"保护工作表"菜单项。上述三种操作都会弹出"保护工作表"对话框,在该对话框的"允许此工作表的所有用户进行"列表框中设置允许用户进行的操作,被选择的复选项即为在该工作表中允许的操作。在"取消工作表保护时使用的密

码"文本框中输入密码,单击"确定"按钮,弹出"确认密码"对话框,再次输入密码后单击"确定"按钮。

2. 隐藏或显示工作表

保护工作表后,虽然其他用户不能对该工作表进行操作,但还可以查看该工作表。若不愿意让其他用户查看,可将数据所在的工作表隐藏,待需要时再将其显示出来。

选择要隐藏的工作表,选择"开始"→"单元格"组→"格式"→"隐藏和取消隐藏"→"隐藏工作表"菜单命令,即可将选中的工作表隐藏,如图4.13所示。也可直接用鼠标右键单击要隐藏的工作表,在弹出的快捷菜单中选择"隐藏"菜单命令即可隐藏工作表。

图 4.13 使用功能区隐藏工作表

若要显示隐藏的工作表,则在上述操作步骤中的"隐藏和取消隐藏"菜单项的子菜单中选择"取消隐藏工作表"菜单命令,或者右键单击任意一个工作表标签,在弹出的快捷菜单中选择"取消隐藏"菜单命令都会弹出"取消隐藏"对话框,如图4.14所示,在对话框中选择要显示的工作表,单击"确定"按钮即可将以前隐藏的工作表显示。

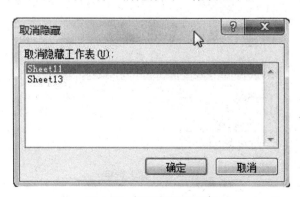

图 4.14 取消隐藏工作表

4.3 数据的输入

Excel 2010 工作表中任何单元格都可以输入数据,不仅可以从键盘直接输入,也可以自动输入,输入时还可以检查正确性。单元格接受两种基本类型的数据:常数和公式。常数主要有文本类型、数值类型、日期和时间类型等数据,这里主要介绍常数的输入。

4.3.1 输入数值和文本

1. 输入文本

选中准备输入数据的单元格,在"编辑框"中单击,将光标定位到"编辑框"中,输入数据,单击"输入"按钮"✓"即可完成输入。在"编辑框"中输入数据后单击"取消"按钮"✗"即可取消输入数据的操作。双击准备输入数据的单元格即可将光标定位到单元格中并输入数据,按"Enter"键或者单击单元格外任意位置也可以完成输入数据的操作。

1) 默认单元格内左对齐。
2) 每个单元格最多包含 32 000 个字符。
3) 文本数据包含任何字母、中文字符、数字和键盘符号组合。
4) 当数字作为文本处理,数字前输入英文的单引号"'",表示输入的数字作为文本处理。

2. 输入数值

数值除了数字 0~9 组成的字符串外,还包括+、-、$、/、%和小数点等特殊字符。在单元格中输入数值与输入文本的操作方法基本相同。单元格中默认显示 11 位数字,长度超过 11 位的数字将用科学计数法表示,如图 4.15 所示。

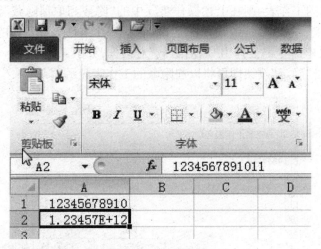

图 4.15 输入数字

输入注意：

1) 输入纯分数时应在分数前加"0"和一个空格，例如：0 3/4。
2) 带括号的数字被认为是负数。
3) Excel 只保留 15 位的数字精度，如果数值长度超出了 15 位，显示为"0"。

4.3.2 输入日期和时间

日期时间类型数据包括日期类型数据和时间类型数据两种，Excel 对日期数据和时间型数据的输入都有特殊的要求。

日期和时间视为数字处理，输入格式为：

1) 输入日期：分隔符为"→"或"-"。
2) 输入时间：hh:mm:ss（上午 AM，下午 PM）。
3) 使用分数线：3/4，显示 3 月 4 日。
4) 输入当天日期："Ctrl+;"组合键。
5) 输入当前时间："Ctrl+Shift+;"组合键。

在单元格中输入日期"2014-7-29"、"2014/7/29"均为合法日期格式，输入时间"10:20:20"、"2:00"、"3:00PM"等都是合法的时间格式。

在 Excel 2010 中提供了多种日期格式，鼠标右键单击单元格，选择"设置单元格格式"菜单项，在"设置单元格格式"对话框中可以设置日期的具体格式。选中要输入日期型数据的单元格，单击"开始"→"字体"组右下角的"对话框启动器"按钮" "，弹出"设置单元格格式"对话框，选择"数字"→"分类"→"日期"选项，在"类型"区域中选择具体的日期格式，单击"确定"按钮即可完成日期格式的设置，如图 4.16 所示。

图 4.16 设置日期格式

在 Excel 2010 中同样也提供了多种时间格式，时间格式设置方法与日期设置方式相同。上述三种数据输入效果如图 4.17 所示。

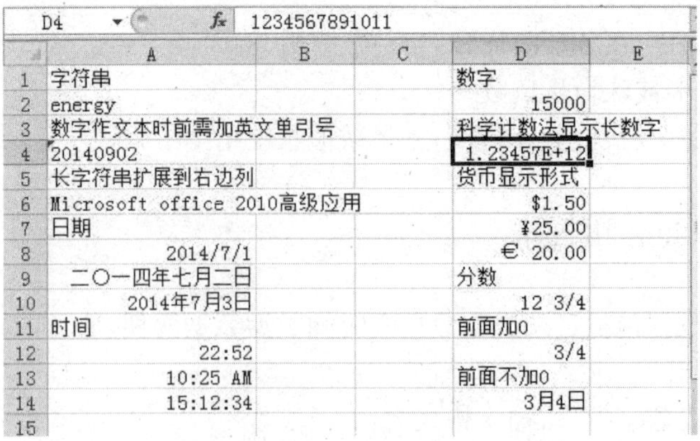

D4 fx 1234567891011

	A	B	C	D	E
1	字符串			数字	
2	energy			15000	
3	数字作文本时前需加英文单引号			科学计数法显示长数字	
4	20140902			1.23457E+12	
5	长字符串扩展到右边列			货币显示形式	
6	Microsoft office 2010高级应用			$1.50	
7	日期			¥25.00	
8	2014/7/1			€ 20.00	
9	二〇一四年七月二日			分数	
10	2014年7月3日			12 3/4	
11	时间			前面加0	
12	22:52			3/4	
13	10:25 AM			前面不加0	
14	15:12:34			3月4日	
15					

图 4.17　三种数据输入效果示意图

4.3.3　输入符号

键盘上有的符号可按住"Shift"键不放再按符号所在的键输入，但有些特殊的符号不能直接通过键盘输入，比如版权所有、注册和商标等符号，这时就要通过"插入"→"符号"组中的"符号"按钮"Ω 符号"实现输入了。

选择需要输入符号的单元格，单击"插入"→"符号"按钮"Ω"，打开"符号"对话框，在"符号"选项卡的列表中选择要输入的符号，如"¥"符号，单击"插入"按钮，再单击"关闭"按钮，关闭该对话框，在工作表中即可看到插入的符号。在"符号"对话框中，选择一个符号后，单击几次"插入"按钮即可输入几个相同的符号。

4.3.4　自动填充数据

在使用 Excel 2010 制作表格的过程中，有时需要输入一些相同或有规律的数据，如商品编码、学号等，这时可以使用 Excel 2010 的自动填充数据功能以提高工作效率。通过填充柄和"序列"对话框都可以快速自动填充数据。

1. 使用填充柄填充数据

选择需要填充数据的行或列的第一个单元格并输入数据，移动鼠标指针指向该单元格的右下角，当鼠标变成黑色十字形状"+"的填充柄时，单击并拖动填充柄至需要填充数据的最后一个单元格，释放鼠标左键，即可完成数据序列的填充。如图 4.18 所示。

使用填充柄自动填充数据后，在最后一个单元格下方将显示一个"自动填充选项"按钮"　"，单击该按钮会弹出自动填充选项单选列表，填充的数据不同该列表的内容会不同，可根据需要选择适合的填充选项，如图 4.19 所示。

使用填充柄输入有规律数据只适用于成行或成列的单元格区域，而不适用于其他类型的单元格区域。

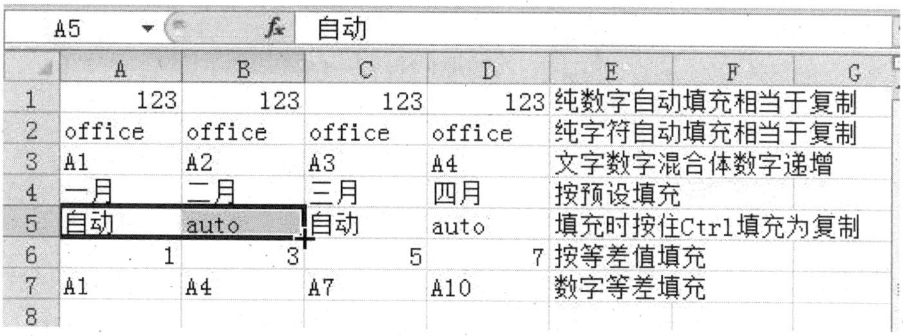

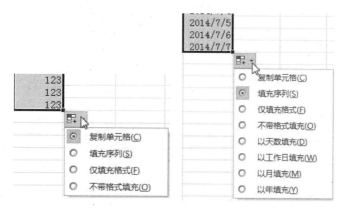

图 4.18 使用填充柄填充数据

图 4.19 自动填充选项

2. 填充序列

通过"序列"对话框可快速填充等差、等比和日期等特殊的数据，他们的填充方式类似。产生一个序列的方法如下：

1) 在单元格中输入初值。
2) 选中第一个单元格。
3) 单击"开始"→"编辑"组→"填充"→"系列"命令，弹出如图 4.20 所示的对话框，设置序列产生的位置和类型即可。

图 4.20 产生一个序列

4.4 编辑工作表

4.4.1 选取单元格

将鼠标指针移动到需要选择的单元格上,当鼠标指针变为白色空心十字形状"✧"时,单击即可选中该单元格,如图 4.21 所示,该单元格成为活动单元格。活动单元格周围有粗黑的边框线,同时编辑栏名字框中也显示其名字。只有当单元格成为活动单元格时,才能向它输入数据或编辑它含有的数据。

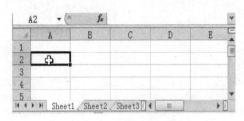

图 4.21 选择单元格

4.4.2 选取区域

1. 选择相邻的多个单元格区域

相邻单元格组成的矩形称为区域。区域名由该区域左上角的单元格名、冒号与右下角的单元格名组成并放于括号内,用于表示单元格区域的范围。如(A2:E4),表示从 A2 单元格起始至 E4 单元格结束的矩形单元格区域。

(1) 小区域的选中

单击选中需要选择区域内的第一个单元格,按住鼠标左键不放并拖动至单元格区域中最后一个单元格,释放鼠标即可选择拖动过程中框选的相邻多个单元格区域,所选区域反色显示,其中活动单元格为蓝色背景,如图 4.22 所示。

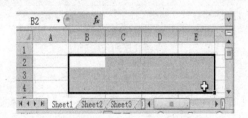

图 4.22 选择相邻的单元格区域

(2) 大区域的选中

用"Shift"键+鼠标单击选中。先单击左上角的单元格,然后按住"Shift"键单击区域右下角的单元格。

(3) 整个工作表的选中

单击工作表中行号与列标交叉处的"全选"按钮"　",即可选中工作表中的全部单元格。

(4) 选中行和列

选中整行:移动鼠标指针指向"行号",当鼠标指针变为黑色向右的箭头"➡"时单击即选中该行。

选中整列:移动鼠标指针指向"列标",当鼠标指针变为黑色向下的箭头"⬇"时单击即选中该列。

选中连续的行或列:沿行号或列号拖动鼠标。或者先选中区域中的第一行或第一列,然后按住"Shift"键再选中区域中最后一行或最后一列。

选中不连续的行或列:先选中区域中的第一行或列,然后按住"Ctrl"键再选中其他的行或列。

(5) 清除选中的区域

只要单击任一单元格,就可取消工作表内原来选中的多个单元格或区域,同时,该单元格被选中。

2. 选择不相邻的多个单元格区域(多个区域)

若要同时选中几个不相邻区域,可采用如下方法:先选中第一个单元格或区域,按住"Ctrl"键不放,再选择其他的单元格或区域,操作完成后释放"Ctrl"键和鼠标左键即可选择不相邻的多个区域。例如,先选中 A2:D5 区域,然后按住"Ctrl"键选中 C7 单元格,再拖动鼠标至 F8 单元格,这样就同时选中了 A2:D5 和 C7:F8 两个区域。被选择的单元格的行号和列标都呈黄色显示状态,如图 4.23 所示。

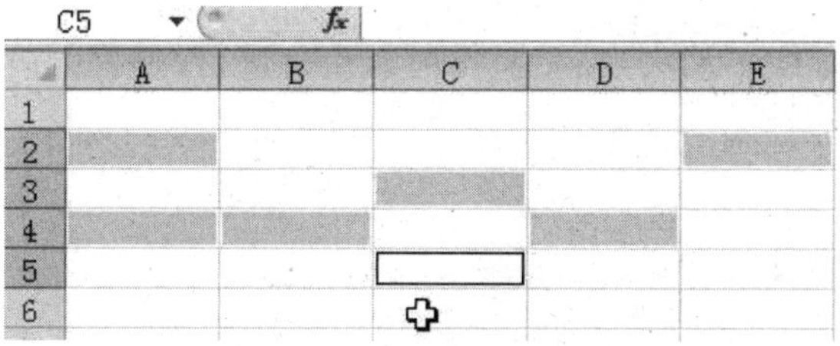

图 4.23　选择不相邻的多个区域

4.4.3　修改单元格内容

在编辑状态下,修改单元格中的数据主要包括插入字符、删除字符、替换字符、复制和移动字符等操作,其操作方法与 Word 相似。在 Excel 2010 中,修改数据有两种方法:一是在编辑栏中修改,二是直接在单元格中修改,具体操作如下。

方法一:单击要编辑的单元格,然后单击编辑框中要编辑的位置。设置好插入点,在编辑框中编辑数据,最后单击"✓"按钮或"Enter"键确认修改,单击"✗"按钮或按"Esc"键放弃修改。这种操作方法常用于编辑内容较长的单元格或包含公式的单元格。

方法二:双击要编辑的单元格,单元格内将出现插入点,将插入点移动到要编辑的位置,在单元格中直接编辑数据。这种操作方法常用于编辑内容较短的单元格。

4.4.4 复制和移动单元格内容

1. 鼠标拖放操作

如果要在小范围内进行复制或移动操作,例如在同一个工作表内进行复制或移动,采用此方法比较方便。操作方法为:选中需要复制或移动的单元格或区域,将鼠标指针指向选中区域的边框,当鼠标指针变成形状时,执行下列操作中的一种:

1)移动:将选中区域拖动到目标粘贴区域释放鼠标。Excel将以选中区域替换目前粘贴区域中现有的数据。

2)复制:先按住"Ctrl"键,再拖动鼠标,其他同移动操作。

2. 利用剪贴板

如果要在工作表或工作簿之间进行复制移动,利用剪贴板进行操作比较方便。操作方法为:

选定复制区域,单击右键"复制"或"剪切"菜单项,或单击"开始"→"剪贴板"组中的"复制"(进行复制操作,"Ctrl+C"组合键亦可)或"剪切"(进行移动操作,"Ctrl+X"组合键亦可)按钮。执行后,选中区域的周围将出现闪烁的虚线。切换到其他工作表或工作簿,选中目标粘贴区域(与原区域大小相同),或者选中目标粘贴区域的左上角单元格,单击"开始"→"剪贴板"组中的"粘贴"按钮,或者按"Ctrl+V"组合键。执行后,选中区域的数据将替换目标粘贴区域中的数据。

操作后,只要闪烁虚线不消失,粘贴操作可以重复进行;如果闪烁虚线消失,粘贴就无法再进行了。

4.4.5 选择性粘贴

一个单元格含有多种特性,如内容、格式和批注等。另外,它还可能是一个公式,含有有效性规则等,数据复制时往往只需要复制它的部分特性。为此,Excel提供了一个选择性粘贴功能,可以有选择地复制单元格中的数据,同时还可以进行算术运算和行列转置等。

选择性粘贴的操作步骤如下:

1)选择需要复制的单元格或区域,单击"开始"→"剪贴板"组中的"复制"按钮,将选中的数据复制到剪贴板。

2)选中粘贴区域左上角的单元格,单击"开始"→"剪贴板"组→"粘贴"→"选择性粘贴"

菜单命令,弹出如图4.24所示的选择性粘贴对话框。

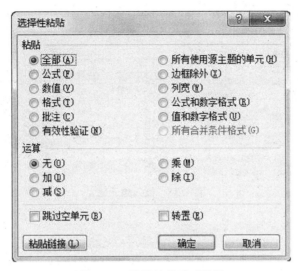

图4.24 选择性粘贴对话框

3) 在对话框中选择下列相应选项,单击"确定"按钮即可。

"粘贴"区:选择选中区域的公式、数值、格式、批注或有效数据等属性粘贴到目标粘贴区域。

"运算"区:使用指定的运算符来组合选中区域和目标粘贴区域,即用选中区域中的数据与目标粘贴区域中的数据进行计算,结果存放在目标粘贴区。

"跳过空单元"复选框:选中此复选框,可避免选中区域中的空白单元格取代目标粘贴区域中已有的数值,即选中区域中的空白单元格不被粘贴。

"转置"复选框:选中此复选框,可以将选中区域中的数据行列交换后复制到目标粘贴区域。

4.4.6 插入和删除行、列、单元格

1. 插入行、列、单元格

1) 选中准备插入单元格的位置,"开始"→"单元格"组→"插入"→"插入单元格"菜单项,弹出"插入"对话框,选择活动单元格移动方式后确定即可插入单元格。

2) 右键单击目标位置单元格,选择"插入"菜单项也可以弹出"插入"对话框,选择插入单元格方式后也可以插入单元格。

3) 新插入的单元格将出现在所选单元格的上方或左侧,如图4.25所示。使用同样的方法可以在工作表中插入行或列。默认是在当前选中的活动单元格之前插入一行或一列。

2. 删除行、列、单元格

1) 选中准备删除的单元格,单击"开始"→"单元格"组→"删除"→"删除单元格"菜单项,在弹出的"删除"对话框中根据需要选中删除单元格的方式单选项即可删除单元格。如图4.26所示。

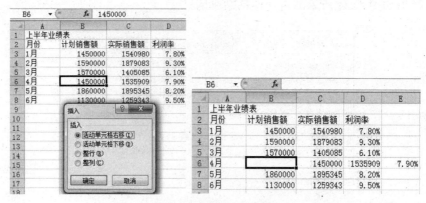

图 4.25 插入单元格

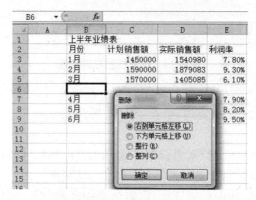

图 4.26 删除单元格

2) 在"删除"对话框中选择"整行"单选项,选中行的数据和单元格将被全部删除,选择"整列"单选项,选中列的数据和单元格将被全部删除。

3) 右键单击准备删除的单元格或单元格区域,选择"删除"菜单项也会弹出"删除"对话框,也可完成对单元格或单元格区域以及整行、整列的删除操作。

4.4.7 清除单元格内容

选中要清除内容的单元格或单元格区域,然后按"BackSpace"键或按"Delete"键,或者右键单击选中单元格或单元格区域,在弹出的快捷菜单中选择"清除内容"菜单项,即可清除单元格或单元格区域中的数据。使用"开始"→"编辑"组→"清除"下拉按钮,可在弹出的菜单中选择详细的清除命令,如图 4.27 所示。

"全部清除":清除单元格区域中的全部内容,包括内容、公式、格式和批注等。

"清除格式":只清除单元格区域中的格式,将格式恢复到"常规",其他特性仍然保留。

"清除内容":只清除单元格区域中的内容,而保留其他特性。

"清除批注":只清除单元格区域中的批注,而保留其他特性。

"清除超链接":只清除单元格区域中的超链接,而保留其他特性。

清除单元格和删除单元格的区别如下:

清除单元格:单元格本身还在,清除其中的内容、格式、批注等。

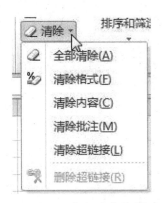

图 4.27 数据清除选项

删除单元格：单元格不存在，将选定的单元格从工作表中删除。

4.4.8 单元格数据的查找和替换

利用 Excel 2010 的查找和替换功能可快速定位到满足查找条件的单元格，并能方便地将单元格中的数据替换为需要的数据。查找和替换数据的方法如下：

1）在需要查找数据的工作表中单击"开始"→"编辑"组→"查找和选择"→"查找"菜单项命令。

2）在打开的"查找和替换"对话框的"查找内容"文本框中输入要查找的内容，如"江远"，然后单击"查找下一个(F)"按钮进行查找，查找到的内容所在单元格会处于选中状态。如图 4.28 所示。

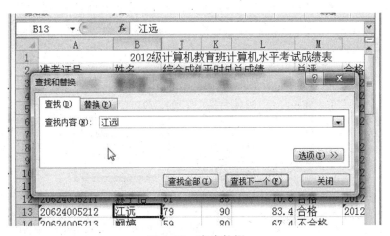

图 4.28 查找数据

3）在"查找和替换"对话框中单击"替换"选项卡，在对话框中的"替换为"文本框中输入替换为的内容，如"江缘"，单击"全部替换(A)"按钮，即可将查到的数据"江远"全部替换为"江缘"，如图 4.28 所示。单击"关闭"按钮，返回工作表即可看到替换后的效果。

进行替换操作时还可以进行带格式替换，在"查找和替换"对话框中单击"选项"按钮可以显示查找功能的高级模式，在"查找和替换"对话框的高级模式中可以根据需要对查找模

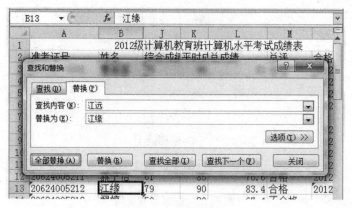

图 4.29 替换数据

式进行设置。在"范围"下拉列表中可以设置搜索的范围为工作簿或工作表,在"搜索"下拉列表框中可以设置搜索方式为按行或按列,在"查找范围"下拉列表框中可以设置查找范围,如公式、值和批注等。

4.4.9 批注

批注是为某个数据项设置提示性信息或给出解释,比如提醒用户别忘记做某件事等。添加批注的方法如下:

选中要添加批注的单元格,单击"审阅"→"批注"组→"新建批注"按钮" ",出现一个类似文本框的输入框,在此输入提示信息,然后单击工作表的任意位置,此时该单元格右上角就出现了一个红色箭头,把鼠标移动到该单元格上就能看到批注提示框和提示内容,如图 4.30 所示。

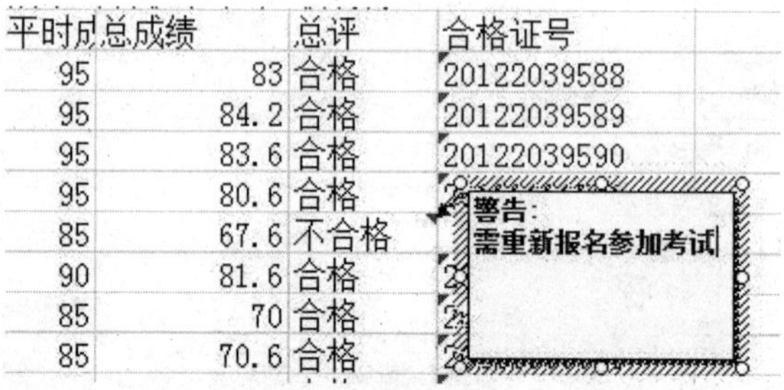

图 4.30 给单元格添加批注

已插入的批注也可以进行修改。选中已插入批注的单元格,单击"审阅"→"批注"组→"编辑批注"按钮" ",即出现批注输入框,可对其进行修改。

删除批注也很简单,选中已插入批注的单元格,单击"审阅"→"批注"组→"删除"按钮" ",或者在该单元格上右击鼠标,选择"删除批注"菜单项即可删除批注。

4.4.10 合并及拆分单元格

合并单元格是指将两个或多个单元格合并为一个大的单元格。选中准备合并的多个单元格,单击"开始"→"对齐方式"组→"合并后居中"按钮" ",可以合并单元格并居中显示单元格中的数据。

选中合并后的单元格,单击"开始"→"对齐方式"组→"合并后居中"按钮可以将已合并的单元格拆分。或者单击"合并后居中按钮"右侧的小三角,选择"取消单元格合并"选项也可拆分合并的单元格。

选中准备合并的多个单元格,单击"开始"→"字体"组的"对话框启动器" ,在弹出的"设置单元格格式"对话框中选择"对齐"选项卡,在"文本控制"区域中选中"合并单元格"复选框,单击"确定"按钮也可以实现合并单元格。如图 4.31 所示。

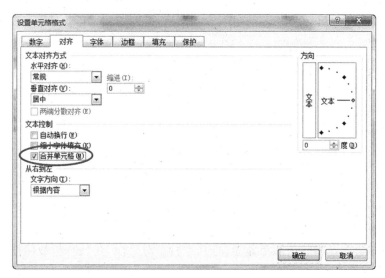

图 4.31　使用功能区的"字体"组合并单元格

4.5　格式化工作表

4.5.1　行高/列宽的调整

当单元格中的数据过多时,默认的单元格大小不能完全显示输入的内容,这时就需要根据单元格中的内容调整单元格的行高或列宽。

1. 拖动鼠标调整

通过拖动鼠标指针可以方便调整单元格的行高和列宽,从而达到调整单元格大小的目的。

调整行高:选择单元格,将鼠标移动到两行中间的分割线上,当鼠标指针变为"✥"形状时,按住鼠标左键不放,拖动到合适位置释放即可调整所选单元格所在行高。

调整列宽:选择单元格,将鼠标指针移动到两列中间的分割线上,当鼠标指针变为"✥"形状时,按住鼠标左键不放,拖动到合适位置释放即可调整所选单元格所在的列宽。

2. 通过对话框设置行高和列宽的具体数值

通过拖动鼠标指针只能大概地调整行高或列宽,要精确地调整就需要通过对话框来设置行高或列宽的具体数值。

(1) 设置行高

选择需要设置行高的单元格或整行,单击"开始"→"单元格"组→"格式"→"行高"菜单命令,在打开的"行高"对话框的"行高"数值框中输入行高的数值,如20,单击"确定"按钮即可,如图4.32所示。

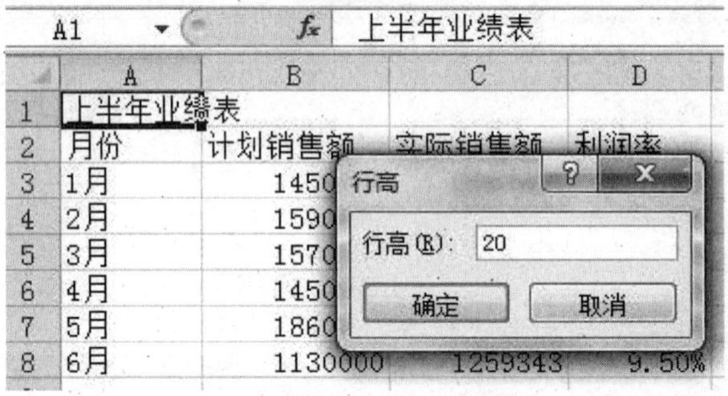

图 4.32 设置行高

(2) 设置列宽

用同样的方法选择"列宽"菜单命令,打开"列宽"对话框,在"列宽"数值框中输入列宽的数值,如10,单击"确定"按钮完成列宽的设置。如图4.33所示。

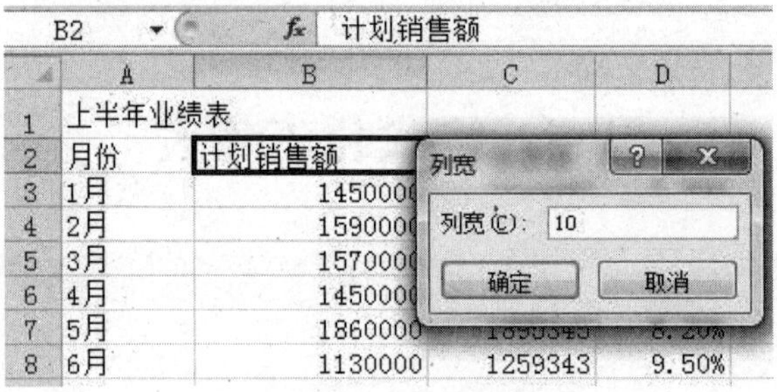

图 4.33 设置列宽

4.5.2 数字的格式化

对工作表进行自定义格式通常有以下两种方法来实现,一是使用"开始"→"单元格"组→"格式"→"设置单元格格式"命令;二是选中并右击单元格,在弹出的快捷菜单中选择"设置单元格格式"命令,通过"设置单元格格式"对话框可进行相关格式化的操作。

数字格式化是指对工作表中数字的表示形式进行格式化。Excel 内部设置了 11 种数字格式,分别是常规、数字、货币、会计专用、短日期、长日期、时间、百分比、分数、科学记数和文本。单击"开始"→"数字"组→"常规"右侧的下拉按钮,就可以查看并选择这 11 种数字格式,如图 4.34 所示。如果需要,用户可以自己定义数字格式。

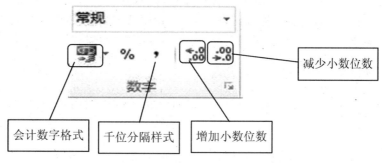

图 4.34 数字组中的数字格式按钮

1. 利用"数字"组数字格式

共有 5 个按钮用于数字格式化。

1) 会计数字格式:对选中区域的数值型数据前面加上人民币符号或其他货币符号。
2) 百分比样式:将选中区域的数值型数据乘以 100 后再加百分号,称为百分比形式。
3) 千位分隔样式:对选中区域中的数值型数据加上千分号。
4) 增加小数位数:使选中区域中的数据的小数位数加 1。例如 123.3 变为 123.30。
5) 减少小数位数:使选中区域中的数据的小数位数减 1。

2. 利用"数字"选项卡设置

在"设置单元格格式"对话框中选择"数字"选项卡后,对话框中将出现"分类"列表框,如图 4.16 所示。首先在"分类"列表框中选择数据类别,此时在对话框右侧将显示本类别中可用的各种显示格式以及示例,然后在其中直观地选择具体的显示格式,单击"确定"按钮即可。

例如,将数据显示为货币格式、显示千分号、百分比格式的效果如图 4.35 所示。

	A	B	C	D
1	上半年业绩表			
2	月份	计划销售额	实际销售额	利润率
3	1月	¥ 1,450,000	£ 1,540,980.0	7.80%
4	2月	¥ 1,590,000	£ 1,879,083.0	9.30%
5	3月	¥ 1,570,000	£ 1,405,085.0	6.10%
6	4月	¥ 1,450,000	£ 1,535,909.0	7.90%
7	5月	¥ 1,860,000	£ 1,895,345.0	8.20%
8	6月	¥ 1,130,000	£ 1,259,343.0	9.50%

图 4.35 设置数字格式效果示意图

在"数字"组中直接单击"百分比样式"按钮,可以将数字设置为百分比样式,但不保留小数部分。

4.5.3 对齐方式的设置

默认情况下,Excel 将输入的数字自动右对齐,输入的文字自动左对齐。但有时为满足一些表格处理的特殊要求或整个版面的布局美观,希望某些数据按照某种方式对齐,这时可通过"开始"→"对齐方式"组或"设置单元格格式"对话框中的"对齐"选项卡来设置。

1. 利用功能区中的"对齐方式"组设置

在功能区的"开始"→"对齐方式"组中有 11 个对齐方式按钮用于快速设置对齐格式,如图 4.36 所示,它们分别是:

图 4.36 对齐方式组中的按钮

1)"顶端对齐"按钮"□"、"垂直居中"按钮"□"、"底端对齐"按钮"□",使单元格数据沿单元格垂直方向的顶端、上下居中或底端对齐。

2)"文本左对齐"按钮"□"、"居中"按钮"□"、"文本右对齐"按钮"□",使所选单元格、区域、文字框或图表文字中的内容在水平方向上向左对齐、居中对齐或向右对齐。

3)"方向"按钮"□",用来改变单元格中数据的旋转角度,角度范围为-90°~90°。

4)"减少缩进量"按钮"□"和"增加缩进量"按钮"□",减少或增加边框与单元格文字之间的边距。

5)"自动换行"按钮"□自动换行",通过多行显示,使单元格中的所有内容都可见。

6)"合并后居中"按钮"□合并后居中·",将选中的多个连续单元格区域合并成一个"大"的单元格,合并后的单元格只保留选中区域左上角单元格中的数据并居中对齐。此项功能尤其适用于表标题。

2. 使用单元格格式对话框设置

单击"开始"→"对齐方式"组的"对话框启动器"按钮"□"可以打开"设置单元格格式"对话框,在"对齐"选项卡中可进行如下设置,如图 4.37 所示。

(1)设置文本对齐方式

在"对齐"选项卡的"文本对齐方式"区域中可以进行"水平对齐"、"垂直对齐"、"两端分散对齐"和"缩进"设置,如图 4.37 所示。

图 4.37 "设置单元格格式"对话框中的"对齐"选项卡

水平对齐:该下拉列表框中的选项表示文本和数字的水平对齐方式,主要有八种方式可选。

垂直对齐:该下拉列表框中的选项表示文本和数字的垂直对齐方式,主要由五种方式可供选择。

两端分散对齐:在"水平对齐"下拉列表框中选择"分散对齐(缩进)"选项后,"两端分散对齐"复选框呈可选状态,选中该复选框可以设置选中的单元格中的文本或数字为两端分散对齐。

(2) 设置方向

在"对齐"选项卡的"方向"区域中可以对选中单元格中的文字或数字设置旋转方向,如选择垂直方向,单元格中的文字或数字将垂直排列,如选择水平方向,在"文本"框中可以单击并拖动圆角指针调整旋转角度,也可以在"度"微调框中输入文本水平旋转的度数。

(3) 设置文本控制

在"对齐"选项卡的"文本控制"区域中可以进行"自动换行"、"缩小字体填充"和"合并单元格"的设置。

自动换行:选中该复选框后,在单元格中输入较长的文本时,文本可以在列宽不够的情况下自动换行。

缩小字体填充:选中该复选框后,在单元格中输入较长的文本时,文本可以在列宽不够的情况下自动缩小文本的字体并填充到单元格中。

合并单元格:选中该复选框可以将选中的多个单元格合并为一个单元格,合并后的单元格内将显示左上角第一个单元格中的内容。

(4) 设置文字方向

在"对齐"选项卡的"从右到左"区域的"文字方向"下拉列表框中有"根据内容"、"总是从左到右"和"总是从右到左"三个选项,可根据需要设置阅读的顺序和对齐方式。

4.5.4 文本字体格式的设置

字体格式用来设置单元格中数据的字体、字形、字号、颜色和效果。它可以对整个单元格中的数据进行设置,只需选中相应单元格即可;也可对单元格中的部分数据进行设置,事先必须在编辑框中选中要设置的部分数据。单元格中输入的数据,默认的字体格式都为"宋体、11号"。

选中要设置格式的单元格或区域,单击"开始"→"字体"组的"对话框启动器"按钮" "打开"设置单元格格式"对话框,选择"字体"选项卡即可设置单元格或区域的字体格式。

在"开始"→"字体"组中的各个格式按钮和"设置单元格格式"对话框中的"字体"选项卡与 Word 中的"字体"组及"字体"对话框基本相似,设置方式也相似,在此不再详细介绍。

4.5.5 边框和底纹

1. 设置边框

Excel 在默认情况下打印文档时不会将单元格边框显示出来。设置表格的边框、底纹和背景可以明显划分单元格区域,突出显示工作表数据,从而美化工作表。边框线可以增添在单元格的上下和左右,也可以增添在四周。

1) 利用"开始"→"字体"组中的"边框"按钮下拉列表可方便地添加边框,单击"所有框线"按钮右侧的下拉按钮时,弹出边框列表,在该列表中含有13种不同的边框线设置供用户选择。如图 4.38 所示。

2) 利用"设置单元格格式"对话框中的"边框"选项卡,可对选中的单元格区域进行边框线的位置、格式和颜色选择设置。设置方法如下:

选择单元格区域,打开"设置单元格格式"对话框的"边框"选项卡,如图 4.39 所示,在"样式"列表框选择边框线的式样,如虚线、实线或双线等;然后在"颜色"框中选择边框线的颜色;最后单击"预览框"周围代表不同位置的框线按钮可以选择性地为单元格区域添加边框线或者斜线,再一次单击相应按钮可以删除相应的边框线。单击"预置"区的"无"按钮表示删除所有选中单元格的边框线,"外边框"按钮表示仅在选中区域的外部添加边框线,"内部"按钮表示为所选区域添加内部网格线。边框设置案例效果如图 4.40 所示。

图 4.38 功能区中设置边框样式下拉菜单

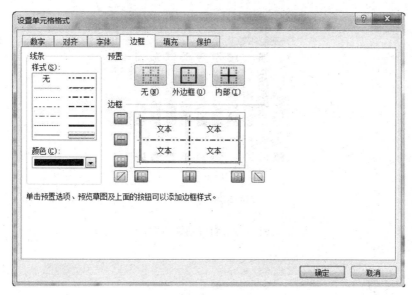

图 4.39 "边框"选项卡

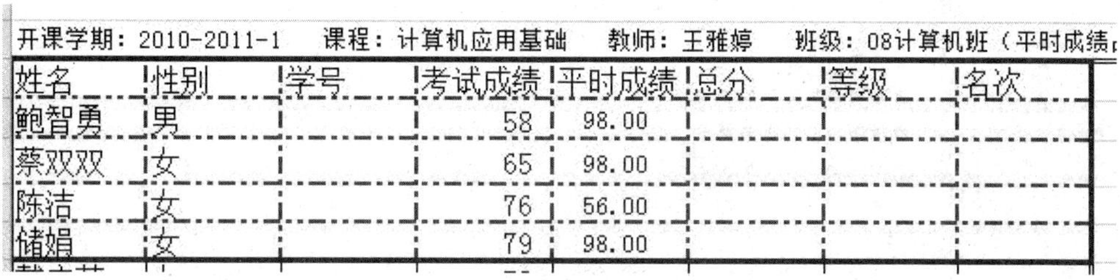

图 4.40 边框设置效果示意图

2. 设置单元格或区域的背景色

选择要设置底纹的单元格或区域,单击"开始"→"字体"组→"填充颜色"按钮" ",可将当前颜色("颜料桶"下方显示的颜色)设置为所选单元格或区域的底纹颜色。若希望使用其他颜色,单击"填充颜色"按钮右侧的下拉列表按钮,然后在图 4.41 所示的调色板上单击所需的颜色即可。如果"主题颜色"和"标准色"中没有合适的颜色,可选择下方的"其他颜色"命令,在弹出的"颜色"对话框中进行选择。

3. 设置填充效果

在 Excel 2010 中除了可以为单元格或区域设置纯色的背景色,可以将渐变色、图案设置为单元格或区域的背景。

单击"开始"→"字体"组右下角的"对话框启动器"按钮" ",在弹出的"设置单元格格式"对话框中单击"填充"选项卡,如图 4.42 所示,单击"填充效果"按钮,弹出"填充效果"对话框,如图 4.43 所示。通过该对话框可以选择形成渐变色效果的颜色及底纹样式,然后单击"确定"按钮即可将其设置为所选单元格或区域的背景。

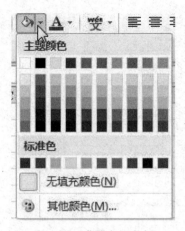

图 4.41 背景色调色板

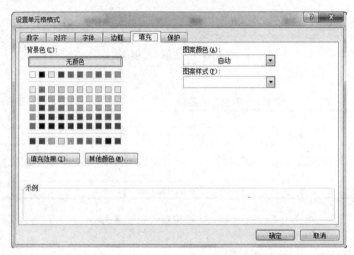

图 4.42 "设置单元格格式"对话框的"填充"选项卡

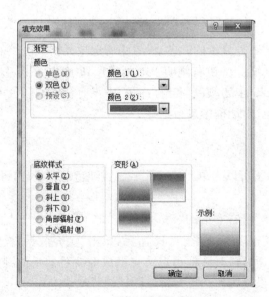

图 4.43 "填充效果"对话框

"图案"指的是在某种颜色中掺杂入一些特定的花纹而构成的特殊背景色。在"设置单元格格式"对话框的"填充"选项卡中用户可在"图案颜色"下拉列表框中选择某种颜色后,再在"图案样式"选项下拉列表框中选择"掺杂"方式,设置完毕后单击"确定"按钮。如图4.44所示。

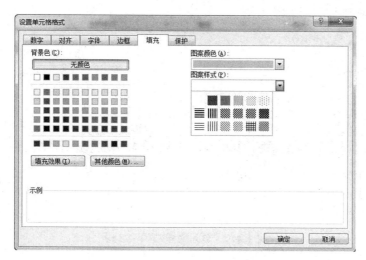

图 4.44 设置图案颜色和样式

如果希望删除所选单元格或区域中的背景设置,单击"开始"→"字体"组→"填充颜色"按钮"   "右侧的   标记,在弹出的快捷菜单中单击选中"无填充颜色"命令即可。

4.5.6 单元格样式的使用

在 Excel 2010 中可以对表格的样式进行设置,在"开始"→"样式"组中提供了许多系统自带的单元格样式和表格样式。除此之外,用户还可以自定义条件格式,使表格内容看起来一目了然。

使用系统自带的单元格样式可以给单元格设置填充颜色、边框颜色和字体格式等。单击"样式"组中的"单元格样式"按钮下的下三角按钮,即可弹出"单元格样式"下拉列表,如图4.45所示。选中单元格或区域,在此列表中选择相应的单元格样式,即可使表格的内容变得清晰易懂,如图 4.46 所示。

4.5.7 自动套用表格格式

Excel 2010 提供了多种表格格式,应用系统自带的表格样式可以快速地为选择的单元格或区域设置格式。

单击"套用表格样式"按钮"   "旁的下三角按钮,弹出"套用表格格式"下拉列表,如图 4.47 所示。选择表格,选择"套用表格格式"下拉列表中的格式,可将表格设置成所选的样式,如图 4.48 所示。设置完成后,用户还可以在表格的列中对数据进行排序操作。

对选中的单元格区域套用格式后,将启动自动筛选功能。如果对自动套用样式的效果

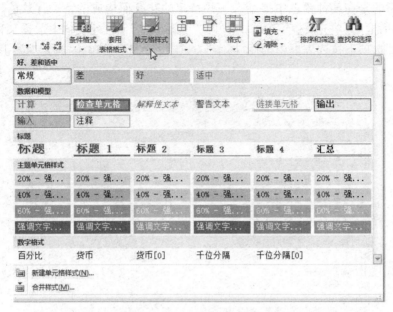

图 4.45 "单元格样式"下拉列表

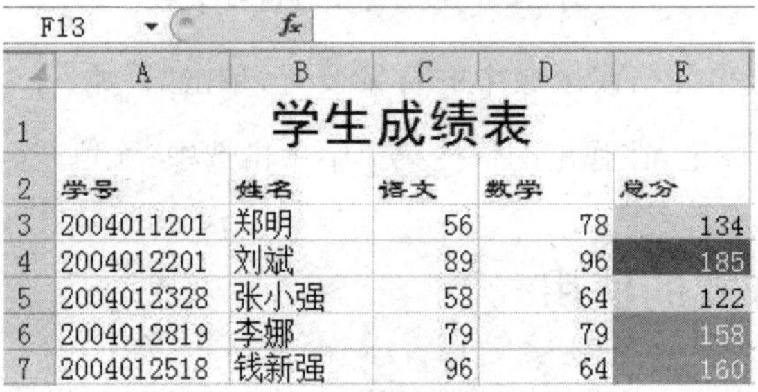

图 4.46 "单元格样式"设置效果

不满意或者进行了错误操作,单击"快速访问"工具栏中的"撤销"按钮" ",即可撤销上一步操作。

单击"套用表格格式"按钮,在弹出的下拉列表中右键单击表格样式,在弹出的快捷菜单中选择"设置为默认值"菜单项,即可将其设置为表格的默认样式。

4.5.8 条件格式

条件格式是指当单元格中的数据满足所设定的条件时,则会应用该条件相应的底纹、字体或颜色等格式。条件格式基于不同条件来确定单元格的外观。

在工作表中选择希望设置条件格式的单元格区域。单击"开始"→"样式"组→"条件格式"按钮" ",弹出"条件格式"下拉菜单,如图 4.49 所示。"条件格式"下拉菜单中各项的含义如下。

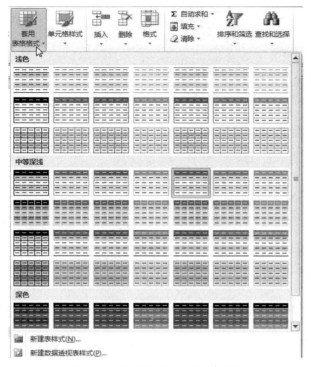

图 4.47　“套用表格格式”下拉列表

期中成绩统计表

学号	姓名	班级	数学	生物	化学	物理	总分
201411001	于洪	一班	90	79	87	81	337
201411002	严正	一班	80	56	90	88	314
201411003	张文芳	一班	95	67	76	52	290
201411004	陆毅	一班	86	70	50	73	279
201411005	李佳	一班	76	85	45	67	273
201411006	刘艺	一班	89	61	80	80	310
201411007	文章	一班	97	45	30	86	258
201411008	陈坤	一班	76	67	79	94	316
201411009	陈珂	一班	95	56	82	59	292
201411010	汪洋	一班	82	75	64	58	279
201411011	张宇	一班	93	43	74	84	294
201411012	李白	一班	89	90	67	83	329
201411013	刘斌	一班	80	82	62	68	292

图 4.48　“套用表格样式”设置后效果

1. 突出显示单元格规则

如果单元格中数据满足某种条件，则将单元格数据和背景设置为指定颜色。该菜单下的各子菜单项含义如下：

大于：突出显示大于设置条件数值的单元格。

小于：突出显示小于设置条件数值的单元格。

介于：突出显示设置条件范围内数值的单元格。

等于：突出显示等于设置条件数值的单元格。

文本包含：突出显示包含有设置条件数值的单元格。

发生日期：突出显示符合设置日期信息的单元格。

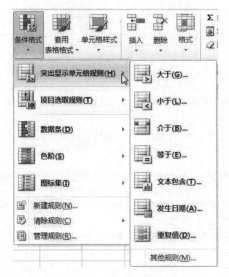

图 4.49 设置条件格式

重复值:突出显示有重复内容的单元格。

2. 项目选取规则

从所有数据中挑选出满足某种条件的若干项并显示为指定的前景色和背景色。供选的条件有:值最大的若干项、值最大的百分之若干项、值最小的若干项、值最小的百分之若干项、高于平均值的项、低于平均值的项等。

3. 数据条

为单元格中数据添加一个表示大小的数据条。数据条的长短可直观地表示数据的大小。数据条可选为渐变色或实心填充样式。

4. 色阶

根据单元格中数据的大小为其添加一个不同的背景色,背景色的色阶值可直观的表示数据的大小。例如,选择由绿色到红色的色阶变化,则数值大的设置背景为绿色,随着数值的减小逐步过渡到红色。

5. 图标集

将所选区域中的单元格的值按大小分为 3~5 个级别,每个级别使用不同的图标来显示。

例如,在"期中学生成绩统计表"中可以将所选区域中所有学生成绩小于 60 的采用"浅红填充色深红色文本"显示,以便直观的显示不及格学生的情况。效果如图 4.50 所示。

如果希望取消单元格或区域的条件格式设置,在选中单元格或区域后,单击"条件格式"按钮,在弹出的快捷菜单中将鼠标指针指向"清除规则",按实际需要选择子菜单中的"清除所选单元格的规则"或"清除整个工作表的规则"命令即可。

期中成绩统计表

学号	姓名	班级	数学	生物	化学	物理	总分
201411001	于洪	一班	90	79	87	81	337
201411002	严正	一班	80	56	90	88	314
201411003	张文芳	一班	95	67	76	52	290
201411004	陆毅	一班	86	70	50	73	279
201411005	李佳	一班	76	85	45	67	273
201411006	刘艺	一班	89	61	80	80	310
201411007	文章	一班	97	45	30	86	258
201411008	陈坤	一班	76	67	79	94	316
201411009	陈珂	一班	95	56	82	59	292
201411010	汪洋	一班	82	75	64	58	279
201411011	张宇	一班	93	43	74	84	294
201411012	李白	一班	89	90	67	83	329
201411013	刘斌	一班	80	82	62	68	292

图 4.50　“突出显示单元格规则”条件格式效果图

4.6　公式和函数

4.6.1　公式

Excel 中的公式就是对单元格中数据进行计算的等式，利用公式可以完成数学运算、比较运算和文本运算等操作。

Excel 2010 中的公式都是以“＝”开头，用于区分公式和字符串。公式由运算符、函数、引用（也称地址引用，包括单元格地址和区域地址）和常量四个部分组成。例如，“＝A2＋B2”，其中 A2 和 B2 表示两个单元格的名称，“＋”表示求和运算符。整个公式表示计算 A2 和 B2 两个单元格数据的和，并将结果显示到当前单元格中。

运算符：用于连接公式中准备进行计算的数值，并指定表达式内执行运算的类型。

引用：引用可以针对单元格或单元格区域，引用的单元格或单元格区域可以来源于同一个工作表，也可以来源于同一个工作簿中的其他工作表。

1. 公式运算符

（1）算术运算符

算术运算符是数学中最常见的运算符号，用于完成最基本的数学运算，算术运算符的具体含义如表 4.1 所示。

表 4.1　算术运算符

算术运算符	表示含义	示例
＋	加法运算符	14＋6，B2＋C3
－	减法运算符	56－23，A1－B2
*	乘法运算符	12 * 3，A1 * C2
/	除法运算符	25/5，B2/A3
%	百分比运算符	21%
^	乘幂运算符	3^5

(2) 比较运算符

比较运算符用于比较两个数值的大小,返回结果为逻辑值 True 或 False,比较运算符的具体含义见表 4.2。

表 4.2 比较运算符

比较运算符	表示含义	示例
=	等于运算符	A2=B2
>	大于运算符	A1>B2
>=	大于等于运算符	A1>=C2
<	小于运算符	B2<A3
<=	小于等于运算符	B2<=C3
<>	不等于运算符	A2<>F4

(3) 引用运算符

引用运算符用于单元格区域的合并计算,常见的引用运算符的具体含义如表 4.3 所示。

表 4.3 引用运算符

引用运算符	表示含义	示例
:	区域运算符,对包括在两个引用之间的所有单元格的引用	A2:D2
,	联合运算符,将多个引用合并为一个引用	Sum(A1:C2,F3:G4)
空格	交叉运算符,对两个引用共有单元格的引用	(A1:C1 F2:G2)

(4) 文本运算符

文本运算符用于将两个或多个文本字符串连接为一个组合文本字符串,文本运算符具体含义如表 4.4 所示。例如,D4 单元格的内容为"开盘价",E4 单元格的内容为:15.67,要使 F4 单元格中得到"开盘价为:15.67",则 F4 单元格中的公式为"=D4&"为:"&E4"。(注意:公式内部的双引号必须是英文半角方式)

表 4.4 文本运算符

文本运算符	表示含义	示例
&	连字符	"生"&"日"新文本为"生日"

2. 公式运算符的优先级

当多个运算符同时出现在公式中时,Excel 对运算符的优先级作了严格规定,由高到低各运算符的优先级为:(冒号)、空格、,(逗号)、-(负号)、%、^、乘除(*、/)、加减(+、-)、&、比较运算符(>、>=、<、<=、<>)。如果优先级相同,则按从左到右的顺序计算。

3. 公式的输入

选中要输入公式的单元格后,可手工将公式输入到"编辑框"或当前单元格中。先输入

"＝"，然后输入公式内容，最后按"Enter"键或鼠标单击编辑栏中的"✔"按钮完成公式的输入。公式输入结束后，其计算结果显示在单元格中，而公式本身或函数显示在编辑栏中。在公式中需要输入单元格名称时，可以手工输入（列标号不区分大小写），也可以通过单击来选择单元格。

例如，若计算如图 4.51 所示的"学生成绩表"中的"总评成绩"（平时成绩占 40%，期末成绩占 60%），则可先在当前单元格 E3（第一个学生的总评成绩位置），直接输入公式"＝C3 * 0.4＋d3 * 0.6"后按"Enter"键（小数点前面的 0 可以省略，如"0.6"可以输入成".6"），在当前单元格中将得到公式的计算结果。

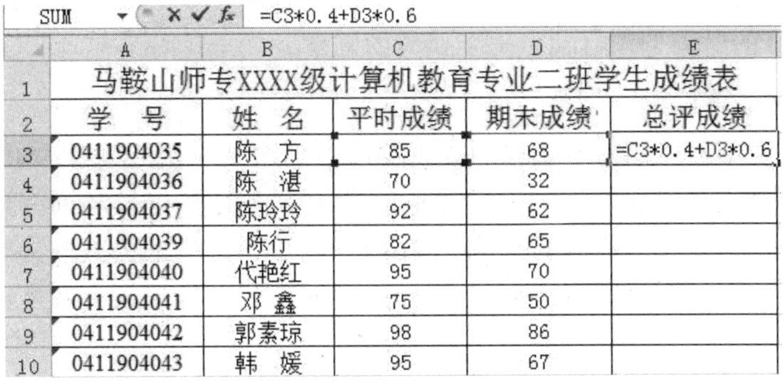

	A	B	C	D	E
1	马鞍山师专XXXX级计算机教育专业二班学生成绩表				
2	学　号	姓　名	平时成绩	期末成绩	总评成绩
3	0411904035	陈　方	85	68	=C3*0.4+D3*0.6
4	0411904036	陈　湛	70	32	
5	0411904037	陈玲玲	92	62	
6	0411904039	陈行	82	65	
7	0411904040	代艳红	95	70	
8	0411904041	邓　鑫	75	50	
9	0411904042	郭素琼	98	86	
10	0411904043	韩　媛	95	67	

图 4.51　在单元格中输入公式

其他学生的总评成绩可通过前面介绍过的自动填充功能填充公式来处理，填充后的结果如图 4.52 所示。

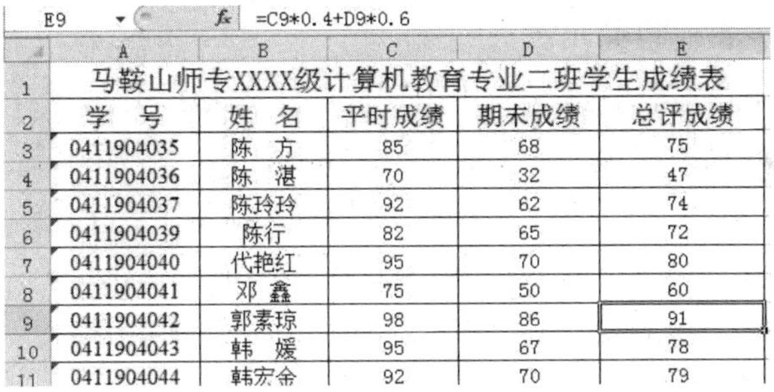

	A	B	C	D	E
1	马鞍山师专XXXX级计算机教育专业二班学生成绩表				
2	学　号	姓　名	平时成绩	期末成绩	总评成绩
3	0411904035	陈　方	85	68	75
4	0411904036	陈　湛	70	32	47
5	0411904037	陈玲玲	92	62	74
6	0411904039	陈行	82	65	72
7	0411904040	代艳红	95	70	80
8	0411904041	邓　鑫	75	50	60
9	0411904042	郭素琼	98	86	91
10	0411904043	韩　媛	95	67	78
11	0411904044	韩宏金	92	70	79

图 4.52　通过填充公式计算出所有总评成绩

4. 公式和数据的修改

如果要修改单元格中的公式，可选择包含公式的单元格后在编辑框中修改。也可以直接双击该单元格使之进入编辑状态（出现插入点光标），修改完成后按"Enter"键或单击"输入"按钮"✔"即可。

完成公式或函数的计算后，若修改了相关的单元格中的数据，则在按下"Enter"键确认修改后，自动更新公式或函数所在单元格中的计算结果，无需重新计算。

5. 单元格的引用方式

单元格地址的作用在于它唯一地表示工作簿上的单元格或区域。在公式中引入单元格地址,其目的在于指明所使用数据存放的位置。如果某个单元格中的数据是通过公式或函数计算得到的,那么对该单元格进行移动或复制操作时就不是一般的操作,可根据不同的情况使用不同的单元格引用。

(1) 单元格的相对引用

单元格的相对引用是指在引用单元格时直接使用其名称的引用,如 F2、A4 等,这也是 Excel 2010 默认的单元格引用方式。若公式中使用了相对引用方式,则在移动或复制包含公式的单元格时,相对引用的地址和相对目的单元格会自动进行调整。

如图 4.51 所示,单元格 E3 中的公式为"=C3*0.4+D3*0.6",先将其复制到 E4 单元格后,其中的公式变化为"=C4*0.4+D4*0.6"。这是因为目的位置相对源位置发生变化,导致参加运算的对象分别自动做出了相应的调整。

(2) 绝对地址引用

绝对引用表示单元格地址不随移动或复制的目的单元格的变化而变化,即表示某一单元格在工作表中的绝对位置。绝对引用地址的表示方法是在行号和列标前加一个"$"符号。在图 4.51 所示的图中,若把前面学生成绩表 E3 单元格中的公式改为"=$C$3*0.4+$D$3*0.6",然后将公式复制到 F3 单元格,则复制后的公式没有发生任何变化。

(3) 混合引用

如果单元格引用地址一部分为绝对引用,另一部分为相对引用,比如$A1 或 A$2,则这类地址称为混合引用地址。如果"$"符号在行号前,则表明该行位置是绝对不变的,而列标号仍随目的位置的变化作相应的变化。反之,如果"$"符号在列标号前,则表明该列位置是绝对不变的,而行号随目的位置的变化作相应变化。

(4) 引用其他工作表中的单元格

Excel 2010 允许用户在公式或函数中引用同一工作簿中其他工作表中的单元格,此时,单元格地址一般书写形式为:"工作表名!单元格地址"。

例如"=D6+E6-Sheet3!F6",公式表示计算当前工作表中 D6、E6 之和,再减去工作表 Sheet3 中 F6 单元格中的值,并将计算结果显示到当前单元格中。

4.6.2 自动求和

求和计算是一种常用的公式计算,为了减少用户在执行求和计算时的公式输入量,Excel 2010 提供了一个专门用于"求和"的按钮" Σ 自动求和",使用该按钮可以对选定的单元格中的数据进行自动求和。

选择需要存放求和结果的单元格,单击"开始"→"编辑"组→"自动求和"按钮,系统会根据当前工作表中数据的分布情况,自动给出一个推荐的求和区域(虚线框内的区域),并向计算结果存放的单元格中粘贴一个 SUM 函数。如图 4.53 所示的例子中,"SUM(D3:E3)",即表示将 D3 到 E3 组成的连续单元格范围的数值之和写入当前单元格。

如果系统默认的求和数据区域不正确,可在工作表中按住鼠标左键拖动重新选择以修改公式。编辑栏中会同步显示修改后的 SUM 函数内容。确认求和区域选择正确后,按"Enter"键或单击编辑框左侧的"输入"按钮完成自动求和操作。

图 4.53　系统自动选择的求和区域

如果参与求和的单元格不连续,可按如下方法实现自动求和。

选中存放求和结果的单元格,单击"自动求和"按钮"∑ 自动求和",拖动鼠标选择第一个包含求和数据的连续单元格区域,按住"Ctrl"键后拖动选择第二个包含有求和数据的连续单元格区域,直至所有数据均被选择。最后按"Enter"键或单击编辑栏的"输入"按钮"✓"完成自动求和操作。

此时,编辑框内的 SUM 函数格式类似于"=SUM(C5:C6,D8:D9)"样式。

4.6.3　函数

函数实际上是一种预先定义好的内置的公式,针对一个或多个值进行计算,返回一个或多个值。Excel 2010 共提供了 13 类函数,每个类别中又包含若干个函数。前面提到的 SUM 函数就是"常用函数"类中的一个。使用函数可省去输入公式的麻烦,提高效率。Excel 2010 提供了大量功能强大的函数,这里仅对一些常用函数进行简要介绍。

1. 向单元格中输入函数

可以使用直接输入的方法向单元格中插入函数,与使用公式的方法相同,在单元格中输入"="后再输入函数名称和所需参数,按"Enter"键即可。

由于 Excel 2010 中包含众多功能各异的函数,为了便于用户的记忆和使用,系统提供了一个专用的函数插入工具按钮"fx"。该按钮位于编辑框的左侧,单击"插入函数"按钮将弹出如图 4.54 所示的"插入函数"对话框。

通过该对话框,用户可以搜索或按分类查找需要的函数。当用户在"选择函数"下拉列表中选择了某函数时,"选择函数"栏的下方将显示该函数的功能及使用方法说明,如 SUM (number1,number2,…),"SUM"为函数名称,"number1,number2,…"为函数参数。单击"确定"按钮后显示如图 4.55 所示的"函数参数"对话框,单击参数选择栏右侧的参数选择按钮"",可将函数参数对话框折叠起来,以方便用户通过鼠标拖动来选择参与计算的数据单元格区域。选择完毕后单击折叠框右侧的""按钮,返回"函数参数"对话框。参数选择完毕后,单击"确定"按钮完成插入函数操作,目标单元格中将显示计算结果。

这里是以 SUM 函数为例说明了向单元格中插入函数的操作方法。在使用其他函数时操作方法大同小异,使用时注意对话框中显示的函数和参数使用说明。必要时可单击对话框左下角的"有关该函数的帮助"链接,从 Excel 帮助中获取操作支持。

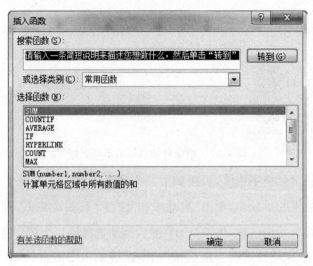

图 4.54 "插入函数"对话框

注意:在使用函数时所用到的所有符号都是英文符号,在函数表达式中不能识别中文符号。

2. 常用函数介绍

1) SUM(区域1,区域2,…):计算若干个区域中包含的所有单元格中值的和。区域1、区域2等参数可以是数值,也可以是单元格或区域的引用,参数最多为30个。如SUM(C5:C8)表示将当前工作表C5至C8的几个连续单元格内容相加。

2) SUMIF(区域1,条件P,sum_range):若省略sum_range,则计算区域1中包含的所有单元格值中满足条件P的数值之和。

3) AVERAGE(区域1,区域2,…):计算若干个区域中包含的所有单元格中值的平均值。如AVERAGE(C5:C8)表示当前工作表C5至C8的几个连续单元格的内容求均值。

4) MAX(区域1,区域2,…):计算若干个区域中包含的所有单元格中值的最大值。如MAX(C5:C8)表示将当前工作表C5至C8几个连续单元格的内容求最大值。

5) MIN(区域1,区域2,…):计算若干个区域中包含的所有单元格中值的最小值。如MIN(C5:C8)表示将当前工作表C5至C8几个连续单元格的内容求最小值。

6) COUNT(区域1,区域2,…):统计若干个区域中包含数字的单元格的个数。如COUNT(C5:C8)表示将当前工作表C5至C8几个连续单元格包含数字的单元格的个数。

7) RANK(区域,数值,order):返回某数字在一列数字中相对于其他数值的大小排名。如RANK(C5,$C$5:$C$8)表示C5单元格中的值在C5到C8范围内的排序位置。

8) COUNTIF(区域,条件):计算某个区域中满足给定条件的单元格数目。如COUNTIF(C5:C18,>=60)表示将当前工作表C5至C18的连续单元格区域中满足"单元格数值>=60"条件的单元格的个数。

9) IF(P,T,F):判断条件P是否满足。如果P为真,则取T表达式的值,否则取F表达式的值。

举例:对某班学生成绩给出总评,60分以下为不及格,60分以上为及格,则使用IF函数条件为:成绩<60;条件真:总评为"不及格";条件假:总评为"及格"。具体形式为:"=IF(B2

<60,"不及格","及格")"，表示判断 B2 单元格中的数据是否小于 60，若是，则在当前单元格中输入"不及格"，否则输入"及格"。如图 4.55 所示。

图 4.55 IF 函数使用

IF 函数支持嵌套使用。例如"＝IF(B2<60,"不及格",if(B2<85,"良好","优秀"))"表示首先判断 B2 单元格中的数据是否小于 60，若是，则在当前单元格输入"不及格"。否则再判断 B2 单元格中的数据是否小于 85，若是，输入"良好"，否则，输入"优秀"。其中第二个 IF 函数"if(B2<85,"良好","优秀")"被用作 B2 单元格中的数据不小于 60 时使用。

4.7 数据管理与分析

4.7.1 用记录单建立和编辑数据清单

Excel 2010 具有强大的数据管理、分析与处理功能，可以将其看作是一个简易的数据库管理系统。在 Excel 中，数据清单是包含相似数据组的带标题的一组工作表数据行，它与一张二维数据表非常相似。用户可将每个 Excel 工作簿看成是一个"数据库"，每张工作表看成一个"数据表"（也称为"数据清单"）；将工作表中的每一行看成一条"记录"，工作表中每一列看成是一个"字段"。Excel 完全符合由各字段组成一条记录，各记录组成数据表，各数据表组成数据库的数据组织形式。借助数据清单，Excel 能实现筛选、排序以及一些分析操作等数据管理功能。

图 4.56 所示就是一个数据清单的例子，这个数据清单包含 1 行列标题和若干行数据，其中每行数据由 8 列组成。所以数据清单也称关系表，表中的数据是按某种关系组织起来的。要使用 Excel 的数据管理功能，首先必须将表格创建为数据清单。数据清单是一种特殊的表格，其特殊性在于此类表格至少由两个必备部分构成：表结构和纯数据。

表结构为数据清单中的第一行列标题，Excel 将利用这些标题名对数据进行查找、排序以及筛选等操作。纯数据部分则是 Excel 实施管理功能的对象，该部分不允许有非法数据内容出现。所以，要正确创建和使用数据清单，应注意以下几个问题：

1) 一个工作表只能建立一个数据清单，避免在一张工作表中建立多个数据清单。如果工作表中还有其他数据，要与数据清单之间至少留出一个空行和空列。

2）避免在数据表格的各条记录或各个字段之间放置空行和空列。

3）在数据清单的第一行里创建列标题(列名)，列标题使用的字体、对齐方式等格式最好与数据表中其他数据相区别。

4）列标题名唯一，且同列数据的数据类型和格式应完全相同。

5）单元格中数据的对齐方式可用格式组中的对齐方式按钮来设置，不要用输入空格的方法调整。

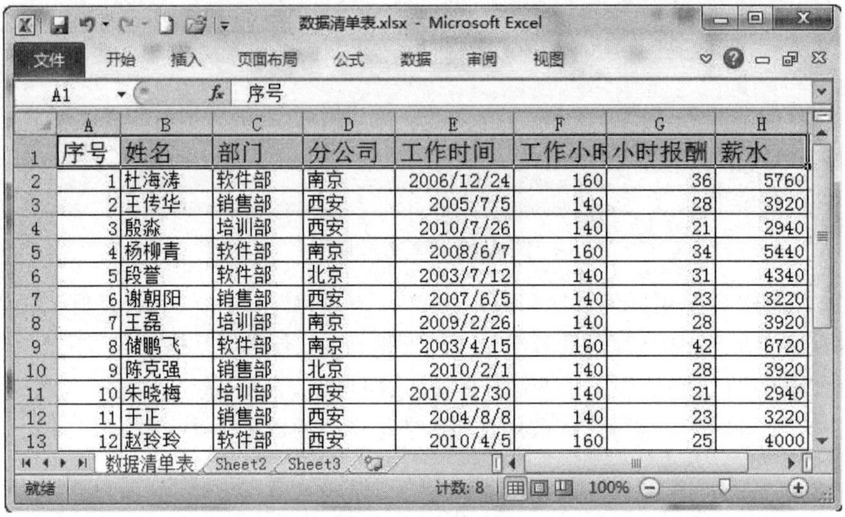

	A	B	C	D	E	F	G	H
1	序号	姓名	部门	分公司	工作时间	工作小时	小时报酬	薪水
2	1	杜海涛	软件部	南京	2006/12/24	160	36	5760
3	2	王传华	销售部	西安	2005/7/5	140	28	3920
4	3	殷淼	培训部	西安	2010/7/26	140	21	2940
5	4	杨柳青	软件部	南京	2008/6/7	160	34	5440
6	5	段誉	软件部	北京	2003/7/12	140	31	4340
7	6	谢朝阳	销售部	西安	2007/6/5	140	23	3220
8	7	王磊	培训部	南京	2009/2/26	140	28	3920
9	8	储鹏飞	软件部	南京	2003/4/15	160	42	6720
10	9	陈克强	销售部	北京	2010/2/1	140	28	3920
11	10	朱晓梅	培训部	西安	2010/12/30	140	21	2940
12	11	于正	销售部	西安	2004/8/8	140	23	3220
13	12	赵玲玲	软件部	西安	2010/4/5	160	25	4000

图 4.56　数据清单示例

数据清单的具体创建操作同普通表格的创建完全相同。首先，根据数据清单内容创建表结构(第一行列标题)，然后移到表结构下的第一个空行输入信息，就可把内容添加到数据清单中，完成创建工作。数据清单编辑方法也与普通表格完全相同。

4.7.2　数据清单排序

数据排序是数据管理与分析中一个重要的手段。通过排序可以将表格中的数据按字母顺序、数值大小以及时间顺序进行排序。Excel 在默认排序时是根据单元格中的数据进行排序的。

1. 单条件排序

单条件排序是指将工作表中各行依据某列值的大小，按升序或降序重新排列。例如，对学生成绩表进行按总分进行的降序排列。

单条件排序最简单的方法是选择所依据的数据列中任一单元格为当前单元格，单击“数据”→“排序和筛选”组→“降序”按钮“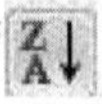”或“升序”按钮“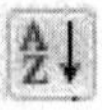”即可实现按指定列的指定方式对数据进行排序。若选择某一列后单击“降序”或“升序”按钮将显示“排序提醒”对话框，如图 4.57 所示。若选择“扩展选定区域”，可将所选区域扩展到周围包含数据的所有列。否则，只有选定列参加排序，其他各列数据保持原位不动，这有可能导致数据错行而引发错误。

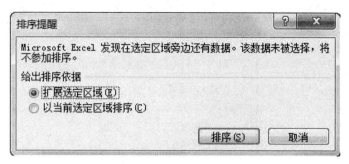

图 4.57 "排序提醒"对话框

2. 多条件排序

按照一列数据进行排序,有时会遇到列中某些数据完全相同的情况,当遇到这种情况时,可根据多列数据进行排序,即多条件排序。多条件排序是指将工作表中的各行按用户设定的多个条件进行排序。例如,对学生成绩表进行按总分进行的降序排列,总分相同的则按平均分的降序排序,平均分仍相同的则按姓名的升序排序。

操作方法为:选择学生成绩工作表数据区中的任一单元格,单击"数据"→"排序和筛选"组→"排序"图标"A↓Z↑",显示如图 4.58 中所示的"排序"对话框,在"排序"对话框中设置主要关键字为"总分",次序为"降序";次要关键字为"平均分",次序为"降序";第二个次要关键字为"姓名",次序为"升序"。

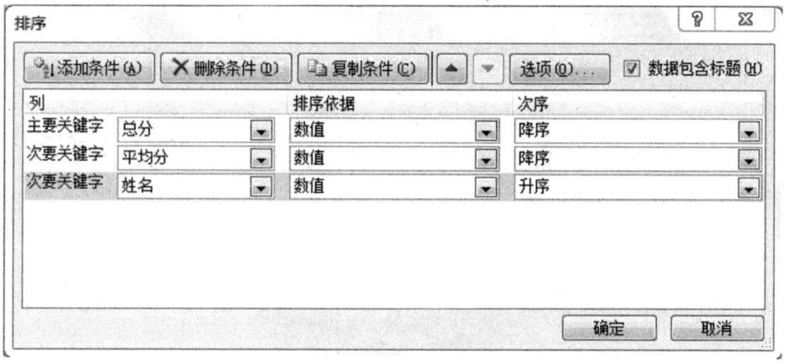

图 4.58 "排序"对话框

其中,主要和次要关键字取自表格的列标题名称(如成绩统计表中的"总分"、"平均分"、"英语"、"数学"…)。"排序依据"的可选项有"数值"、"单元格颜色"、"字体颜色"和"单元格图标"四种,表示按单元格中何种信息排序。"次序"的可选项有"降序"、"升序"和"自定义序列"三种。

默认情况下,"排序"对话框中仅显示一行"主要关键字"。单击"添加条件"按钮"添加条件(A)"可向对话框中添加一行"次要关键字"。单击"删除条件"按钮"删除条件(D)"可以从对话框中移除当前条件行。单击"复制条件"按钮"复制条件(C)"可将当前条件复制成一个新的"次要关键字"行。"▲▼"按钮可调整条件行的排列顺序。单击"选项"按钮将弹出如图 4.59 所示的"排序选项"对话框,通过该对话框可选择排序方向和排序方法。选择"排序"对话框中"数据包含标题"复选框,则系统自动将首行认定为列标题行不参加排序。

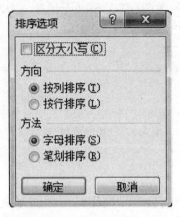

图 4.59 "排序选项"对话框

需要说明的是,如果排序关键字是中文,则按汉语拼音执行排序。排序时首先比较第一个字母,若相同再比较第二个字母,以此类推。

对学生成绩统计表按总分降序排列,对总分相同的,按平均分降序排列,平均分相同的,按姓名升序排列(汉字排序按笔画顺序),排序条件设置和排序效果如图 4.60 所示。

图 4.60 排序条件设置和排序结果

4.7.3 数据筛选

数据筛选是指从工作表包含的众多行中挑选出符合某种条件的一些行的操作方法,其实际上就是一种"数据查询"操作。Excel 2010 支持对工作表进行"自动筛选"和"高级筛选"两种操作。

1. 自动筛选

选择数据区中的任一单元格,单击"数据"→"排序和筛选"组→"筛选"按钮" ",系统将自动在工作表中各列标题右侧添加一个标记" ",单击某列的" "标记将弹出如图 4.61 所示的操作菜单,通过该菜单用户可执行基于当前列的排序和数字筛选操作。用鼠标指向菜单中的"数字筛选"项,在弹出的子菜单中包含了一些用于指定筛选条件的命令,这些命令的右侧多数都带一个"…"标记,表示执行该命令将显示一个对话框。例如执行"介于"命令后显示的对话框,如图 4.62 所示,图中设置的筛选方式表示筛选出学生成绩表中总分大于等于 300 并且小于等于 340 的所有行(记录)。单击"确定"按钮后,工作表中所有不符合条件的行将被隐藏。

 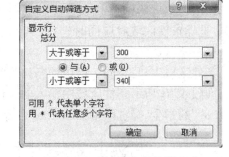

图 4.61 自动筛选操作菜单　　　　图 4.62 自定义自动筛选方式

自动筛选可以重复使用,即可以在前一个筛选结果中再一次执行新条件的筛选。例如,希望筛选出学生成绩中数学和语文成绩都大于 85 的行,可首先筛选出语文大于 80 的行,然后再在筛选结果中筛选出数学大于 85 的行。

再次单击"排序和筛选"组中的"筛选"按钮" ",可取消系统在当前工作表中设置的自动筛选状态,将工作表恢复到原始状态。

2. 高级筛选

与自动筛选不同,执行高级筛选操作时需要在工作表中建立一个单独的条件区域,并在其中输入高级筛选条件。Excel 2010 将"高效筛选"对话框中的单独条件区域用作高级筛选条件的来源。

执行"高级筛选"时,选中工作表数据区中任一单元格,单击"数据"→"排序与筛选"→"高级"按钮" ",将弹出"高级筛选"对话框,如图 4.63 所示。

在"方式"单选按钮组中用户可以选择是要将筛选结果放置在原有区域还是将其放置在其他位置。若选择放置在其他位置则"复制到"栏可用,单击其右侧的折叠对话框按钮

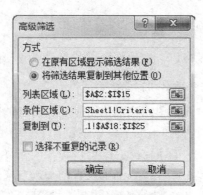

图 4.63 “高级筛选”对话框

“”，在工作表中单击希望显示到的位置的左上角单元格即可。

如果单击“高级”按钮“”时已将当前单元格设置到列表区域中任一单元格，则系统会自动推荐一个用闪烁的虚线框起来的列表区域。接受则可继续操作，否则可拖动鼠标重新选择一个正确的列表区域。列表区域的地址引用会显示到“列表区域”栏中。

单击“条件区域”栏右侧的折叠对话框按钮“”，从对话框返回到工作表，按住鼠标左键拖动选择条件区域后单击展开对话框按钮“”，将条件区域地址引用添加到对话框中。注意，选择条件区域时应同时选择“列标题”（如本例中的“语文”、“数学”、“总分”等）和“条件”（如“>85”、“>380”等）。

条件区域中，写在同一行中的条件是需要同时满足的，写在相同列中的条件满足其一即可。如图 4.64 所示条件区域中输入的条件表示要筛选出“语文>85，并且数学>85，并且总分>380”的学生，筛选结果如图 4.65 所示。

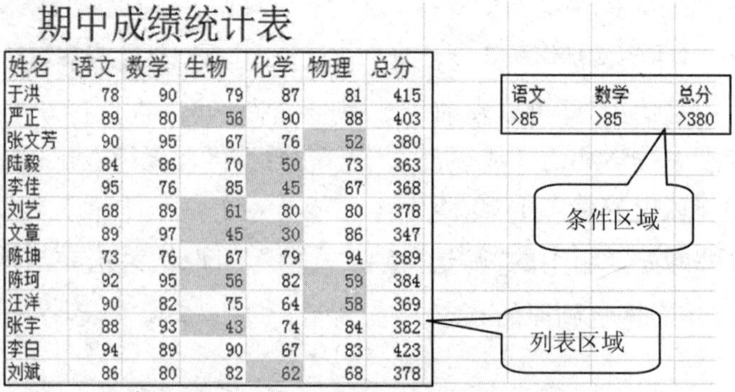

姓名	语文	数学	生物	化学	物理	总分
于洪	78	90	79	87	81	415
严正	89	80	56	90	88	403
张文芳	90	95	67	76	52	380
陆毅	84	86	70	50	73	363
李佳	95	76	85	45	67	368
刘艺	68	89	61	80	80	378
文章	89	97	45	30	86	347
陈坤	73	76	67	79	94	389
陈珂	92	95	56	82	59	384
汪洋	90	82	75	64	58	369
张宇	88	93	43	74	84	382
李白	94	89	90	67	83	423
刘斌	86	80	82	62	68	378

图 4.64 列表区域和条件区域

学号	姓名	语文	数学	生物	化学	物理	总分
201411009	陈珂	92	95	56	82	59	384
201411011	张宇	88	93	43	74	84	382
201411012	李白	94	89	90	67	83	423

图 4.65 高级筛选结果

4.7.4 数据的分类汇总

分类汇总是首先将数据分类(排序),然后再按类进行汇总分析处理,在将数据清单中大量数据明确化和条理化的基础上利用 Excel 提供的函数进行数据汇总。

例如,在工作表中分别统计出所有男生和女生成绩的平均值。其中男生或女生就是"类",而成绩的平均值就是需要进行汇总的字段。进行分类汇总时,首先需要对工作表中的数据按"类"进行排序,且只能对包含数值的字段进行汇总,如求和、求平均值、最大值或最小值等。

以图 4.56 所示的数据清单表为例,若要创建每个分公司人工费用的总支出的分类汇总,操作步骤如下:

1) 首先进行数据分类,即按"分公司"列对员工信息进行排序。

2) 单击"数据"→"分级显示"组→"分类汇总"按钮"",弹出如图 4.66 所示的"分类汇总"对话框。

图 4.66 "分类汇总"对话框

3) 单击"分类字段"下拉列表,从中选择"分公司",该下拉列表框用以设置数据是按哪一列标题进行排序分类的。

4) 单击"汇总方式"下拉列表,从中选择要执行的汇总计算函数,比如这里选择"求和"函数,用以计算整个分公司的人工费用支出。

5) 单击"选定汇总项"列表框中对应数据项的复选框,指定分类汇总的计算对象。例如,需要计算出每个分公司的人工费用的支出,则选中"薪水"。

6) 如需要替换任何现存的分类汇总,则选中"替换当前分类汇总"复选框;如果需要在每组分类之前插入分页符,则选中"每组数据分页"复选框;若选中"汇总结果显示在数据下方"复选框,则在数据组末端显示分类汇总结果,否则汇总结果将显示在数据组之前。

7) 设定完毕后,单击"确定"按钮即可,操作结果如图 4.67 所示。Excel 为每个分类插入了汇总行,在汇总行前加了适当标志,并在选中列上执行设定的计算(如图 4.67 中第 11 行数据的 H 列汇总结果),同时还在该数据清单尾部加入了"总计"行。

注意:要使用分类汇总,数据清单中必须包含带有标题的列,且数据清单必须在要进行

	A	B	C	D	E	F	G	H
1	序号	姓名	部门	分公司	工作时间	工作小时	小时报酬	薪水
2	5	段萱	软件部	北京	2003/7/12	140	31	4340
3	9	陈克强	销售部	北京	2010/2/1	140	28	3920
4	13	郑丽	软件部	北京	2010/7/26	160	30	4800
5	16	吕伟	培训部	北京	2007/6/5	140	27	3780
6	17	杨梅	销售部	北京	2009/2/26	140	29	4060
7	18	刘鹏	销售部	北京	2008/4/15	140	25	3500
8	19	李媛媛	软件部	北京	2004/8/8	160	33	5280
9	20	史磊	软件部	北京	2010/12/30	160	32	5120
10	21	郑浩	软件部	北京	2010/4/5	160	30	4800
11				北京 汇总				39600
12	14	臧天新	销售部	东京	2008/6/7	140	20	2800
13	15	吴浩	销售部	东京	2003/7/12	140	23	3220
14				东京 汇总				6020
15	1	杜海涛	软件部	南京	2006/12/24	160	36	5760
16	4	杨柳青	软件部	南京	2008/6/7	160	34	5440
17	7	王磊	培训部	南京	2009/2/26	140	28	3920
18	8	储鹏飞	软件部	南京	2003/4/15	160	42	6720
19				南京 汇总				21840
20	2	王传华	销售部	西安	2005/7/5	140	28	3920
21	3	殷淼	培训部	西安	2010/7/26	140	21	2940
22	6	谢朝阳	销售部	西安	2007/6/5	140	23	3220
23	10	朱晓梅	培训部	西安	2010/12/30	140	21	2940
24	11	于正	销售部	西安	2004/8/8	140	23	3220
25	12	赵玲玲	软件部	西安	2010/4/5	160	25	4000
26				西安 汇总				20240
27				总计				87700

图 4.67 分类汇总结果

分类汇总的列上排序。

单击汇总行最左边的"—"标记,可折叠工作表中详细数据并仅显示汇总行。单击汇总行最左边的"+"标记可使折叠的工作表恢复成展开状态。

单击"分类汇总"对话框中的"全部删除(R)"按钮可取消已完成的分类汇总(撤销插入的汇总行,使工作表恢复原状)。

4.7.5 数据透视表

数据透视表是一种可以快速汇总大量数据的交互式方法。使用数据透视表可以深入分析数值数据,帮助用户理解这些数据所表达的深层次的问题。也可以将数据透视表看成是一种动态的工作表,它提供了一种以不同角度查看数据的简便方法。

数据透视图是数据透视表的一种直观表示方法,它以图表的方法直观地表示出数据透视表所要表达的信息。

现以某餐厅各连锁店销售业绩表为例介绍数据透视表的创建及使用方法。设某餐厅有三家连锁店,如图 4.68 所示是各连锁店销售人员在各个月份中的销售情况。

若要以此数据清单创建数据透视表,单击"插入"→"表格"组→"插入数据透视表"按钮" ",弹出如图 4.69 所示的"创建数据透视表"对话框。创建数据透视表所需的数据源可以是 Excel 的工作表或工作表的一个区域,也可以是来自外部的数据链接。本例选择当前工作表中的一个区域。

单击对话框中"表/区域"栏右侧的折叠对话框按钮" ",在工作表中选择包括列标题栏在内的数据区域,单击展开对话框按钮" ",返回"创建数据透视表"对话框。在"选择放置数据透视表的位置"选项栏中可以选择将数据透视表放置在新工作表中,也可选择将其

	A	B	C	D	E	F
1	工号	姓名	性别	连锁店	销售额	月份
2	5	叶姗姗	女	三孝口餐厅	570	5
3	5	叶姗姗	女	三孝口餐厅	590	3
4	5	叶姗姗	女	三孝口餐厅	670	1
5	5	叶姗姗	女	三孝口餐厅	730	2
6	5	叶姗姗	女	三孝口餐厅	780	4
7	3	黎明风	男	四牌楼餐厅	800	1
8	3	黎明风	男	四牌楼餐厅	840	4
9	3	黎明风	男	四牌楼餐厅	870	5
10	3	黎明风	男	四牌楼餐厅	880	3
11	3	黎明风	男	四牌楼餐厅	888	2
12	1	高原红	男	曙光餐厅	810	4
13	1	高原红	男	曙光餐厅	820	5
14	1	高原红	男	曙光餐厅	870	2
15	1	高原红	男	曙光餐厅	930	3
16	1	高原红	男	曙光餐厅	1111	1
17	2	柳絮飞	女	三孝口餐厅	780	1
18	2	柳絮飞	女	三孝口餐厅	800	2
19	2	柳絮飞	女	三孝口餐厅	820	5
20	2	柳絮飞	女	三孝口餐厅	900	3
21	2	柳絮飞	女	三孝口餐厅	940	4
22	4	秋生旦	男	曙光餐厅	560	1

图 4.68 源数据清单

图 4.69 "创建数据透视表"对话框

放置在当前工作表的指定位置上。设置完毕后,单击"确定"按钮。

在新创建的工作表中显示如图 4.70 所示的数据透视表占位区,以及图 4.71 所示的数据透视表字段列表对话框。本例将"连锁店"字段拖放到了"报表筛选"栏,"月份"字段拖放到"列标签"栏,"姓名"字段拖放到了"行标签"栏,"销售额"按求和项形式拖放到了"$\sum$ 数值"栏。拖放完成后,在数据透视表占位区将显示如图 4.72 所示的数据透视表。

作为报表筛选项的"连锁店"字段,可以通过单击其右侧的"▼"按钮,从弹出的列表中选择某一连锁店或全部。图 4.72 所示的是选择"曙光餐厅"时数据透视表的情况。列标签控制着数据透视表中显示哪些列,如图 4.73 所示的是仅显示 5 月份时的数据透视表情况。同理,行标签控制着数据透视表中显示哪些行。从图中可以看到处于筛选状态的栏其右侧原来的"▼"按钮将自动变成"▼"样式,只有再次选择了"全部"后方可恢复原状。

数据透视图操作方法与数据透视表操作方法类似,只不过数据透视图是以图形的方式显示分析的结果,并且同时显示数据透视表,如图 4.74 所示。

图 4.70 数据透视表占位区

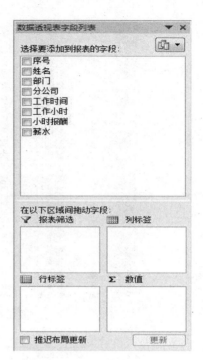

图 4.71 数据透视表字段列表

连锁店	曙光餐厅					
求和项:销售额	月份					
姓名	1	2	3	4	5	总计
白云峰	790	910	750	810	770	4030
蔡圆	800	874	790	890	820	4174
程旭东	510	800	770	800	890	3770
高原红	1111	870	930	810	820	4541
秋生月	560	760	800	810	790	3720
总计	3771	4214	4040	4120	4090	20235

图 4.72 在占位区生成的透视表

1	连锁店	曙光餐厅	
2			
3	求和项:销售额	月份	
4	姓名	5	总计
5	白云峰	770	770
6	蔡圆	820	820
7	程旭东	890	890
8	高原红	820	820
9	秋生月	790	790
10	总计	4090	4090

图 4.73 筛选月份

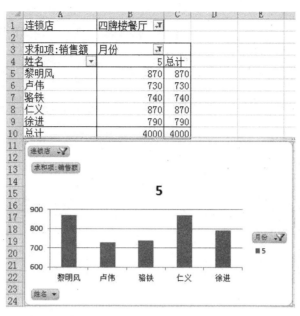

图 4.74　数据透视图

4.7.6　数据有效性设置和数据合并计算

Excel 2010 还提供了多种数据工具，如合并运算、删除重复项和数据有效性等工具，通过它们也可以对数据进行管理。

1. 合并计算

若要汇总和报告多个单独工作表中数据的结果，可以将每个单独工作表中的数据合并计算到一个主工作表中。所合并的工作表可以与主工作表位于同一个工作簿中，也可以位于其他工作簿中。如果在一个工作表中对数据进行合并计算，则可以更加轻松地对数据进行定期或不定期的更新和汇总。

例如，有华东两个区销售情况的统计表，则可使用合并计算将两个表中的数据合并到华东区销售总表中。

本节以一个例子介绍按位置进行合并计算的操作方法。按位置进行合并计算适用于当多个源区域中的数据按照相同的顺序排列并使用相同的行和列标签时。

设某商贸城在华东一区和华东二区都有商品销售并建有销售情况统计表，并单独保存在一个 Excel 工作簿中，两个 Excel 文件的名称分别为"华东一区销售情况统计表.xlsx"、"华东二区销售情况统计表.xlsx"，两个工作簿中的工作表都是按相同的格式编制的。在 Excel 2010 中创建一个名为"华东区销售总表.xlsx"的 Excel 文件，其格式编制与各个区统计表格式也基本相同，如图 4.75 所示。

选择汇总表中的 D3 单元格（要计算汇总数据的第一个单元格），单击"数据"→"数据工具"组→"合并计算"按钮" "，弹出如图 4.76 所示的"合并计算"对话框。

在"函数"下拉列表框中列出了用于合并计算的所有函数类型（求和、计数、平均值、最大

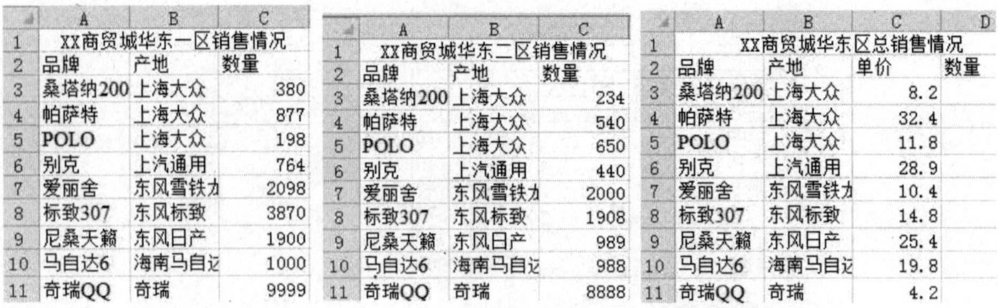

	A	B	C
1	XX商贸城华东一区销售情况		
2	品牌	产地	数量
3	桑塔纳200	上海大众	380
4	帕萨特	上海大众	877
5	POLO	上海大众	198
6	别克	上汽通用	764
7	爱丽舍	东风雪铁カ	2098
8	标致307	东风标致	3870
9	尼桑天籁	东风日产	1900
10	马自达6	海南马自过	1000
11	奇瑞QQ	奇瑞	9999

	A	B	C
1	XX商贸城华东二区销售情况		
2	品牌	产地	数量
3	桑塔纳200	上海大众	234
4	帕萨特	上海大众	540
5	POLO	上海大众	650
6	别克	上汽通用	440
7	爱丽舍	东风雪铁カ	2000
8	标致307	东风标致	1908
9	尼桑天籁	东风日产	989
10	马自达6	海南马自过	988
11	奇瑞QQ	奇瑞	8888

	A	B	C	D
1	XX商贸城华东区总销售情况			
2	品牌	产地	单价	数量
3	桑塔纳200	上海大众	8.2	
4	帕萨特	上海大众	32.4	
5	POLO	上海大众	11.8	
6	别克	上汽通用	28.9	
7	爱丽舍	东风雪铁カ	10.4	
8	标致307	东风标致	14.8	
9	尼桑天籁	东风日产	25.4	
10	马自达6	海南马自过	19.8	
11	奇瑞QQ	奇瑞	4.2	

图 4.75　三个 Excel 文件中的内容

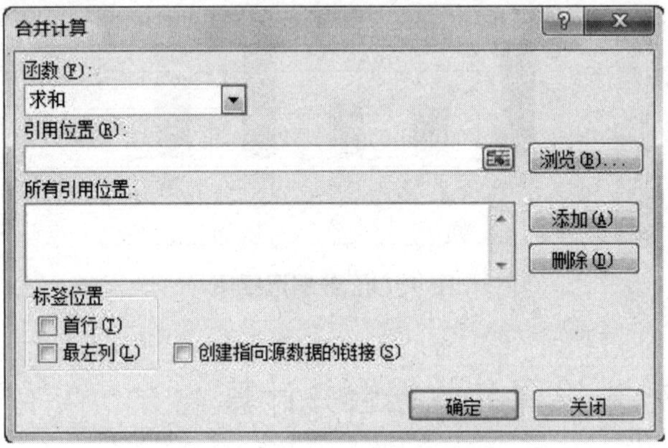

图 4.76　“合并计算”对话框

值、最小值等等)。本例需要统计销售数量,选择了默认的“求和”,表示一区和二区的销售数量求和,得到华东区总的销售数量。单击“引用位置”栏右侧的折叠对话框按钮“ ”,选择已打开的“华东一区销售情况统计表. xlsx”,在工作表 Sheet1 中选择桑塔纳 2000 的销售数量为数据区,选择完毕后单击“ ”,对话框如图 4.77 所示。重复上述操作,将华东二区的销售数量添加到“所有引用位置”栏中,最后单击“确定”按钮得到如图 4.78 所示的结果,其他商品的销售数量汇总方法相同。本例中原始数据区都是通过鼠标单击选择的,要求相关 Excel 工作簿文件必须处于打开状态。

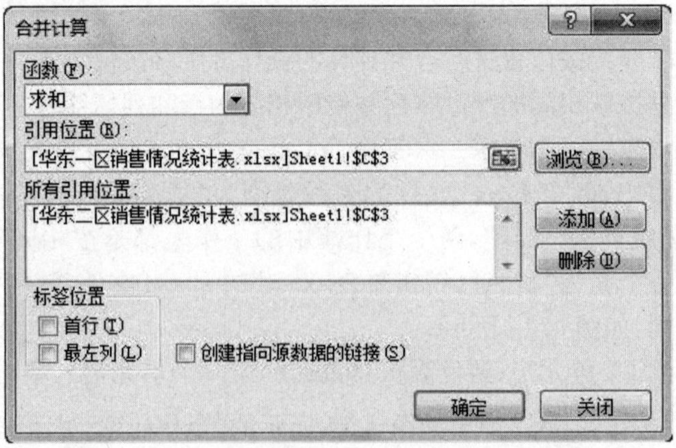

图 4.77　将华东一区数据添加到所有引用位置栏

	XX商贸城华东区总销售情况			
1				
2	品牌	产地	单价	数量
3	桑塔纳200	上海大众	8.2	614
4	帕萨特	上海大众	32.4	1417

图 4.78　合并计算结果

若上述例子中的三个工作表位于同一个工作簿中,操作方法一样,只是在选中添加数据到所有引用位置时直接单击相应的工作表,然后再单击选择相应的单元格即可。汇总一种商品的销售数量后,还可以通过自动填充功能汇总其他商品的销售数量。

2. 数据有效性设置

在工作表中输入数据时为了获得正确的计算结果,确保输入有效的数据也是一项很重要的任务。通过设置数据的有效性可以将输入数据限制在某个范围。如果用户输入了无效数据,系统会自动提示用户核对输入的数据并清除相应无效的数据。

例如,一般成绩范围在 0~100 之间,性别只有男和女,所以下面练习在学生成绩表中设置数据的有效性介于 0~100 之间,性别只能在男和女中取。

打开学生成绩表,选择工作表中需要输入成绩的单元格或区域,单击"数据"→"数据工具"组→"数据有效性"按钮" ",打开"数据有效性"对话框。单击"设置"选项卡,在"允许"下拉列表中选择"整数"选项,在"数据"下拉列表中选择"介于"选项,在"最小值"和"最大值"参数框中分别输入 0 和 100,如图 4.79 所示。

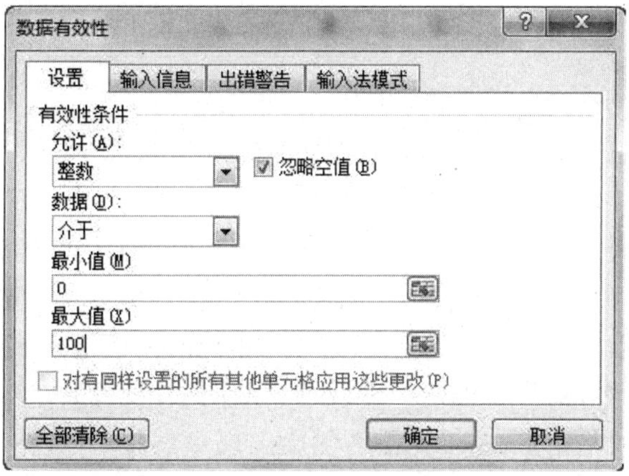

图 4.79　"数据有效性"对话框

单击"输入信息"选项卡,在"标题"文本框中输入"请输入有效数字",在"输入信息"文本框中输入提示信息"请输入 0 到 100 直接的整数",设置后的输入提示信息如图 4.80 所示。

单击"出错警告"选项卡,在"样式"下拉列表中选择"警告"选项,在"标题"文本框中输入"错误数字",在"错误信息"文本框中输入"你输入的数字不在设置范围内,请重新输入!",设置后的出错警告信息如图 4.81 所示。

将鼠标指针移动到工作表中需要输入成绩的单元格中,弹出之前设置的提示信息,提示输入有效数字。在单元格中输入超过 100 的数字,将弹出之前设置的警告信息,提示输入的数字错误。

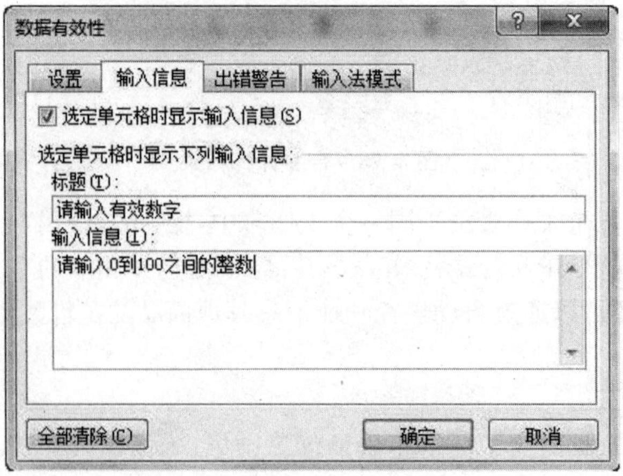

图 4.80 设置输入提示信息

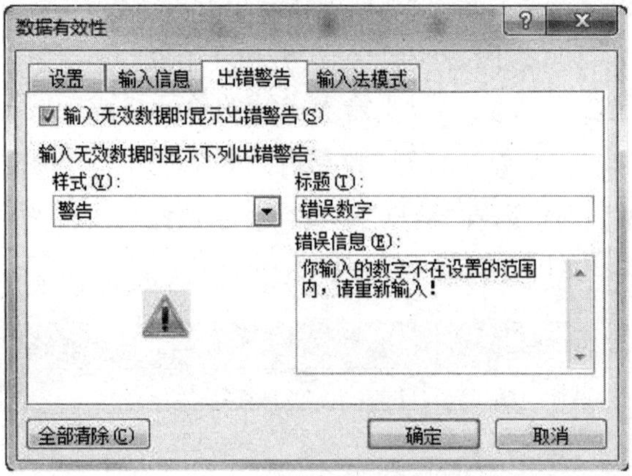

图 4.81 设置出错警告信息

设置性别所在列的单元格只能取"男"或"女"的方法与前述设置成绩的有效范围方法类似,只是"设置"选项卡中设置的具体内容不同而已,其他设置方法一样。在选择需要输入性别的单元格区域,在"数据有效性"→"设置"选项卡的"允许"下拉列表中选择"序列"选项,在"来源"文本框中输入"男,女",其他选项卡设置方法同上,设置后单击"确定"按钮。选中工作表中输入性别列中的单元格,在单元格右侧会出现一个"▼"按钮,单击该按钮将出现包含"男"和"女"两个选项的下拉列表可供选择,不能输入其他值。

4.8 图　　表

Excel 2010 提供了 11 种标准图表、二十多种系统内部图表类型和自定义图表类型,有二维图表和三维图表,每种类型又有若干种子类型。通过创建图表可以使工作表中的数据能以更加直观的形式表示出数据差异、预测变化趋势及各类数据之间的关系。

Excel 2010 中常见的图表类型中较常用的有柱形图、折线图、饼图、面积图、条形图等。

柱形图:用于显示一段时间内的数据变化或显示各项数据之间的差异。在柱形图中,通常沿水平轴组织类别,沿垂直轴组织数据。

折线图:用于显示随时间变化(根据常用比例设置)而变化的连续数据,并且非常适用于显示在相等时间间隔下数据的趋势。在折线图中,类别数据沿水平轴均匀分布,值数据沿垂直轴均匀分布。

饼图:用于显示一个数据系列中各项数据占各项数据总和的比例。饼图中的数据点显示百分比值。

面积图:用于强调数量随时间而变化的程度,也可用于引起人们对数据趋势的注意。例如,表示随时间而变化的销售额的数据可以绘制在面积图中以强调总销售额。

4.8.1 图表的组成元素

Excel 2010 中图表的主要元素及说明如下。

图表区:是图表工作的区域,它含有构成图表的全部对象,可理解为一块画布。

绘图区:在二维图表中,是指通过轴来界定的区域,包括所有数据系列。在三维图表中,同样是指通过轴来界定的区域,包括所有数据系列、分类名、刻度线标志和坐标轴标题。

数据系列:在图表中绘制的相关数据点,这些数据来源自数据表的行或列。

坐标轴:界定图表绘图区的线条,用作度量的参照框架。Y 轴通常为垂直坐标轴并包含数据。X 轴通常为水平坐标轴并包含分类。

标题:图表标题是说明性的文本,可以自动与坐标轴对齐或在图表顶部居中。

数据标签:为数据标记提供附件信息的标签,数据标签代表源于数据表单元格的单个数据点或值。

图例:图例用于说明图表中某种颜色或图案所代表的数据系列或分类。

图表的各组成元素如图 4.82 所示。

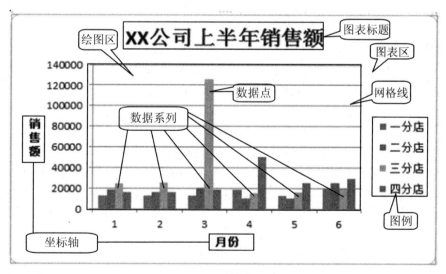

图 4.82　图表的组成

4.8.2 建立图表

在 Excel 2010 中创建了学生成绩工作表,下面通过使用工作表中现有数据创建二维柱形图图表为例介绍图表创建的一般方法。

在 Excel 2010 的"插入"选项卡的"图表"组中可以看到有众多的图表类型。单击这些图标,又会显示出一些子类型列表,如图 4.83 所示。

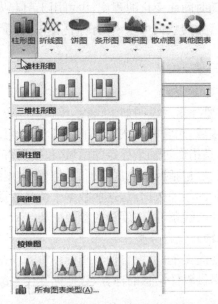

图 4.83　图表类型及柱形图子类型列表

创建图表的操作方法如下:

1. 选择作为图表区数据源的数据区域

在工作簿中,可以用鼠标选取连续的区域,可以配合键盘上的"Ctrl"键选取不连续的区域。在选取区域时,最好包括那些表明图表中数据系列名称和类名的标题。本例中选择"姓名"、"数学"、"语文"、"计算机"四列的数据。

2. 选择图表类型

单击"插入"→"图表"组中要使用的图表类型,再单击图表子类型。本例选择"柱形图",在弹出的各类柱形图样式列表中选择"二维柱形图"中的第一个样式"簇状柱形图"。选择完毕后,系统在工作表的空白位置插入了一个图表,同时自动进入如图 4.84 所示"图表工具"中的"设计"选项卡。

3. 使用"图表工具"更改图表的布局或样式

Excel 提供了多种有用的预定义布局和样式供用户选择,用户还可以利用"图表工具"中的"设计"、"布局"、"格式"选项卡上各个功能组中的命令,手动更改图表的设计、布局和格式。在"设计"选项卡中用户可以进行"更改图表类型"、将当前设计"另存为模板"、选择数据

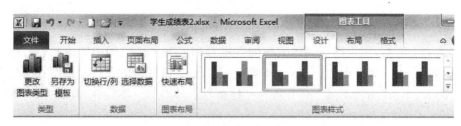

图 4.84 "图表工具"中的"设计"选项卡

等操作，也可选择喜欢的图表布局和图表样式。本例选择的是"图表样式"中的"样式 2"。单击"数据"组中的"选择数据"按钮弹出"选择数据来源"对话框，在对话框中单击"图表数据区域"栏右侧的按钮，可在工作表中选择需要参加图表的数据区域。

4. 添加或删除标题或数据标签

为了增加图表的可读性，可添加图表标题、坐标轴标题和数据标签。图表标题是说明性文本，通常放在图表顶部居中位置。数据标签用来给图表中的数据系列增加说明性文字，不同类型的图表，其他数据标签形式有所不同。

(1) 添加图表标题

单击"图表工具"→"布局"→"标签"组→"图表标题"→"居中覆盖标题"或"图表上方"。

在图表中显示的"图表标题"文本框中输入所需的标题文本。若要设置文本的格式，选择文本，单击"开始"→"字体"组中的命令进行设置。

(2) 添加坐标轴标题

单击"图表工具"→"布局"→"标签"组→"坐标轴标题"。

单击"主要横坐标轴标题"，向主要横(分类)坐标轴添加标题。

单击"主要纵坐标轴"，向主要纵(值)坐标轴添加标题。

单击"竖坐标轴标题"，向竖(系列)坐标轴添加标题，此项仅在图表是三维图表时才可以使用。

(3) 添加数据标签

向所有数据系列的所有数据点添加数据标签，单击图表区。

向一个数据系列的所有数据点添加数据标签，单击该数据系列中需要添加标签的任意位置。

向一个数据系列中的单个数据点添加数据标签，单击包含要标记的数据点系列，然后再单击要标记的数据点。

单击"图表工具"→"布局"→"标签"组→"数据标签"，然后单击需要的显示项，如"居中"或"数据标签外"即可。

(4) 删除图表中的标题或数据标签

选择"图表工具"→"布局"→"标签"组，执行下列操作之一：

删除图表标题：单击"图表标题"→"无"。

删除坐标轴标题：单击"坐标轴标题"→"无"。

删除数据标签：单击"数据标签"→"无"。

5. 显示或隐藏图例

图例是一个方框,用于标识为图表中的数据系列或分类指定的图案或颜色。创建图表时,会显示图例,也可以在图表创建完毕后隐藏图例或更改图例的位置。操作方法如下:

单击图表,单击"图表工具"→"布局"→"标签"组→"图例",然后在弹出的菜单中执行下列操作之一:

1)隐藏图例:单击"无"。若要快速删除某个图例或图例项,可以选择该图例或图例项,按"Del键"。还可以右键单击该图例或图例项,然后在快捷菜单中选择"删除"命令。

2)显示图例:单击所需的显示图例选项,如"在右侧显示图例"或"在底部显示图例"等。

3)查看其他选项:单击"其他图例选项",弹出图4.85所示的"设置图例格式"对话框,在该对话框中可以对图例的格式进行详细的设置。

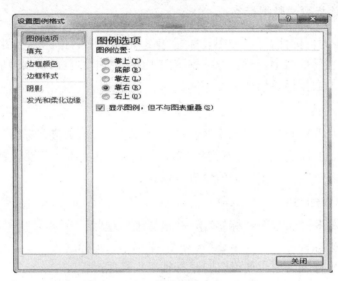

图 4.85 "设置图例格式"对话框

6. 显示或隐藏图表坐标轴或网格线

(1)显示或隐藏主要坐标轴

选择图表,单击"图表工具"→"布局"→"坐标轴"组→"坐标轴",然后执行下列操作之一:

显示坐标轴:单击"主要横坐标轴"、"主要纵坐标轴"或"竖坐标轴"(在三维图表中),然后单击所需的坐标轴显示选项。

隐藏坐标轴:单击"主要横坐标轴"、"主要纵坐标轴"或"竖坐标轴"(在三维图表中),然后单击"无"。

指定详细的坐标轴显示和刻度选项:单击"主要横坐标轴"、"主要纵坐标轴"或"竖坐标轴"(在三维图表中),然后单击"其他主要横坐标轴选项"、"其他主要纵坐标轴选项"或"其他竖坐标轴选项"。

(2)显示或隐藏网格线

选择图表,单击"图表工具"→"布局"→"坐标轴"组→"网格线",然后执行下列操作之一：

添加横网格线：指向"主要横网格线"，然后单击所需的选项。如果图表有次要水平轴，还可以单击"次要网格线"。

添加纵网格线：指向"主要纵网格线"，然后单击所需选项。如果图表有次要垂直轴，还可以单击"次要网格线"。

在三维图表中添加竖网格线：指向"竖网格线"，然后单击所需选项。此选项仅在所选图表是三维图表时才可用。

隐藏图表网格线：指向"主要横网格线"、"主要纵网格线"或"竖网格线"（三维图表上），然后单击"无"。如果图表有次要坐标轴，还可以单击"次要横网格线"或"次要纵网格线"，然后单击"无"。

删除图表网格线：选择网格线，按"Del"键即可。

7. 移动图表或调整图表的大小

图表创建后可以将图表移动到工作表中的任意位置，或移动到新工作表或现有工作表。也可以将图表更改为合适的大小。

移动图表，只要将图表拖动到所需位置即可。调整图表的大小，只要单击图表，然后拖动尺寸控制点，将其调整为所需大小即可；或者在"格式"→"大小"组→"高度"和"宽度"框中直接输入图表的尺寸。

8. 确定图表位置

新创建的图表默认为嵌入式图表，结果如图 4.86 所示。

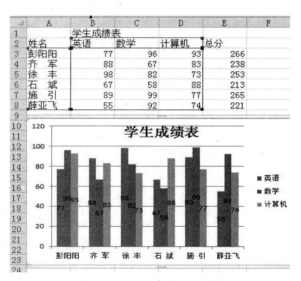

图 4.86　创建的嵌入式图表

若要将创建好的嵌入式图表转换成独立的图表，或者将独立图表转换成嵌入式图表，只需先选中图表，单击"图表工具"→"设计"→"位置"组→"移动图表"按钮，或者右键单击图表，选择"移动图表"命令，则弹出如图 4.87 所示的对话框，选择"新工作表"单选按钮，单击"确定"按钮，则将图表作为新工作表插入工作簿中。

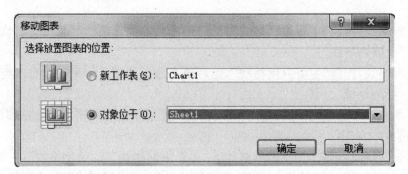

图 4.87 "移动图表"对话框

4.8.3 编辑图表

对已创建好的图表可以进行修改和美化,修改的对象可以是整个图表,也可以是各个图表元素。图表修改也遵循"先选中,后操作"的原则。对图表常见的修改操作如下。

1. 图表类型的改变

选中图表,单击"图表工具"→"设计"→"类型"组→"更改图表类型"按钮,或者右键单击图表,选择"更改图表类型"命令,弹出如图 4.88 所示的"更改图表类型"对话框,在该对话框中选择所需的图表类型和子类型即可。

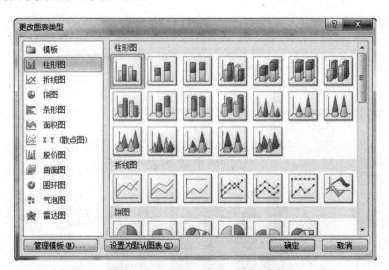

图 4.88 "更改图表类型"对话框

2. 图表中数据的编辑

图表创建之后,图表和工作表的数据区域之间就建立了联系。当工作表中的数据发生变化时,图表中的对应数据也将自动更新。

(1) 删除数据系列

要删除图表中的数据系列,只需选中相应的数据系列,按"Del"键即可删除。

(2) 向图表中添加数据系列

在工作表中选择要增加到图表上的数据系列,接着按"Ctrl+C"键复制选中的数据,在图表区按"Ctrl+V"键粘贴数据,即可在图表中添加一个数据系列。

添加数据系列也可单击"图表工具"→"设计"→"数据"组→"选择数据"按钮,在"选择数据源"对话框中通过"添加"按钮实现,操作方法与前述选择数据源区域类似。

(3) 图表中数据系列次序的调整

为了突出数据系列之间的差异或相似,可以对图表中的数据系列重新排列。操作如下:

选中图表,选中一个数据系列,打开"选择数据源"对话框,如图 4.89 所示。在对话框中选中要更改次序的数据系列名称,再在对话框中单击"上移"和"下移"按钮进行调整。单击"确定"按钮完成操作。

图 4.89 "选择数据源"对话框

3. 图表中文字的编辑

文字编辑是指在图表中增加、修改和删除说明性文字,以便更好地说明图表的有关内容。

(1) 增加图表标题、坐标轴标题和数据标签

前已详述,此处不再重复。

(2) 突出指定数据

对图表中某一主要数据,若要予以重点说明,可利用绘图工具增加一些说明文字和图形。

4. 对图表常见的修饰美化操作

(1) 修饰文本

在图表区域的空白处单击右键,选择"字体"命令,在"字体"对话框中可重新设置整个图表区域的字体、大小和颜色等信息。

(2) 填充与图案

选中某区域,在"图表工具"→"格式"→"形状样式"组中利用"边框样式"、"边框颜色"和

"阴影"等标签,可以设置边框线的样式、颜色和粗细,为该区域设置特殊的阴影效果等。

(3) 对齐方式

对于包含文字内容的对象,其格式对话框(如"设置坐标轴格式"对话框)中一般会包括"对齐方式"标签,可以控制文字的对齐方式,以实现坐标轴上标注文字的各种样式。

(4) 数字格式

用户也可以对图表中的数字进行格式化。例如,鼠标指向 Y 轴上的数字双击鼠标,这时会显示"设置坐标轴格式"对话框,在其中单击"数字"→"类别"列表中选择所需的数字类别(如"货币"类),在右边的列表中选择所需的格式(如负数表示),单击"关闭"按钮即可。

(5) 图案

用鼠标双击某一数据系列,在弹出的"设置数据系列格式"对话框中,选择"填充"标签,在其中可设置填充颜色和图案。

(6) 图形化图表

图表使数值数据图形化,用户还可以使用 Excel 自带的绘图工具,在图表上绘制图形对象,使图表更加生动直观。如单击"图表工具"→"布局"→"插入"组→"形状"按钮,可插入各种形状的图形到图表中。

4.9 打印工作表

Excel 2010 提供了强大的工作表或工作簿打印功能。用户可以通过"页面布局"视图和"页面布局"选项卡,查看和调整页面布局情况,设置页边距、纸张方向、纸张大小、打印区域、添加分隔符等。在"文件"选项卡的"打印"组中可以查看打印预览效果,设置需要的打印页面范围,执行打印输出等。在 Excel 2010 中打印工作簿、工作表或图表的步骤一般是:选中打印对象、分面设置、页面设置、打印预览、打印输出结果。

4.9.1 设置页面布局

在打印工作表之前需要对工作表的格式和页面布局进行调整,或者采用必要的措施以避免常见的打印问题。在 Excel 2010 中,用户可以通过"页面布局"选项卡提供的功能或进入"页面布局"视图完成工作表打印前的设置和准备。

2. 使用"页面布局"视图

Excel 2010 提供的"页面布局"视图类似于 Word 的"页面视图",在该视图中系统以"所见即所得"的方式显示工作表及打印页面之间的关系(页边距、页眉/页脚、数据区在页面中的位置等)。在打印工作表之前,可以在"页面布局"视图中快速对其进行微调,方便地更改数据的布局和格式。单击状态栏右侧视图栏中的"页面布局"按钮"▢",可切换到"页面布局"视图。若要切换回"普通"视图,单击视图栏中上的"普通"视图按钮"▦"即可。

2. 使用"页面布局"选项卡

单击功能区中的"页面布局"选项卡,图 4.90 是该选项卡内的各功能按钮。其中与"打印"功能关系最为密切的是"页面设置"组中提供的各项功能。

图 4.90 "页面布局"选项卡

(1) 设置打印页边距

单击"页面布局"→"页面设置"→"页边距"按钮" ",在弹出的快捷菜单中列出了"普通"、"宽"、"窄"和系统推荐的"上次的自定义边距"四种模式,而且给出了每种模式下的上、下、左、右、页眉、页脚的具体设置值。若这些模式均不符合用户的需求,可单击菜单中"自定义边距",弹出如图 4.91 所示的"页面设置"→"页边距"选项卡,用户可根据实际需要设置页边距。

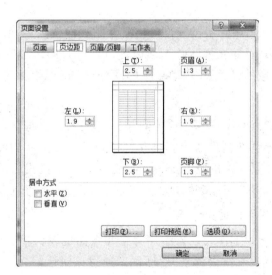

图 4.91 "页面设置"对话框的"页边距"选项卡

(2) 设置打印纸张方向

单击"页面布局"→"页面设置"组→"纸张方向"→选择"纵向"或"横向"的打印纸张。

(3) 设置打印纸张类型

单击"页面布局"→"页面设置"组→"纸张大小"按钮,弹出下拉菜单中系统列出了一些常用的纸张类型(如 A3、A4、B3、B5 等)供用户选择。若没有希望使用的纸张类型,可单击菜单中"其他纸张大小",弹出图 4.92 所示的"页面设置"→"页面"选项卡,以便根据实际需要的纸张类型设置。

图 4.92 "页面设置"对话框的"页面"选项卡

(4) 设置打印区域

Excel 2010 允许用户将工作表的一部分或某个图表设置为单独的打印区域。选择希望打印的区域或图表,单击"页面布局"→"页面设置"组→"打印区域"→"设置打印区域"命令即可。若要取消打印区域的设置,单击菜单中的"取消打印区域"即可。

(5) 设置分隔符

单击"页面布局"→"页面设置"组→"分隔符"→"插入分页符",可以向当前单元格上方添加一个"分页符",使分页符之后的内容自动打印到下一页。将当前单元格选定到分页符下方的任一单元格,选择菜单中的"删除分页符"命令可取消已设置的分页。选择菜单中的"重设所有分页符"命令,可使工作表恢复到初始状态(不再包含任何分页符)。

(6) 设置打印背景图片和页面标题

Excel 2010 允许用户为工作表设置图片背景和页面标题。单击"页面布局"→"页面设置"组→"背景"按钮,显示"工作表背景"对话框。通过该对话框,用户可选择一幅合适的图片作为工作表的背景。需要说明的是,插入到工作表中的背景图片只能显示,不能打印。若需要将其作为打印对象,需要将图片插入到页面或页脚区域中。

单击"页面布局"→"页面设置"组→"打印标题"按钮,显示如图 4.93 所示的"页面设置"→"工作表"选项卡,在"打印标题"栏中可以选择工作表中的文字作为每页都自动出现的打印标题(顶端标题和左端标题)。

4.9.2 设置页眉页脚

在图 4.91 所示的"页面设置"对话框中,单击"页眉→页脚"选项卡,进入页眉页脚设置对话框。单击"页眉"或"页脚"下拉列表框,就可以在其中选择一种页眉或页脚的格式;选择

图 4.93 设置打印标题

"无"表示删除页眉或页脚。也可以单击"自定义页眉"或"自定义页脚"按钮创建一种新的页眉或页脚的格式。格式设置好后,可在"页眉"框和"页脚"框中查看效果。

4.9.3 打印工作簿

单击"文件"→"打印",将弹出如图 4.94 所示的打印设置界面。通过该界面,用户可以完成打印工作的最后一些设置选项。

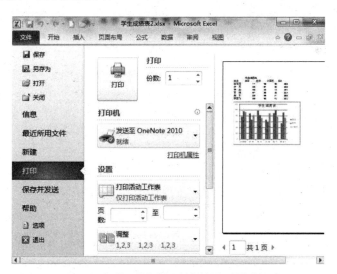

图 4.94 "文件"选项卡中的"打印"选项

在"打印"栏中可以设置本次需要打印的文件份数(默认为 1 份)。单击"打印"按钮可以将文档发送至打印机打印输出。

如果计算机连接有多台打印机,则还可以在"打印机"栏选择使用哪一台打印机打印文档。

在"设置"栏可以实现下列设置：

1）设置本次打印的是"活动工作表"、"整个工作簿"还是"选定的打印区域"。
2）设置打印的页码范围是从第多少页到第多少页。
3）设置打印纸张的方向是"纵向"还是"横向"。
4）设置使用何种打印纸张（默认为 A4 打印纸）。
5）设置使用页边距的状态为"普通"、"宽"、"窄"还是使用"上一个自定义边距设置"。
6）设置打印时是否对工作表执行缩放操作。可选项有："无缩放"、"将工作表调整为一页"、"将所有列调整为一页"、"将所有行调整为一页"或"自定义缩放"菜单调出"页面设置"对话框，帮助用户在"页面"选项卡中使用自定义的缩放比例。

在打印预览区的右下角有"显示边距"和"缩放到页面"两个按钮。单击"显示边距"按钮，可以将页边距指示线显示到屏幕上，使用户可以通过拖动这些边距指示线来改变页边距的设置值。选择"缩放到页面"按钮，可以将所有打印内容缩放到一页之中。

第 5 章　演示文稿制作软件 PowerPoint 2010

PowerPoint 2010 是 Microsoft 公司推出的办公软件 Office 2010 系列软件的一个组件。使用 Microsoft PowerPoint 2010,你可以使用比以往更多的方式创建动态演示文稿并与观众分享。新增音频和可视化功能可以帮助你讲述一个简洁的电影故事,该故事既易于创建又极具观赏性。此外,PowerPoint 2010 可使你与其他人员同时工作或联机发布你的演示文稿并使用 Web 或 Smartphone 从几乎任何位置访问它。

5.1　PowerPoint 2010 新特性

1. 为演示文稿带来更多活力和视觉冲击

应用成熟的照片效果而不使用其他照片编辑软件程序可节省时间和金钱。通过使用新增和改进的图像编辑和艺术过滤器,如颜色饱和度和色温、亮度和对比度、虚化、画笔和水印,将你的图像变成引人注目的、鲜亮的图像。

2. 与他人同步工作

你可以同时与不同位置的其他人合作完成同一个演示文稿。当你访问文件时,可以看到谁在与你合著演示文稿,并在保存演示文稿时看到他们所作的更改。对于企业和组织,与 Office Communicator 集合可以查看作者的联机状态,并可以与没有离开应用程序的人轻松启动会话。

3. 添加个性化视频体验

在 PowerPoint 2010 中直接嵌入和编辑视频文件。方便的书签和剪裁视频仅显示相关节。使用视频触发器,可以插入文本和标题以引起访问群体的注意。还可以使用样式效果(如淡化、映像、柔化棱台和三维旋转)帮助你迅速引起访问群体的注意。

4. 想象一下实时显示和说话

通过发送 URL 即时广播 PowerPoint 2010 演示文稿以便人们可以在 Web 上查看你的演示文稿。访问群体将看到体现你设计意图的幻灯片,即使他们没有安装 PowerPoint 也没有关系。你还可以将演示文稿转换为高质量的视频,通过使用电子邮件、Web 或 DVD 与所有人分享。

5. 从其他位置在其他设备上访问演示文稿

将演示文稿发布到 Web，从计算机或 Smartphone 上联机访问、查看和编辑。使用 PowerPoint 2010，你可以按照计划在多个位置和多个设备完成这些操作。

Microsoft PowerPoint Web 应用程序，将 Office 体验扩展到 Web 并享受全屏、高质量复制的演示文稿。当你离开办公室、家或学校时，创建然后联机存储演示文稿，并通过 PowerPoint Web 应用程序编辑工作。

6. 使用美妙绝伦的图形创建高质量的演示文稿

你不必是设计专家也能制作专业的图表。使用数十个新增的 SmartArt 布局可以创建多种类型的图表，例如组织系统图、列表和图片图表。将文字转换为令人印象深刻的可以更好的说明你想法的直观内容。创建图表就像键入项目符号列表一样简单，或者只需单击几次就可以将文字和图像转换为图表。

7. 用新的幻灯片切换和动画吸引访问群体

PowerPoint 2010 提供了全新的动态切换，如动作路径和看起来与在 TV 上看到的图形相似的动画效果。轻松访问、发现、应用、修改和替换演示文稿。

8. 更高效地组织和打印幻灯片

通过使用新功能的幻灯片轻松组织和导航，这些新功能可帮助你将一个演示文稿分为逻辑节或与他人合作时为特定作者分配幻灯片。这些功能允许你更轻松地管理幻灯片，例如只打印你需要的节而不是整个演示文稿。

9. 更快地完成任务

PowerPoint 2010 简化了访问功能的方式。新增的 Microsoft Office Backstage 视图替换了传统的文件菜单，只需几次点击即可保存、共享、打印和发布演示文稿。通过改进的功能区，你可以快速访问常用命令，创建自定义选项卡，个性化你的工作风格体验。

10. 跨越沟通障碍

PowerPoint 2010 可帮助你在不同的语言间进行通信，翻译字词或短语，为屏幕提示、帮助内容和显示设置各自的语言。

5.2 初识 PowerPoint 2010

5.2.1 PowerPoint 2010 的启动与退出

PowerPoint 2010 的启动与退出方法和其他 Windows 应用程序的启动和退出方法完全一致，下面介绍几种常用的启动和退出 PowerPoint 2010 的方法。

1. PowerPoint 2010 的启动

(1) 常规启动

"常规启动"是在 Microsoft Windows 系列操作系统中最常用的启动方式,即从开始菜单启动。具体方法为:单击"开始"→"所有程序"→"Microsoft Office"→"Microsoft Office PowerPoint 2010"。如图 5.1 所示。

图 5.1　从"开始"菜单打开 PowerPoint 2010

(2) 快捷启动方式

快捷启动方式简单便捷,只需双击桌面上 PowerPoint 2010 的快捷图标" "即可启动 Power Point 2010。

(3) 通过现有演示文稿启动

用户在创建并保存了 Power Point 演示文稿后,可以通过已有的演示文稿启动 Power-Point。在"Windows 资源管理器"或者"我的电脑"中用鼠标双击后缀为".pptx"的文件,便会在启动 PowerPoint 2010 的同时打开该文件。

(4) 创建新文档启动

当用户的计算机上成功安装了 Microsoft Office 2010 后,在计算机中的文件夹下空白区域单击鼠标右键,会出现如图 5.2 所示的快捷菜单。我们可以选择"新建"→"Microsoft PowerPoint 演示文稿"命令,在当前文件夹中创建一个名为"新建 Microsoft PowerPoint 演示文稿.pptx"的文件。此时可以重命名该文件,然后双击,Windows 会自动调用 Power Point 2010 并打开该文件。

2. PowerPoint 2010 的退出

1) 单击标题栏右上的"关闭"按钮" "。

2) 双击标题栏左侧的" "符号。

3) 单击功能区中"文件"→"退出",如图 5.3 所示。

图 5.2　新建 PowerPoint 2010 文档　　　　图 5.3　"文件"选项卡

4) 按组合键"Alt＋F4"。

5.2.2　PowerPoint 2010 窗口的组成

启动 PowerPoint 2010 后将进入其工作界面，熟悉其工作界面各组成部分是制作演示文稿的基础。PowerPoint 2010 工作界面是由标题栏、"文件"菜单、功能选项卡、快速访问工具栏、功能区、"幻灯片→大纲"窗格、幻灯片编辑区、备注窗格和状态栏等部分组成，如图 5.4 所示。

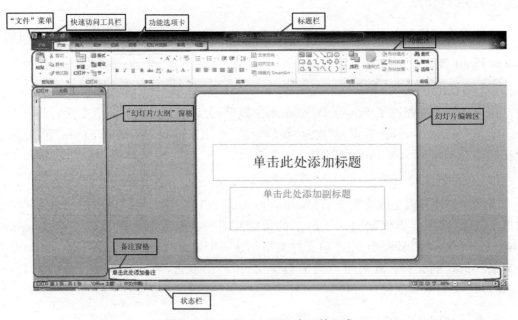

图 5.4　PowerPoint 2010 窗口的组成

PowerPoint 2010 工作界面各部分的组成及作用介绍如下：

1. 标题栏

位于 PowerPoint 工作界面的右上角,它用于显示演示文稿名称和程序名称,最右侧的三个按钮分别用于对窗口执行最小化、最大化和关闭等操作。

2. 快速访问工具栏

该工具栏上提供了最常用的"保存"按钮、"撤销"按钮和"恢复"按钮,单击对应的按钮可执行相应的操作。如需在快速访问工具栏中添加其他按钮,可单击其后的按钮,在弹出的菜单中选择所需的命令即可。

3. "文件"菜单

用于执行 PowerPoint 演示文稿的新建、打开、保存和退出等基本操作;该菜单右侧列出了用户经常使用的演示文档名称。

4. 功能选项卡

相当于菜单命令,它将 PowerPoint 2010 的所有命令集成在几个功能选项卡中,选择某个功能选项卡可切换到相应的功能区。

5. 功能区

在功能区中有许多自动适应窗口大小的工具栏,不同的工具栏中又放置了与此相关的命令按钮或列表框。

6. "幻灯片→大纲"窗格

用于显示演示文稿的幻灯片数量及位置,通过它可更加方便地掌握整个演示文稿的结构。在"幻灯片"窗格下,将显示整个演示文稿中幻灯片的编号及缩略图;在"大纲"窗格下列出了当前演示文稿中各张幻灯片中的文本内容。

7. 幻灯片编辑区

是整个工作界面的核心区域,用于显示和编辑幻灯片,在其中可输入文字内容、插入图片和设置动画效果等,是使用 PowerPoint 制作演示文稿的操作平台。

8. 备注窗格

位于幻灯片编辑区下方,可供幻灯片制作者或幻灯片演讲者查阅该幻灯片信息或在播放演示文稿时对需要的幻灯片添加说明和注释。

9. 状态栏

位于工作界面最下方,用于显示演示文稿中所选的当前幻灯片以及幻灯片总张数、幻灯片采用的模板类型、视图切换按钮以及页面显示比例等。

5.2.3 PowerPoint 2010 的视图切换

1. 单击视图切换按钮切换视图

为满足用户不同的需求,PowerPoint 2010 提供了多种视图模式以编辑查看幻灯片,在工作界面下方单击视图切换按钮中的任意一个按钮,即可切换到相应的视图模式下。下面对各视图进行介绍。

(1) 普通视图

PowerPoint 2010 默认显示普通视图,在该视图中可以同时显示幻灯片编辑区、"幻灯片→大纲"窗格以及备注窗格。它主要用于调整演示文稿的结构及编辑单张幻灯片中的内容,如图 5.5 所示。

图 5.5 幻灯片普通视图

(2) 幻灯片浏览视图

在幻灯片浏览视图模式下可浏览幻灯片在演示文稿中的整体结构和效果,如图 5.6 所示。此时在该模式下也可以改变幻灯片的版式和结构,如更换演示文稿的背景、移动或复制幻灯片等,但不能对单张幻灯片的具体内容进行编辑。

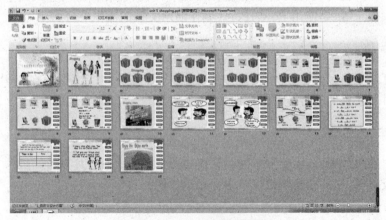

图 5.6 幻灯片浏览视图

(3) 阅读视图

该视图仅显示标题栏、阅读区和状态栏,主要用于浏览幻灯片的内容。在该模式下,演示文稿中的幻灯片将以窗口大小进行放映,如图5.7所示。

图5.7 幻灯片阅读视图

(4) 幻灯片放映视图

在该视图模式下,演示文稿中的幻灯片将以全屏动态放映,如图5.8所示。该模式主要用于预览幻灯片在制作完成后的放映效果,以便及时在放映过程中不满意的地方进行修改,测试插入的动画、更改声音等效果,还可以在放映过程中标注出重点,观察每张幻灯片的切换效果等。

图5.8 幻灯片放映视图

(5) 备注视图

备注视图与普通视图相似,只是没有"幻灯片→大纲"窗格,在此视图下幻灯片编辑区中完全显示当前幻灯片的备注信息。

2. 通过命令切换视图

选择"视图"→"演示文稿视图"组,在其中单击相应的按钮也可切换到对应的视图模式下。

5.3 PowerPoint 2010 基本操作

认识了 PowerPoint 2010 的工作界面后，还需要掌握演示文稿和幻灯片的基本操作，这样才能更好地制作演示文稿。下面就对演示文稿和幻灯片的基本操作进行讲解。

5.3.1 创建新演示文稿

为了满足各种办公需要，PowerPoint 2010 提供了多种创建演示文稿的方法，如创建空白演示文稿、利用模板创建演示文稿、使用主题创建演示文稿以及使用 Office.com 上的模板创建演示文稿等，下面就对这些创建方法进行讲解。

1. 创建空白演示文稿

启动 PowerPoint 2010 后，系统会自动新建一个空白演示文稿。除此之外，用户还可通过命令创建空白演示文稿，其操作方法为：启动 PowerPoint 2010 后，单击功能区中的"文件"→"新建"→"空白演示文稿"→"创建"按钮，即可创建一个空白演示文稿，如图 5.9 所示。

图 5.9 创建空白演示文稿

2. 利用模板创建演示文稿

对于不熟悉 PowerPoint 的用户来说，利用 PowerPoint 2010 提供的模板来进行创建不失为一个很好的方法，其方法与通过命令创建空白演示文稿的方法类似。启动 PowerPoint 2010，单击功能区中的"文件"→"新建"→"样本模板"，在打开的页面中选择所需的模板选项，单击"创建"按钮，如图 5.10 所示。返回 PowerPoint 2010 工作界面，即可看到新建的演示文稿效果，如图 5.11 所示。

3. 使用 Office.com 上的模板创建演示文稿

如果 PowerPoint 中自带的模板不能满足用户的需要，就可使用 Office.com 上的模板来快速创建演示文稿。其方法是：选择"文件"→"新建"命令，在"Office.com 模板"栏中单击"PowerPoint 演示文稿和幻灯片"按钮。在打开的页面中单击"贺卡"文件夹图标，然后选择需要的模板样式,单击"下载"按钮,在打开的"正在下载模板"对话框中将显示下载的进度,如图 5.12 所示。下载完成后,将自动根据下载的模板创建演示文稿,如图 5.13 所示。

图 5.10　样本模板

图 5.11　"都市相册"模板效果

图 5.12　"正在下载模板"对话框

图 5.13　Office.com 上的模板

5.3.2　打开演示文稿

当需要对现有的演示文稿进行编辑和查看时,需要将其打开。打开演示文稿的方式有多种,如果未启动 PowerPoint 2010,可直接双击需要打开的演示文稿图标。启动 PowerPoint 2010 后可用以下几种方法来打开演示文稿。

1. 打开一般演示文稿

启动 PowerPoint 2010 后,单击功能区中的"文件"→"打开"命令,打开"打开"对话框,在其中选择需要打开的演示文稿,单击"打开(O)"按钮,即可打开选择的演示文稿。

2. 打开最近使用的演示文稿

PowerPoint 2010 提供了记录最近打开演示文稿保存路径的功能。如果想打开刚关闭的演示文稿,可选择功能区中的"文件"→"最近所用文件"命令,在打开的页面中将显示最近使用的演示文稿名称和保存路径,如图 5.14 所示。然后选择需打开的演示文稿完成操作。

3. 以只读方式打开演示文稿

以只读方式打开演示文稿只能进行浏览,不能更改演示文稿中的内容。其打开方法是:

图 5.14 "最近所用文件"列表

选择功能区中的"文件"→"打开"按钮,单击"打开(O)"按钮右侧的"▼"按钮,在弹出的下拉列表中选择"以只读方式打开"选项,如图 5.15 所示。此时,打开的演示文稿标题栏中将显示"只读"字样,如图 5.16 所示。

图 5.15 "打开"对话框

图 5.16 以"只读"方式打开文档

4. 以副本方式打开演示文稿

以副本方式打开演示文稿是将演示文稿作为副本打开,对演示文稿进行编辑时不会影响源文件的效果。其打开方法和以只读方式打开演示文稿方法类似,在打开的"打开"对话框中选择需打开的演示文稿后,单击"打开(O)"按钮右侧的"▼"按钮,在弹出的下拉列表中选择"以副本方式打开"选项,在打开的演示文稿标题栏中将显示"副本"字样。

5.3.3 保存演示文稿

对制作好的演示文稿需要及时保存在电脑中,以免发生遗失或误操作。保存演示文稿的方法大致有以下几种:

1. 直接保存演示文稿

直接保存演示文稿是最常用的保存方法。其方法是:单击功能区中"文件"→"保存"命令或单击快速访问工具栏中的"保存"按钮" ",打开"另存为"对话框,选择保存位置和输入文件名,单击"保存(S)"按钮。

2. 另存为演示文稿

若不想改变原有演示文稿中的内容,可通过"另存为"命令将演示文稿保存在其他位置或保存为其他文件名。其方法是:单击功能区中的"文件"→"另存为"按钮,打开"另存为"对话框,设置保存的位置和文件名,单击"保存(S)"按钮,如图 5.17 所示。

图 5.17 "另存为"对话框

3. 将演示文稿保存为模板

为了提高工作效率,可根据需要将制作好的演示文稿保存为模板,以备以后制作同类演示文稿时使用。其方法是:单击功能区中的"文件"→"保存"按钮,打开"另存为"对话框,在"保存类型"下拉列表框中选择"PowerPoint 模板"选项,单击"保存(S)"按钮。如图 5.18 所示。

图 5.18 "保存类型"对话框

4. 自动保存演示文稿

在制作演示文稿的过程中,为了减少不必要的损失,可为正在编辑的演示文稿设置定时保存。其方法是:选择"文件"→"选项"命令,打开"PowerPoint 选项"对话框,选择"保存"选项卡,在"保存演示文稿"栏中进行如图 5.19 所示的设置,并单击"确定"按钮。

图 5.19 "选项"对话框

5.3.4 关闭演示文稿

对打开的演示文稿编辑完成后,若不再需要对演示文稿进行其他操作,可将其关闭。关闭演示文稿的常用方法有以下几种。

1. 通过快捷菜单关闭

在 PowerPoint 2010 工作界面标题栏上单击鼠标右键,在弹出的快捷菜单中选择"关闭"命令。

2. 单击按钮关闭

单击 PowerPoint 2010 工作界面标题栏右上角的" "按钮,关闭演示文稿并退出 PowerPoint 程序。

3. 通过命令关闭

在打开的演示文稿中选择"文件"→"关闭"按钮,关闭当前演示文稿。

此外,如果关闭 PowerPoint 软件时,某个演示文稿的内容还没有进行保存,将打开提示对话框,在其中单击" "按钮,保存对文档的修改并退出 PowerPoint 2010;单击" "按钮将不保存对文档的修改并退出 PowerPoint 2010;单击" "按钮,可返回 PowerPoint 继续编辑。

5.3.5 新建幻灯片

演示文稿是由多张幻灯片组成的,用户可以根据需要在演示文稿的任意位置新建幻灯片。常用的新建幻灯片的方法主要有如下几种:

1. 通过快捷菜单新建幻灯片

启动 PowerPoint 2010,在新建的空白演示文稿的"幻灯片"窗格空白处单击鼠标右键,在弹出的快捷菜单中选择"新建幻灯片"命令,如图 5.20 所示。

图 5.20 通过快捷菜单新建幻灯片

2. 通过选择版式新建幻灯片

启动 PowerPoint 2010,单击"开始"→"新建幻灯片"按钮,在弹出的下拉列表中选择新建幻灯片的版式,如图 5.21 所示,新建一张带有版式的幻灯片。

图 5.21 新建一张带有版式的幻灯片

5.3.6 选择幻灯片

对幻灯片进行编辑之前,首先要选择相应的幻灯片。根据实际情况不同,选择幻灯片的方法也有所区别,主要有以下几种:

1. 选择单张幻灯片

在"幻灯片→大纲"窗格或幻灯片浏览视图中,单击幻灯片缩略图,可选择单张幻灯片,如图 5.22 所示。

图 5.22 选择单张幻灯片

2. 选择多张连续的幻灯片

在"幻灯片→大纲"窗格或幻灯片浏览视图中,单击要连续选择的第 1 张幻灯片,按住"Shift"键不放,再单击需选择的最后一张幻灯片,释放"Shift"键后,两张幻灯片之间的所有幻灯片均被选择,如图 5.23 所示。

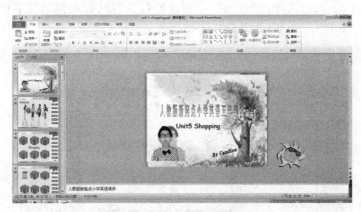

图 5.23 选择多张连续的幻灯片

3. 选择多张不连续的幻灯片

在"幻灯片→大纲"窗格或幻灯片浏览视图中,单击要选择的第 1 张幻灯片,按住"Ctrl"键不放,再依次单击需选择的幻灯片,可选择多张不连续的幻灯片,如图 5.24 所示。

4. 选择全部幻灯片

在"幻灯片→大纲"窗格或幻灯片浏览视图中,按"Ctrl+A"组合键,可选择当前演示文稿中所有的幻灯片。

此外,若是在选择的多张幻灯片中选择了不需要的幻灯片,可在不取消其他幻灯片的情况下,取消选择不需要的幻灯片。其方法是:选择多张幻灯片后,按住"Ctrl"键不放,单击需要取消选择的幻灯片。

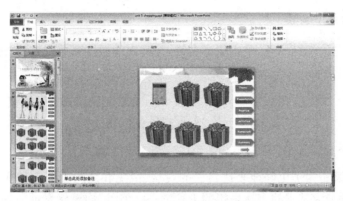

图 5.24 选择多张不连续的幻灯片

5.3.7 移动和复制幻灯片

制作的演示文稿可根据需要对各幻灯片的顺序进行调整。在制作演示文稿的过程中，若制作的幻灯片与某张幻灯片非常相似，可复制该幻灯片后再对其进行编辑，这样可以有效的提高工作效率。移动和复制幻灯片的方法如下：

1. 通过鼠标拖动移动和复制幻灯片

选择需移动的幻灯片，按住鼠标左键不放拖动到目标位置后释放鼠标完成移动操作。选择幻灯片后，按住"Ctrl"键的同时拖动幻灯片到目标位置可实现幻灯片的复制。

2. 通过菜单命令移动和复制幻灯片

选择需移动或复制的幻灯片，在其上单击鼠标右键，在弹出的快捷菜单中选择"剪切"或"复制"命令，然后将鼠标定位到目标位置，单击鼠标右键，在弹出的快捷菜单中选择"粘贴"命令，完成幻灯片的移动或复制。

3. 通过快捷键移动和复制幻灯片

选择需要移动或复制的幻灯片，按"Ctrl+X"（剪切）或"Ctrl+C"（复制）组合键，然后在目标位置按"Ctrl+V"（粘贴）组合键，也可完成幻灯片的移动或复制。

5.3.8 删除幻灯片

在"幻灯片→大纲"窗格和幻灯片浏览视图中可对演示文稿中多余的幻灯片进行删除。删除幻灯片的方法有以下几种：

1. 通过删除键删除

选择需要删除的幻灯片后，按"Delete"键删除幻灯片。

2. 通过快捷菜单删除

选择需要删除的幻灯片后，单击鼠标右键，在弹出的快捷菜单中选择"删除幻灯片"命令即可完成幻灯片的删除。

5.4 设计编辑演示文稿

制作演示文稿是为了更好地表达自己的观点、情况和意图。语言和文字是人们最习惯使用的、最方便和最为基本的表达思想的工具之一。但是，如果仅靠单一的文字对象是很难制作出一份具有表现力的演示文稿，为了能够制作出更有创意、生动的幻灯片，需要借助其他形式的"原材料"，比如图形、表格、图标、影片和声音等类型的对象。通过在幻灯片中插入多媒体对象，并且给各个对象定义不同的动画效果，可以使文稿的演示效果更理想。

5.4.1 幻灯片的版式设计

所谓版式，就是幻灯片的内容（如标题和副标题、文本、列表、图表、自选图形等）在幻灯片上的排列方式，即幻灯片内容的布局。版式设计是幻灯片制作中的重要一环。布局新颖的版式能更好地体现创作者的意图，吸引观众的注意力。新建幻灯片时，除空白的自动版式外的任何一种自动版式，在打开的幻灯片上都会有相应的提示，用户只需按提示进行操作即可。通常，版式由若干文本框组成，文本框中的占位符可以放置幻灯片的具体内容，如文字、表格、图片等。

PowerPoint 2010 提供了多种预先定义的幻灯片版式，这些幻灯片版式可以满足大多数实际应用的需要。应用幻灯片版式将使幻灯片的编辑工作更简单，更容易。下面以一个空白文档为例讲解 PowerPoint 2010 中关于版式的操作。

首先，启动 PowerPoint 2010，系统将自动新建一个空白的演示文稿。单击功能区中的"开始"→"版式"按钮，在"office 主题"面板中看到 PowerPoint 2010 自带的版式，如图 5.25 所示。

图 5.25 打开"幻灯片版式"任务窗格

可以看到,在空白演示文稿中的第一张幻灯片中,系统自动应用了"标题幻灯片"版式("标题幻灯片"相当于一个演示文稿的封面或目录页)。通常,演示文稿都采用标题幻灯片版式作为第 1 张幻灯片,用以说明文稿的主题和目的。标题幻灯片版式预设了两个占位符:主标题区和副标题区。只要在相应的区域中单击鼠标左键,即可直接输入具体的文字内容。

当在演示文稿中再插入一张新的幻灯片之后,系统则会将"标题和文本"的默认版式应用于该幻灯片中,如图 5.26 所示。

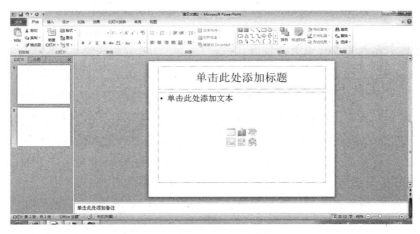

图 5.26 "标题和文本"版式

在"office 主题"面板中有许多幻灯片版式,如图 5.27 所示:

这些版式可以包含表格、图表、图片、剪贴画、组织结构图和媒体剪辑 6 种对象,并且对于文字和内容可以有不同的组合样式。当需要改变一张幻灯片的版式时,只需选中这张幻灯片,在"office 主题"面板中单击想要选择的版式即可。

图 5.27 "office 主题"面板中的幻灯片版式

5.4.2 输入与编辑文本

不论使用哪种方式创建的演示文稿,都需要用户根据自己的实际需要进行编辑,如添加和修改文字、调整文字位置等。在这里首先掌握最常用的文字信息的添加、修改及删除的基本操作。

1. 文本的输入

向幻灯片中输入文本有以下两种方式:

(1) 占位符中添加文本

使用自动版式创建的新幻灯片中,有一些虚线框,它们就是各种对象的占位符。需要向幻灯片标题和文本的占位符里面添加标题、文本时,只需在要输入的区域单击鼠标即可输入相关内容。当鼠标放在占位符的边框线上并拖动鼠标,可以调整占位符的位置;如果鼠标放在边框线的小圆点上按住鼠标进行拖动则可以调整占位符的尺寸大小。下面以"标题和文本"版式的幻灯片为例,介绍向幻灯片的占位符中添加文本的方法。

"标题和文本"版式由标题区和项目列表区组成,如图 5.28 所示。

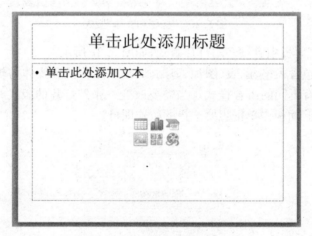

图 5.28 "标题和文本"版式

进入编辑状态。在图 5.28 所示的窗口中,将鼠标移至窗格中的标题区,当鼠标的形状变为"I"形光标时单击,这时标题区周围出现由虚线组成的方框(占位符),表示已进入文字编辑状态,这时用户可以在文本框输入标题,如"PowerPoint 2010 演示文稿制作软件",或对已有文字进行编辑,如图 5.29 所示。

单击项目列表区,在光标所在的项目之前自动出现一个项目列表符号。输入第一级文本"5.2 初识 PowerPoint 2010",按"Enter"键,鼠标移至第二条项目位置处,将鼠标置于项目符号上,变为"✥"形状后,按住鼠标左键向右拖动鼠标,将该项目降为第二级文本。输入"5.2.1 PowerPoint 2010 的启动与退出"后按"Enter"键,依然回到第二级文本位置,依此类推,完成其他二级文本的输入。如果要回到第一级文本,将鼠标置于项目符号上,当鼠标变为✥形状后,按住鼠标左键向左拖动即可。最终输入效果如图 5.30 所示。

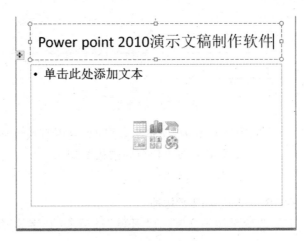

图 5.29 输入标题

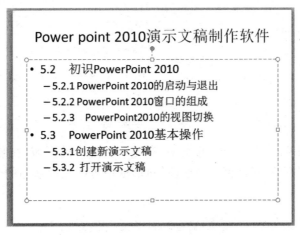

图 5.30 输入文字内容

（2）文本框中添加文本

如果用户希望自己设置幻灯片的布局，或者要在占位符之外添加文本，在创建新幻灯片时，可以使用文本框来实现。通过文本框向幻灯片添加文本的方法为：选择"开始"选项卡中的"文本框"或"垂直文本框"按钮，如图 5.31 所示。

图 5.31 "文本框"按钮

此时，鼠标将变为针状，在幻灯片内按下鼠标并拖动即可完成文本框的插入，如图 5.32 所示，接着可以在文本框中输入文本信息。

2. 文本的编辑和布局

幻灯片中的文字和布局关系到观众对演示文稿信息的接受程度。一个设计规范、文字

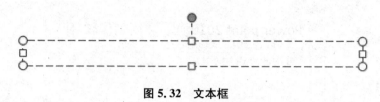

图 5.32 文本框

清晰、布局合理的幻灯片可以消除观众的视觉疲劳,帮助观众更有效地接受演讲者所要传达的信息。下面就详细介绍一下设置文本格式和布局的相关知识。

(1) 设置字体

改变幻灯片中文字字体的方法有以下几种:

1) 选中幻灯片中需要改变字体的文字,在"开始"选项卡的"字体"组内可以设置字体,字号,颜色等等。如图 5.33 所示

图 5.33 "字体"组

2) 选中幻灯片中需要改变字体的文字,右键单击选中的区域,在弹出的快捷菜单中执行"字体"命令,打开"字体"对话框,在"字体"对话框中可以完成字体的相关设置,如图 5.34 所示。

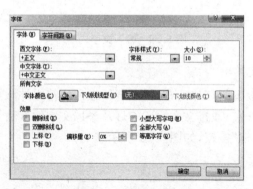

图 5.34 "字体"对话框

(2) 改变对齐方式

PowerPoint 中对齐方式的设定也十分重要,在 PowerPoint 中设置文本的对齐方式的操作与 Word 软件基本相似,只需将光标定位于文本中,然后单击"开始"选项卡"段落"组中相应的对齐方式按钮,如图 5.35 所示。

或者可以单击"开始"选项卡"段落"组右下脚的对话框启动器" ",打开"段落"对话框,在对话框的"对齐方式"下拉框中选择相应的对齐方式,如图 5.36 所示。

图 5.35 "段落"组

图 5.36 "段落"对话框

与 Word 不同的是,在 PowerPoint 的"段落"组中有一个"对齐文本"下拉框,其中提供了一系列 Word 所不具备的对齐方式,如图 5.37 所示。

图 5.37 "对齐文本"下拉框

这些对齐方式是 PowerPoint 为了满足演示文稿的制作而提供的很重要的一个功能。这里可以设置字体的纵向对齐方式,当一段文字中有不同的字体或者有中英文混合时,有时就需要选择"对齐文本"。

(3) 设置行距

一篇布满了密密麻麻文字的幻灯片,看起来一定比较费力。通常,人们都采用增大字号的办法来使其便于观看,但是字与字之间仍会显得比较拥挤。其实,即使不增大字号,也可以通过调整字与字、行与行之间的间距的方法使内容看起来更加清晰。

在 PowerPoint 中调整文字的行距,可以按照以下步骤进行操作。

选中幻灯片中的所有文字,单击"开始"选项卡"段落"组右下脚的对话框启动器 ,打开"段落"对话框。在其中的"间距"设置区可以设置"段前"、"段后"值,在"行距"下拉框中可以设置行距。其中,行距决定段落内部各行之间的垂直距离,段落间距决定了文本对象段落之间的距离,即一个段落的前后空出的距离。如图 5.38 所示。

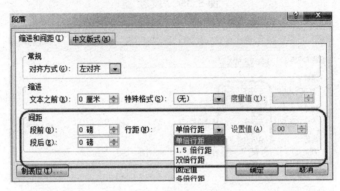

图 5.38 "段落"对话框

(4) 设置项目符号和编号

单击"开始"选项卡"段落"组中的"项目符号"下拉框" "和"编号"下拉框" ",可以为段落文字添加项目符号和编号,如图 5.39、图 5.40 所示。

图 5.39 "项目符号"下拉框

图 5.40 "编号"下拉框

(5) 设置标尺

勾选"视图"选项卡中的"标尺"复选框,可以为幻灯片添加标尺,从而控制其中对象的布局。如图 5.41 所示。

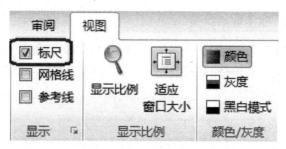

图 5.41 "标尺"复选框

5.4.3 插入与编辑表格

若演示文稿中涉及众多的数据项,并需要进行分析比较时,可以插入 Word 或 Excel 表格,利用表格将杂乱、众多的数据信息分门别类,进行各种分析。PowerPoint 2010 中插入表格的方法有以下几种:

1. 拖动鼠标插入表格

单击功能区中的"插入"→"表格"按钮,能看到 10×8 个小方格,如图 5.42 所示。拖动鼠标选中小方格即可在幻灯片中插入相应数量单元格的表格,插入表格效果如图 5.43 所示。

图 5.42 "表格"按钮

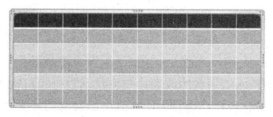

图 5.43 "插入表格"效果

2. 利用"插入表格"命令插入表格

单击功能区中的"插入"→"表格"→"插入表格"命令,即可弹出"插入表格"对话框,如图 5.44 所示。分别设置要插入表格的"列数"和"行数",单击"确定"按钮,即可插入表格。

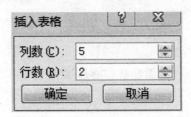

图 5.44 "插入表格"对话框

3. 绘制表格

单击功能区中的"插入"→"表格"→"绘制表格"命令,鼠标会变成铅笔的样式,此时拖动鼠标便可自由绘制表格。

4. 插入 Excel 电子表格

单击功能区中的"插入"→"表格"→"Excel 电子表格"命令,可以插入一个 Excel 电子表格,如图 5.45 所示。

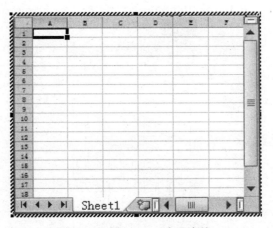

图 5.45 插入 Excel 电子表格

在此表格中,可以像在 Excel 中一样编辑处理数据,可以利用公式和函数进行计算。

5.4.4 插入与编辑图片

在 PowerPoint 2010 中,用户可以方便地插入各种来源的图片文件,如利用其他图形图像软件制作的图片、从因特网上下载的或通过扫描仪及数码相机输入的图片等。简单来说幻灯片中图片的来源主要有多种:剪贴画、计算机中已有的图片文件、使用"绘图"工具加工的各种图形、屏幕截图等。

1. 插入图片

向幻灯片中插入图片的步骤如下：

1）单击功能区中的"插入"→"图片"按钮，打开"插入图片"对话框，如图 5.46 所示。

图 5.46 "插入图片"对话框

2）在对话框中的文件列表中单击需要的图片，然后单击"插入"按钮，即可把选中的图片文件插入到当前幻灯片中，如图 5.47 所示。

图 5.47 插入图片

2. 编辑图片

PowerPoint 2010 比以前版本提供了更强大的图片编辑功能，在幻灯片中插入图片后，在图片上单击鼠标右键，在弹出的快捷菜单中选中"设置图片格式"命令便会弹出"设置图片格式"对话框，如图 5.48 所示。

"设置图片格式"对话框中不仅可以对图片的填充、线条颜色等做设置，还可以为图片添加发光效果、艺术效果等。

图 5.48 "设置图片格式"对话框

5.4.5 插入与编辑剪贴画

1. 插入剪贴画

Office 剪辑库中自带了大量的剪贴画,并根据剪贴画的画面内容分别设置了分类和关键词。剪贴画的插入与编辑方法如下:

1) 选择要插入剪贴画的幻灯片。

2) 单击功能区中的"插入"→"剪贴画"按钮,打开"剪贴画"任务窗格,如图 5.49 所示。

图 5.49 "剪贴画"任务窗格

3) 在"搜索"文本框中键入要搜索的剪贴画类别名称,单击"搜索"按钮。在窗格的图片列表框中出现这一类别所包含的所有剪贴画。当不输入关键词时,表示列出全部的剪贴画,如图 5.50 所示。

图 5.50 "剪贴画"列表框

4）选中合适的剪贴画，单击图片右侧的下拉箭头，选择"插入"命令，所选择的剪贴画就嵌入当前的幻灯片中，如图 5.51 所示。插入的剪贴画应根据幻灯片的整体布局适当的调节尺寸。我们还可以登陆微软中国官方网站（www.microsoft.com），选择 Office 系列软件，进入"剪贴画和多媒体"栏目，以获得更丰富的剪贴画，以及大量的图片、声音和动画等素材。

图 5.51 插入剪贴画

2. 编辑剪贴画

剪贴画插入到幻灯片中后，PowerPoint 会自动打开"格式"选项卡，如图 5.52 所示。

图 5.52 "格式"选项卡

通过"格式"选项卡中的相关工具和命令，可以像编辑普通图片一样，对剪贴画进行编辑，可以为剪贴画设置图片样式，为图片设置边框，选择图片效果等。

5.4.6 插入屏幕截图

"插入屏幕截图"是 PowerPoint 2010 的新增功能,通过它可以快速而轻松地将屏幕截图插入到 Office 文件中。它可以捕获在计算机上打开的全部或部分窗口的图片。无论是在打印文档上,还是在你设计的 PowerPoint 幻灯片上,这些屏幕截图都很容易读取。打开的程序窗口以缩略图的形式显示在"可用窗口"库中,当你将指针悬停在缩略图上时,将弹出工具提示,其中显示了程序名称和文档标题。例如,如果您正在使用 Excel,您会看到以最小化窗口的形式显示的"Microsoft Excel-工作薄 1",您可将其添加到 Office 文件中。如图 5.53 所示。

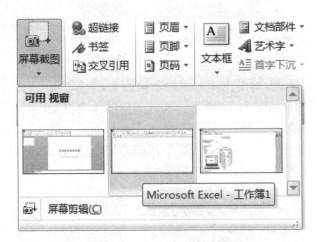

图 5.53 "屏幕截图"下拉框

5.4.7 插入相册

PowerPoint 2010 的相册是指根据一组图片创建或编辑一个演示文稿,每张图片占用一张幻灯片,插入相册的方法如下:

1)单击功能区中的"插入"→"相册"按钮,打开"相册"对话框,如图 5.54 所示。

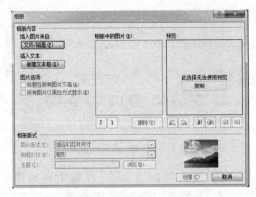

图 5.54 "相册"对话框

2) 单击"文件/磁盘(F)..."按钮,打开"插入新图片"对话框,如图 5.55 所示。

图 5.55 "插入新图片"对话框

3) 在对话框中的文件列表中单击需要的图片,单击"插入"按钮,即可将选中的若干张图片分别插入到幻灯片中,形成相册。

5.4.8 插入和编辑艺术字

艺术字是以作者输入的普通文字为基础,通过添加阴影、设置字体形状、改变字体颜色和大小来突出和美化这些文字。艺术字是一种特殊的图形文字,它既具有普通文字的属性,如用户可对其设置字体字号、加粗、倾斜等处理,也可以像图形对象那样设置它的边框、填充等属性,还可以任意进行大小调整、旋转或添加阴影、三维效果等操作。在幻灯片中插入艺术字的方法和步骤如下。

1) 选中一张要插入艺术字的幻灯片。
2) 单击功能区中的"插入"→"艺术字"按钮,为艺术字选择一种样式,如图 5.56 所示。

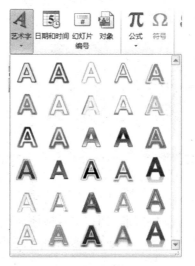

图 5.56 "艺术字"样式下拉框

3) 为艺术字选择样式后会自动显示"艺术字"文本框,同时会自动打开"格式"选项卡,如图 5.57 所示。

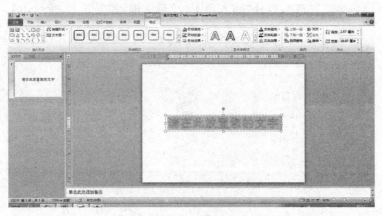

图 5.57 "格式"选项卡

4)将鼠标插入"艺术字"文本框中,拖动鼠标选中默认的示例文字并删除,然后输入所需的文字信息,如"计算机应用基础",如图 5.58 所示。

图 5.58 输入文本

5)对于艺术字,我们可以像对待普通文本一样,在"开始"选项卡中编辑它的字体、字号。

6)单击艺术字的边框,可以在"格式"选项卡中编辑艺术字的形状样式,艺术字样式、排列方式等。编辑后的艺术字效果如图 5.59 所示。

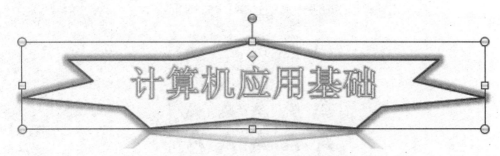

图 5.59 插入艺术字效果

7)在艺术字的中部,有一个绿色圆形句柄,用鼠标拖动句柄,可使艺术字向左或向右旋转任意角度。在艺术字周围有四个空心的圆圈,将鼠标放置在圆圈上,变成双箭头形,拖动鼠标,即可改变艺术字框的大小,如图 5.59 所示。

我们也可以对艺术字进行复制、删除、移动等操作,操作方法与图片相似。

5.4.9 插入和编辑声音对象

在正确安装了解码器的情况下,PowerPoint 2010 支持多种格式的声音文件,例如：WAV、MID、WMA 等,WAV 文件播放的是实际的声音,MID 文件表示的是 MIDI 电子音乐,WMA 文件是微软公司推出的新音频格式。在幻灯片中插入的声音文件大致可分为以下三类:文件中的音频、剪贴画音频和录制音频。

1. 插入文件中的音频

在幻灯片中插入文件中的音频步骤如下：

1) 单击功能区中的"插入"→"音频"按钮的下拉按钮"",在弹出的快捷菜单中能看到 PowerPoint 2010 中的三类声音文件,如图 5.60 所示。

图 5.60 音频下拉框

2) 单击"文件中的音频"命令,打开"插入音频"对话框,如图 5.61 所示。

图 5.61 "插入音频"对话框

3) 在对话框中的文件列表中单击要插入的音频,再单击"插入"按钮,即可将音频文件插入到幻灯片中。

4) 成功插入音频文件后,幻灯片上会显示一个小喇叭标志以及播放控制按钮,如图 5.62 所示。

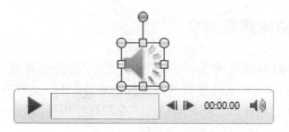

图 5.62　音频文件标识

2. 插入剪贴画音频

PowerPoint 2010 的剪贴画音频是 PowerPoint 自带的一组音频文件，插入剪贴画音频的步骤如下：

1) 单击功能区中的"插入"→"音频"按钮的下拉按钮"音频"。

2) 在弹出的列表中选择"剪贴画音频"命令，打开"剪贴画"任务窗格，如图 5.63 所示。

图 5.63　"剪贴画"任务窗格

3) 在其中选择需要的剪贴画音频，单击音频，即可将其插入到幻灯片中。

3. 插入录制音频

PowerPoint 2010 除了可以插入现成的音频外，还可以将录制获得的音频插入到幻灯片中，插入录制音频的步骤如下：

1) 单击功能区中的"插入"→"音频"按钮的下拉按钮"音频"。

2) 在弹出的列表中选择"录制音频"命令，打开"录音"对话框，如图 5.64 所示。

3) 单击"录音"对话框中的"●"按钮进入录音状态，如图 5.65 所示。

4) 单击"确定"按钮，结束录音，同时，录制的声音被插入到幻灯片中。

图 5.64 "录音"对话框

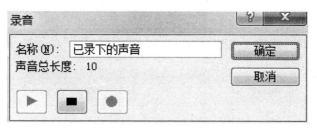

图 5.65 录音状态

4. 控制声音对象

音频文件插入到幻灯片后,功能选项卡中会多出一个"播放"选项卡,如图 5.66 所示。

图 5.66 "播放"选项卡

(1) 控制声音播放

通过"播放"选项卡的"音频选项"面板可以设置播放声音文件的时间,如图 5.67 所示。

图 5.67 "音频选项"组

在"开始"下拉框中选择"自动",表示在放映幻灯片时自动播放该声音文件;选择"单击时",则在放映幻灯片时,只有用户单击声音图标才播放插入的声音。选择"跨幻灯片播放",则当切换到下一张幻灯片时,当前幻灯片中插入的声音可以持续播放。值得注意的是,声音文件和演示文稿文件要放在同一路径下。

（2）编辑声音对象

通过"播放"选项卡的"编辑"组可以对声音对象进行编辑，如图 5.68 所示。

图 5.68 "编辑"组

单击"编辑"组中的"剪裁音频"工具，可以打开"剪裁音频"对话框，如图 5.69 所示。

图 5.69 "剪裁音频"对话框

滑动"剪裁音频"对话框中的红色和绿色滑竿可以设置声音文件的"开始时间"和"结束时间"，从而准确的完成声音文件的剪裁。

在"编辑"组中，还可以通过设置声音文件的"淡入"、"淡出"时间为声音文件制作淡化效果。

5.4.10 插入和编辑影片和动画

PowerPoint 中的影片包括视频和动画，用户可以在幻灯片中插入的视频格式有十几种，如 AVI、MOV、MPG、DAT 等，而可以直接插入的动画则主要是 GIF 动画。当用户的计算机上安装了新的媒体播放器后，PowerPoint 所支持的影片格式也会随之增加。

图 5.70 "视频"下拉列表

由于视频文件容量较大，通常以压缩的方式存储，不同的压缩/解压算法生成了不同的视频文件格式。例如 AVI 是采用 Intel 公司的有损压缩技术生成的视频文件；MPEG 是一种全屏幕运动视频标准文件；DAT 是 VCD 专用的视频文件格式。如果想让带有视频文件的演示文稿在其他人的计算机上也可以播放，首选的视频文件格式是 AVI 格式。

插入影片及动画的方式主要有从文件插入、从剪辑管理器插入和从网站插入三种方式，如图 5.70 所示。

1. 插入文件中的视频

1）单击功能区中的"插入"→"视频"按钮的下拉按钮" "。

2）选择其中的"文件中的视频"命令，打开"插入视频文件"对话框，如图 5.71 所示。

图 5.71 "插入视频文件"对话框

3）在对话框中的文件列表中单击要插入的视频，再单击"插入"按钮，即可将视频文件插入到幻灯片中。

4）成功插入视频文件后，幻灯片上会显示视频以及播放控制按钮，如图 5.72 所示。

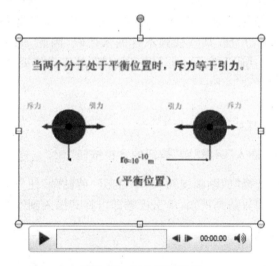

图 5.72 插入视频效果

2. 插入来自网站的视频

1）单击功能区中的"插入"→"视频"按钮的下拉按钮" "。

2）选择其中的"来自网站的视频"命令，打开"从网站插入视频"对话框，如图 5.73 所示。

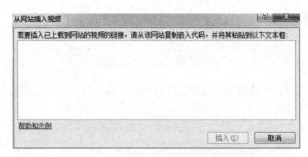

图 5.73 "从网站插入视频"对话框

3) 在打开的"从网站插入视频"窗口中复制视频网站的嵌入代码,将其粘贴进文本框,并单击"插入"按钮,如图 5.74 所示。

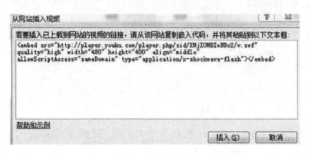

图 5.74 复制视频网站的嵌入代码

4) 在幻灯片界面出现黑色的视频框,我们可以拖动控点来调整视频框的大小。

需要注意的是,大多数包含视频的网站都包括嵌入代码,但是嵌入代码的位置各有不同,具体取决于每个网站。并且,某些视频不含嵌入代码,因此,您无法进行链接。明确地说,尽管它们被称为"嵌入代码",实际上是链接到视频,并不是将视频嵌入到演示文稿中。

3. 插入剪贴画视频

插入剪贴画视频的步骤如下:

1) 单击功能区中的"插入"→"视频"按钮的下拉按钮" "。

2) 在弹出的列表中选择"剪贴画视频"命令,打开"剪贴画"任务窗格。

3) 在其中选择需要的剪贴画视频,单击视频即可将其插入到幻灯片中。

4. 控制视频对象

和插入音频文件一样,向幻灯片中插入视频文件后,功能选项卡中也会多出一个"播放"选项卡,通过对"播放"选项卡中一系列参数的设置,不但可以控制视频的播放时间,也可以对视频进行编辑。

5.4.11 插入 Flash 对象

PowerPoint 2010 支持多种媒体格式,如 AVI 电影、动态 GIF 等,但 PowerPoint 调用的多媒体信息基本上是静止的,而且往往调用新媒体格式后,将导致 PowerPoint 文件字节过大。Flash 因为其文件体积小、易于交流传播、表达能力强，成为目前最流行的动画制作软件。若能将 Flash 动画导入到 PowerPoint 演示文稿中，不但可以为演示文稿提供动态的交互形式和新颖的矢量动画图形，使静止的演示文稿动起来，还不会对演示 PowerPoint 文件大小产生过大的影响。在 PowerPoint 2010 中插入 Flash 对象的步骤如下：

1）首先将要插入 Flash 对象的演示文稿保存，并且把需要插入的动画文件和演示文稿放在一个文件夹内，如图 5.75 所示。

图 5.75　文件存放的位置

2）单击"文件"→"选项"，调出 PowerPoint 选项对话框，选择自定义功能区，在主选项卡列表中勾选"开发工具"，如图 5.76 所示。

图 5.76　PowerPoint 选项对话框

3）单击"确定"按钮返回。

4）在"开发工具"选项卡的控件选区，选择"其他控件"工具" "。调出"其他控件"列表框，如图 5.77 所示。

5）在其他控件对话框中选择"Shockwave Flash Object"对象，按"确定"返回，此时鼠标变成十字，在需要的位置按住鼠标左键拖动画出想要的大小，如图 5.78 所示。

6）在控件上单击鼠标右键，在弹出的快捷菜单中选择"属性"命令，调出属性对话框，在"Movie"项填上 Flash 文件的文件名。请注意，文件名要包括后缀名，如图 5.79 所示。设置完成后关闭返回。

图 5.77 "其他控件"列表框

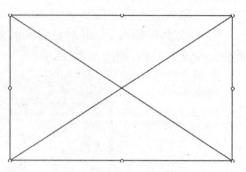

图 5.78 Flash 对象窗口

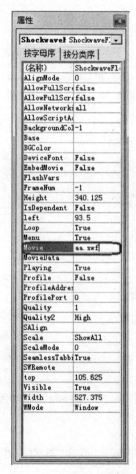

图 5.79 "属性"对话框

7) Flash 插入完成,再次保存演示文稿,可以随便调整控件的大小和位置。

5.5 演示文稿的外观设计

PowerPoint 提供了幻灯片母版、配色方案、背景和设计模板等途径来控制演示文稿外观的统一。

母版是演示文稿中所有幻灯片的底板。在母版中设置的文本、对象和格式将添加到演示文稿的所有幻灯片中,设置母版可以控制演示文稿的整体外观。母版分为三类:幻灯片母版、讲义母版和备注母版。其中最常用的是幻灯片母版。用户在设计演示文稿时,可以修改幻灯片母版、备注母版和讲义母版,使制作出来的演示文稿具有统一的风格或是更能适合用户的特殊需要,如在所有幻灯片的同一位置加入公司的徽标、学校的名称、制作者的信息等。

5.5.1 使用母版

启动 PowerPoint 后,单击"视图"选项卡,会看到在其"母版视图"组中有三个工具:"幻灯片母版"、"讲义母版"和"备注母版"。如图 5.80 所示。

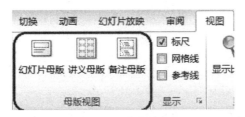

图 5.80 "母版视图"

1. 幻灯片母版

在幻灯片母版中可以更改文本格式,插入图形,插入超链接,设置页眉、页脚的格式,设置幻灯片编号的格式等。

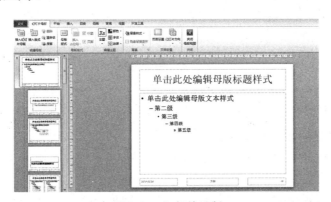

图 5.81 幻灯片母版

2. 讲义母版

讲义是将演示文稿的页面按一定的组合方式打印出来的材料,如图 5.82 所示。

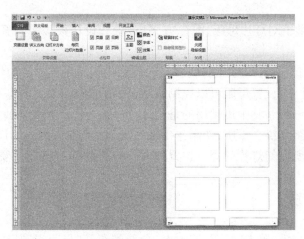

图 5.82 讲义母版

3. 备注母版

备注是演示文稿播放过程中,提供给演讲者查看的内容。

图 5.83 备注母版

4. 设置幻灯片母版

设置幻灯片母版的操作步骤如下:

1) 单击功能区中"视图"→"幻灯片母版"按钮,打开"幻灯片母版"视图,如图 5.81 所示。

2) 在"幻灯片母版视图"窗口中有五个区域,分别是:标题区、项目列表区、日期区、页脚区和数字区。用户可以在其中改变背景的颜色浓淡效果、插入图片,绘制图形、修饰文字的格式等。

3) 插入每张幻灯片上都要显示的文本：单击"插入"选项卡"文本"组中的"文本框"按钮，在"幻灯片母版视图"窗口中单击会插入一个文本框，在其中输入"2014年工作汇报"，将字体设置为"华文行楷"，字号设置为"24"，颜色设置为"蓝色"，将文本框移动到幻灯片的适当位置，如图 5.84 所示。

图 5.84　在幻灯片母版中插入文本

4) 在"幻灯片母版视图"窗口中单击鼠标右键，在弹出的快捷菜单中选择"设置背景格式"命令，如图 5.85 所示。

图 5.85　"设置背景格式"命令

5) 在弹出的"设置背景格式"对话框中设置用图片或纹理填充背景，具体设置如图 5.86 所示。

6) 单击"幻灯片母版"选项卡中的"关闭母版视图"按钮，返回到幻灯片普通视图。可以看到演示文稿中所有幻灯片的右下角都添加了统一的文字，并且都应用了统一的背景。

图 5.86 "设置背景格式"对话框

5.5.2 更改主题颜色

1. 主题颜色简介

主题颜色是由背景颜色、线条和文本颜色以及其他颜色搭配组成的。我们可以把主题颜色理解成每个演示文稿所含的一套颜色设置。这些颜色分别应用到幻灯片上的对象中。例如，填充图形的颜色、文本和线条的颜色、设置超链接后文本的颜色等。

在 PowerPoint 中每个模板都包含一个标准的主题颜色，主题颜色中提供的八种默认颜色可以应用到所有幻灯片中，也可以应用到某张选定的幻灯片上。

2. 主题颜色应用举例

如果对预设的主题颜色不满意，需要对其中的颜色配置进行更改，可以在"设计"选项卡"颜色"下拉框中进行设置，具体方法如下：

1) 单击功能区中的"设计"→"颜色"下拉框，打开内置的主题颜色方案，如图 5.87 所示。

2) 选择"内置"面板中的"新建主题颜色命令"，打开"新建主题颜色"对话框，如图 5.88 所示。

3) 可以在"新建主题颜色"对话框中对主题的颜色进行设置，单击"保存"按钮后自定义的主题颜色会自动保存，以后可以直接调用。

5.5.3 设置背景

为幻灯片设置适合的背景是幻灯片设计过程中一项非常重要的工作，为幻灯片设置背景的步骤如下：

1) 打开 PowerPoint 2010 演示文稿，在菜单栏上选择"设计"选项卡。

2) 在"背景"组中单击"背景样式"下拉按钮。

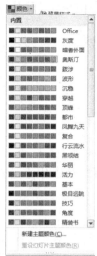

图 5.87 内置的主题颜色方案

图 5.88 "新建主题颜色"对话框

3) 在弹出的下拉框中单击"设置背景格式"命令,如图 5.89 所示。

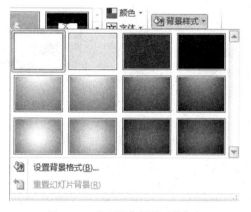

图 5.89 "设置背景格式"命令

4) 在弹出的"设置背景格式"对话框中的"填充"选项卡下选择"图片或纹理填充",并单击"插入自"的"文件"按钮,如图 5.90 所示。

图 5.90 "设置背景格式"对话框

5)在弹出的"插入图片"对话框中选择要插入的图片,选中后单击"打开"按钮,这时在演示文稿中就会插入该图片作为背景。

6)返回到"设置背景格式"对话框中,单击"全部应用(L)"按钮,会为当前演示文稿中所有的幻灯片设置相同的背景。

5.5.4 应用设计模板

设计模板是控制演示文稿统一外观的最有力、最迅速的一种手段,PowerPoint 2010提供了许多设计模板,这些模板为用户提供了美观的背景图案,可以帮助用户迅速地创建完美的幻灯片。在任何时候都可以直接应用这些设计模板。

应用设计模板的具体操作步骤如下:

1)单击功能区中"设计"选项卡"主题"组内的"▽"按钮,打开"所有主题"面板,如图5.91所示。

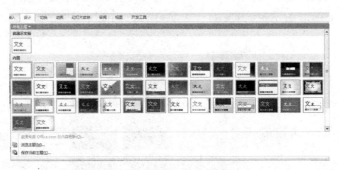

图 5.91 "所有主题"面板

2)若要对所有幻灯片(和幻灯片母版)应用设计模板,请单击所需的设计模板;若要将模板应用于单个幻灯片,则在模板上单击鼠标右键,在弹出的快捷菜单中选择"应用于选定幻灯片",如图5.92所示。

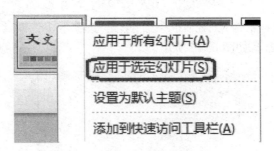

图 5.92 "应用于选定幻灯片"命令

5.6 演示文稿的动作动画设置

在制作演示文稿的过程中,除了精心组织内容,合理安排布局,还需要应用动画效果控制幻灯片中的文本、声音、图像以及其他对象的进入方式和顺序,以便突出重点,控制信息播放的流程,提高演示文稿的趣味性。

PowerPoint 2010 动画效果分为"幻灯片切换"和"自定义动画"两种。

5.6.1 幻灯片切换

幻灯片的切换效果是指演示文稿播放过程中幻灯片进入和离开屏幕时产生的视觉效果。也就是让幻灯片以动画方式放映的特殊效果。应用幻灯片切换这一特殊效果,可以使演示文稿中的幻灯片以各种方式显示和退出屏幕,使幻灯片显得生动、有趣,更具吸引力。PowerPoint 默认的换片方式为手动,即单击鼠标完成幻灯片的切换。另外,PowerPoint 2010 内置了 35 种幻灯片切换的效果,例如"切出"、"淡出"、"闪耀"等等。每一种切换效果的速度可以在"计时"组的" 持续时间: 01.10 "设置框中进行设置。PowerPoint 2010 中设置幻灯片切换效果的具体步骤如下:

1) 打开要设置切换效果的演示文稿。
2) 在菜单栏中单击"切换"选项卡。
3) 若要对所有幻灯片应用同样的切换效果,则需先选中一种切换效果,再单击"计时"组中的" 全部应用 "按钮,如图 5.93 所示。

图 5.93 "切换"选项卡

4) 若要对单张幻灯片添加切换效果,则需先选中幻灯片,再选中幻灯片切换效果。
5) 幻灯片切换效果选择好之后,可以在"切换"选项卡"计时"组中对切换效果进行设置。在"声音"下拉框中可以选择幻灯片切换时的声音,如图 5.94 所示。

图 5.94 "声音"选项卡

6) 在"持续时间:"框中可以设置幻灯片切换的速度。

7) 在勾选"设置自动换片时间"复选框时,可以实现幻灯片的自动切换,并且可以设置幻灯片换片的时间。

5.6.2 自定义动画

PowerPoint 2010 自定义动画是指赋予 PowerPoint 2010 演示文稿中的文本、图片、形状、表格、SmartArt 图形和其他对象进入、退出、大小或颜色变化甚至移动等特殊视觉效果。PowerPoint 2010 具有五种自定义动画效果。单击菜单栏的"动画"选项卡,在"高级动画"组中单击"添加动画"按钮,在弹出的下拉列表中显示了 PowerPoint 2010 中的动画效果,如图 5.95 所示。

图 5.95 动画效果面板

第一种,"进入"效果。比如可以使对象逐渐淡入焦点、从边缘飞入幻灯片或者跳入视图中等。

第二种,"强调"效果。这些效果的示例包括使对象缩小或放大、更改颜色或沿着其中心旋转。

第三种,"退出"效果。这个自定义动画效果的区别在于与"进入"效果类似但是相反,它是自定义对象退出时所表现的动画形式,如让对象飞出幻灯片、从视图中消失或者从幻灯片旋出。

第四种,"动作路径"效果。这一个动画效果是根据形状或者直线、曲线的路径来展示对象游走的路径,使用这些效果可以使对象上下移动、左右移动或者沿着星形或圆形图案移动。

第五种,"自定义路径"效果。使相关内容在放映时按用户指定的任意轨迹运动。

以上五种自定义动画,可以单独使用任何一种动画,也可以将多种效果组合在一起。具体对一个对象设置自定义动画的步骤如下(例如,我们想让一个文本飞入窗口,然后放大,最

后退出):

1) 选中幻灯片中的文本框,如图5.96所示。

图5.96 选中对象

2) 单击功能区中的"动画"→"添加动画"按钮,在弹出的动画效果面板中选择"进入"组的"飞入"效果,如图5.97所示。

图5.97 "飞入"效果

3) 再次单击功能区中的"动画"→"添加动画"按钮,在弹出的动画效果面板中选择"强调"面板中的"放大/缩小"效果,如图5.98所示。

图5.98 "放大/缩小"效果

4) 再次单击功能区中的"动画"→"添加动画"按钮,在弹出的动画效果面板中选择"退出"面板中的"飞出"效果,如图5.99所示。

添加了三种动画效果的文本框如图5.100所示,我们发现文本框上增加了动画标记,该标记用于标识幻灯片中动画播放的顺序。

此时"动画窗格"面板如图5.101所示,其中显示当前幻灯片中所有应用了动画效果的元素及其对应的动画效果设置。自定义动画在列表中的顺序决定了它们播放的先后顺序。

图 5.99 "飞出"效果

图 5.100 动画标记

如果要调整自定义动画的播放顺序,可通过"重新排序"上下按钮"⬆"来调整。

若要删除某个自定义动画,只需在"动画窗格"面板中选中这个自定义动画,单击右边的"▼"按钮,在下拉框中选择"删除"命令即可,如图 5.102 所示。

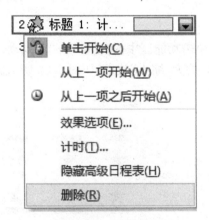

图 5.101 动画窗格　　　　图 5.102 删除命令

若要对一个自定义动画效果进行更精确的设置,则需在任务窗格的自定义动画列表框中双击该自定义动画,在弹出的对话框中进行设置,如图 5.103 所示。

其中,"效果"选项卡中可以设置自定义动画的方向,如图 5.104 所示,在该属性后的下拉列表框中可以选择动画效果的方向。根据动画效果的不同,该下拉列表框也随之发生变化。

"计时"选项卡中可以设置动画的开始时间等,如图 5.105 所示。

单击时:选择此项,则当幻灯片放映到动画效果序列中该动画效果时,单击鼠标才开始动画显示幻灯片中的对象,否则将一直停在此位置等待用户单击鼠标来触发。

与上一动画同时:选择此项,则该动画效果和动画序列中该动画的前一个动画效果同时发生,这时其序号将和前一个用单击来触发的动画效果的序号相同。也就是说,一次单击执

图 5.103 "飞入"对话框

图 5.104 "效果"选项卡

图 5.105 "计时"选项卡

行两个动画效果。

上一动画之后：选择此项，则该动画效果将在幻灯片的动画效果序列中的前一个动画效果播放完时立即开始播放此动画序列，这时其序号将和前一个用单击来触发的动画效果的序号相同。也就是说，在下一个动画序列开始时不需要再单击。

此外，在"动画"选项卡的"计时"组中可以通过"持续时间: 00.50"列表框精确的设置动画效果的速度。

5.6.3 超链接与动作按钮设置

在播放演示文稿中要实现应用内容的即时展现有两种方法：一种方法是设置超链接，它不但可以从一张幻灯片跳转到另一个幻灯片，如演示文稿中的某张幻灯片，还可以跳转到其他类型的文件中，如其他演示文稿、Microsoft Word 文档、Microsoft Excel 电子表格、Internet、公司内部网或电子邮件地址等；另一种方法是设置动作按钮，其特点是使用便捷，但是只能在本演示文稿中跳转。

1. 设置超链接

幻灯片中的文本或对象都可以设置为超链接点，作为超链接点的文本通常带有下划线。超链接不能在创建时激活，在播放演示文稿时会自动激活超链接，当鼠标指针指向超链接，鼠标指针变成"手"形" "时，单击即会跳转到所链接的目标幻灯片或其他对象。

用户可以通过以下步骤在演示文稿的内容之间建立超链接：

1) 选择要进行超链接的文本或图形，单击功能区中的"插入"→"超链接"按钮，或者单击右键，在弹出的快捷菜单中选择"超链接"选项，打开"插入超链接"对话框，如图 5.106 所示。

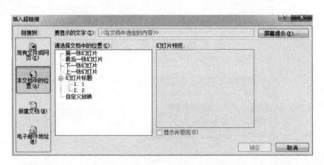

图 5.106 "插入超链接"对话框

2) 在"链接到"选项组中，选择"本文档中的位置"选项（若要链接到的目标在本演示文稿之外，则选择"现有文件或网页"），在"请选择文档中的位置"列表框中，选定一张要链接到的幻灯片，如最后一张幻灯片。设置完毕后单击"确定"按钮，超链接设置完毕。如图 5.107 所示。

超链接设置完毕后，在普通视图下无法使用超链接，用户可单击 PowerPoint 主窗口右下角的"幻灯片放映"按钮" "，在该幻灯片中，将鼠标指针指向设置超链接的文本或对象，鼠标变成"手"形时，单击即会跳转到目标幻灯片或对象。

2. 编辑或删除超级链接

（1）编辑超链接

单击右键，选择"编辑超链接"选项，打开"编辑超链接"对话框，如图 5.108 所示，可以重

图 5.107　链接到本文档中的位置

新设置超链接的对象。

（2）删除超链接

单击右键，选择"取消超链接"命令删除超链接。

图 5.108　"编辑超链接"对话框

3. 动作按钮

动作按钮是具有超链接功能的图形按钮。在页面中加入一些由 PowerPoint 预置好了基本功能的命令按钮，如前进、后退等，可以根据演讲者的演讲进程等情况决定下一张页面是哪一张，使得对于页面的操作变得更加灵活自如。设置动作按钮的方法为：

1）在演示文稿中找到要加入控制按钮的页面，使其为当前显示的页面。

2）单击功能区中的"插入"→"形状"，在弹出的"最近使用的形状"面板中选择"动作按钮"，如图 5.109 所示。

3）当鼠标变成"十字"时，在页面上的适当位置按下鼠标左键并拖动，画出按钮的形状，插入一个按钮。

4）释放鼠标后，屏幕上立刻弹出如图 5.110 所示的"动作设置"对话框，利用这个对话框可以达到真正对页面内容控制的目的。

5）单击"动作设置"对话框中的"单击鼠标"选项卡，选中"超链接到"单选按钮，并在下面的下拉列表框中选中"用鼠标单击"这个控制按钮时所要触发的事件，也就是选择"用鼠标单击"按钮后，屏幕切换后的内容。设置完毕后，单击"确定"按钮完成动作按钮超链接的插入设置。

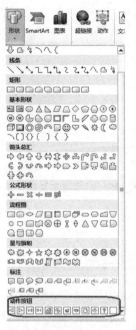

图 5.109 "形状"面板

6）设置动作按钮的格式：右击所创建的自定义动作按钮，在弹出的快捷菜单中选择"设置形状格式"命令，在打开的"设置形状格式"对话框中可以对动作按钮的格式进行设置。如图 5.111 所示。

图 5.110 "动作设置"对话框

图 5.111 "设置形状格式"对话框

7）向动作按钮添加文字：右击所创建的动作按钮，在弹出的快捷菜单中选择"编辑文字"命令，插入点自动置于动作按钮内，输入文字即可。

5.7 演示文稿的放映控制

5.7.1 设置放映方式

选择菜单栏中的"幻灯片放映"选项卡,单击"设置幻灯片放映"按钮" ",在弹出的"设置放映方式"对话框中可以设置幻灯片的放映方式,如图 5.112 所示,它包含以下几个选项:

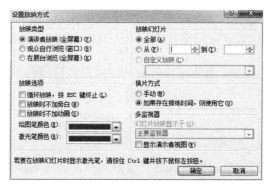

图 5.112 "设置放映方式"对话框

1. 演讲者放映(全屏幕)

是常用的放映方式,演讲者放映提供绘图笔,以便演讲者进行勾画。

2. 观众自行浏览(窗口)

可进行打印输出以及编辑、复制幻灯片等操作。

3. 在展台浏览(全屏幕)

用排练计时将每张幻灯片放映时间设置好,放映过程中自动播放,使用"Esc"键退出。

5.7.2 自定义放映

应用自定义放映可以将想要放映的幻灯片放映出来,其他没选中的幻灯片将不被放映出来。方法如下:

单击功能区中的"幻灯片放映"→"自定义幻灯片放映"按钮,在弹出的"自定义放映"对话框中选择新建、编辑等命令按钮后,弹出"定义自定义放映"对话框中,可在其中添加或删除幻灯片。如图 5.113、图 5.114 所示。

图 5.113 "自定义放映"对话框

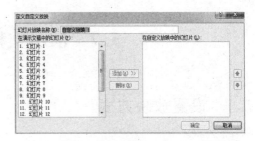
图 5.114 "定义自定义放映"对话框

5.7.3 隐藏幻灯片

应用隐藏幻灯片可以将不想放映的幻灯片"隐藏"起来,方法如下:

选择要隐藏的幻灯片(最好在浏览视图中),在菜单栏中选择"幻灯片放映"选项卡中的"隐藏幻灯片"按钮" "即可。再次单击" "按钮可将隐藏的幻灯片恢复。

5.7.4 排练计时

在放映演示文稿的过程中,过快或过慢都会影响演示文稿的放映效果,可通过设置幻灯片放映时间间隔和排练计时来设置幻灯片的放映时间。方法如下:

如图 5.115 所示。单击功能区中的"幻灯片放映"→"排练计时"按钮" ",在"录制"对话框里设置即可。

图 5.115 "录制"对话框

5.7.5 放映演示文稿

要将创建好的演示文稿放映出来,首先要打开编辑好的演示文稿,然后单击相应的命令进行放映。放映演示文稿的方法有多种,以下为几种常用方法:

1) 单击功能区中的"幻灯片放映"→"从头开始"按钮" ",可将演示文稿从头放映。

2) 按快捷键"F5"。

3) 单击右下方视图方式中的"幻灯片放映"按钮" "。

5.8 演示文稿的打印及其他应用

5.8.1 打印演示文稿

根据需要，有时我们也需要将演示文稿打印出来，具体方法为：

1）单击功能区中的"设计"→"页面设置"按钮" "，在弹出的"页面设置"对话框中对幻灯片的宽度、高度、方向等进行设置，如图 5.116 所示。

图 5.116 "页面设置"对话框

2）单击功能区中的"文件"→"打印"，在"打印"菜单中单击"打印"按钮可实现对演示文稿的打印，如图 5.117 所示。

图 5.117 "打印"按钮

5.8.2 演示文稿的打包

要保证用户创作出来的演示文稿能正常播放，必须考虑到播放器的问题。在一般的播放文件类型下，要保证演示文稿能正常播放，必须确认播放的机器上安装有相同或更高版本的 PowerPoint，否则无论你的演示文稿制作得多好，都无法向观众展示。

要解决这个问题,可以将 PowerPoint 文档打包,这样,无论对方计算机上是否安装了 PowerPoint,你的演示文稿都能正常播放。利用 PowerPoint 中的"打包成 CD"功能,可以将一个或多个演示文稿连同支持文件一起复制到 CD 中。在"打包"过程中,"打包"工具向导会提示你将播放器和你的演示文稿存放在同一张磁盘上。这样,当你要在其他计算机上播放时,将磁盘中的播放器和演示文稿解压到该机器上,便可以正常播放。

"打包"是将演示文稿中所有的源文件,包括演示文稿本身、媒体文件、图像文件和链接对象的其他文件收集在一起,进行压缩,产生一个新文件;"打包"的同时还可以提供一个播放器,可以在没有安装 PowerPoint 软件的计算机上播放。目的是让已创建的演示文稿能在其他计算机上进行演示,或可以与其他人进行交流。

打包演示文稿的步骤如下:

1) 打开演示文稿。

2) 单击功能区中"文件"→"保存并发送"→"将演示文稿打包成 CD"→"打包成 CD",如图 5.118 所示。

图 5.118　打包成 CD

3) 在弹出的"打包成 CD"向导对话框,单击"复制到 CD"按钮,实现将演示文稿打包成 CD。注意,选择该选项时要求当前电脑有 CD 刻录机和刻录软件才能实现,若无该设备则无法实现该项。若选择图 5.119 所示的"复制到文件夹"按钮,将打开如图 5.120 所示的"复制到文件夹"对话框,设置文件夹名称和存放位置,单击"确定"按钮即可实现将演示文稿打包到文件夹中。

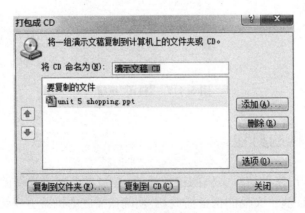

图 5.119　"打包成 CD"对话框

图 5.120 "复制到文件夹"对话框

如果有多个演示文稿需要打包,可以单击"添加"按钮进行文件的添加。一般情况下,演示文稿的默认播放顺序是按照添加演示文稿的先后顺序排列的。在打包之前还可以对播放顺序进行调整,方法是:先选定一个要调整播放顺序的演示文稿,然后单击向上或向下的箭头直至将其调整到合适的位置即可。

如果在打包时对系统设置不满意,还可以在图 5.119 所示的对话框中单击"选项"按钮进入"选项"对话框,如图 5.121 所示,在这里可以进行一些个性化的设置。

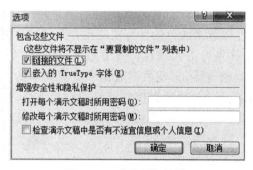

图 5.121 "选项"对话框

第 6 章 计算机网络与 Internet

6.1 计算机网络概述

计算机网络是计算机技术与通信技术高速发展、紧密结合的产物,是随着社会对信息共享和信息传递日益增强的需求而发展起来的。

6.1.1 计算机网络的定义与发展

从资源共享的角度定义网络比较符合目前网络的基本特征。简单来说,计算机网络是"以相互共享资源的方式,互联起来的自治计算机的集合"。即以功能完善的网络软件(网络协议信息交换方式、网络操作系统等),地理位置分散的、具有独立功能的多个计算机系统,利用通信设备和传输介质互相连接,实现数据通信和资源共享的系统。这里的"互相连接"意味着互相连接的两台或两台以上的计算机能够互相交换信息,达到资源共享的目的。而"具有独立功能"是指每台计算机的工作是独立的,任何一台计算机都不能干预其他计算机的工作。例如启动、停止等,任意两台计算机之间没有主从关系。计算机网络涉及到三个方面的问题:

1) 两台或两台以上的计算机相互连接起来才能构成网络,达到资源共享的目的。

2) 两台或两台以上的计算机连接,互相通信交换信息,需要有一条通道。这条通道的连接是物理的,由硬件实现,这就是连接介质(有时称为信息传输介质)。它们可以是双绞线、同轴电缆或光纤等"有线"介质;也可以是激光、微波或卫星等"无线"介质。

3) 计算机之间要通信交换信息,彼此就需要有某些约定和规则,这就是协议。

因此,我们可以把计算机网络定义为:把分布在不同地点且具有独立功能的多台计算机,通过通信设备和线路连接起来,以功能完善的网络软件,实现彼此之间数据通信和资源共享的系统。

计算机网络的发展形成可分为五个阶段,即远程终端联机阶段、计算机网络阶段、计算机网络互联阶段、国际互联网和信息高速公路阶段和未来网络融合阶段。

1. 第一阶段——远程终端联机阶段

由一台中央主机通过通信线路连接大量不同地理位置上的终端,构成面向终端通信网络。终端分时访问中心计算机的资源,中心计算机将处理结果返回终端。

第一阶段的各个计算机网络是独立发展的,采用计算机技术与通信技术结合的技术。奠定了计算机网络的理论基础。例如,20 世纪 60 年代初美国航空公司与 IBM 公司联合开发的飞机订票系统,就是由一台主机和全美范围内 2 000 多个终端组成的,它的终端只包括

CRT 监视器和键盘,而没有 CPU 和内存。

第一阶段的计算机网络是面向终端的,是一种以单个主机(计算机)为中心的星型网络,各终端通过通信线路共享主机的硬件和软件资源。

2. 第二阶段——计算机网络阶段

20 世纪 60 年代中后期,出现了多台计算机通过通信系统互联的系统,开创了"计算机——计算机"通信时代,分布在不同地点且具有独立功能的计算机可以通过通信线路,形成一个以众多主机组成的资源子网,网上用户可以共享资源子网内的所有软硬件资源,故又称为"面向资源子网的计算机网络"。这个时期最典型代表是美国国防部高级研究计划局协助开发的 ARPANET。IBM 的 SNA 网,DEC 的 DNA 网都是成功的案例。但这个时期的网络产品是相对独立的,没有统一的标准,在同一网络中只能存在同一厂家生产的计算机,其他厂家生产的计算机无法接入。

第二阶段计算机网络强调了网络的整体性,用户不仅可以共享主机资源,而且可以通过通信子网共享其他主机或用户的软硬件资源。

3. 第三阶段——计算机网络互联阶段

第三阶段解决了计算机网络间互联标准化问题,要求各个网络具有统一的网络体系结构并遵循国际开放式标准。以实现"网与网相连,异型网相连"。国际标准化组织 ISO 颁布的"开放式系统互联参考模型 OSI/RM",其结构严密,理论性强,学术价值高,各种网络都参考它,极大地促进了计算机网络技术的发展。Internet 标准化组织制定的参考模型 TCP/IP 相对于 OSI/RM 来说更加简单、实用,现在已成为事实的工业标准。20 世纪 80 年代后,局域网技术十分成熟,随着计算机技术、网络互联技术和通信技术的高速发展,出现了 TCP/IP 协议支持的全球互联网(Internet),在全世界范围内获得了广泛应用,并朝着更高速、更智能的方向发展。

4. 第四阶段——国际互联网和信息高速公路阶段

第四阶段计算机网络进入 20 世纪 90 年代后,随着数字通信的出现而产生的,其特点是综合化和高速化。综合化是指采用交换的数据传送方式将多种业务综合到一个网络中完成。例如,将多种业务,如语音、数据、图像等信息以二进制代码的数字形式综合到一个网络之中进行传送。

5. 第五阶段——未来网络融合阶段

随着电信、电视、计算机"三网融合"趋势的加强,未来的互联网是真正的多网合一、多业务综合平台和智能化平台。未来的互联网是"移动+IP+广播多媒体"的网络世界,它能融合现今所有的通信业务,并能推动新业务的迅猛发展,给整个信息技术产业带来一场革命。

6.1.2 计算机网络的作用与分类

计算机网络之所以得到如此迅速的发展和普及,归根到底是因为它具有非常明显和强大的作用,主要表现在以下三个方面。

1. 实现资源共享

计算机网络最具吸引力的地方就是进入计算机网络的用户可以共享网络中各种硬件和软件资源,使网络中各地区的资源互通、分工协作,从而提高系统资源的利用率。

2. 用户之间交换信息和数据传输

数据传输是计算机网络的基本功能之一,用户实现计算机与终端或计算机与计算机之间的各种信息传送。计算机网络不仅使分散在网络各处的计算机能共享网上的所有资源,还能为用户提供强有力的通信手段和尽可能完善的服务,从而极大地方便用户。

3. 分布式数据处理

由于计算机价格下降速度很快,这使得在获得数据和需进行数据处理的地方分别设置计算机变为可能。对于较复杂的综合性问题,可以通过一定的算法,把数据处理的功能交给不同的计算机,达到均衡使用网络资源、实现分布处理的目的。

计算机网络主要的分类方法有:根据网络所使用的传输技术分类,根据网络的拓扑结构分类,根据网络协议分类等。虽然网络类型的划分标准各异,但是从地理范围划分是一种大家都认可的通用网络划分标准。根据网络覆盖的地理范围不同,可以将网络类型划分为局域网、城域网、广域网和互联网四种。

(1) 局域网(Local Area Network,LAN)

局域网就是在局部地区范围内应用的网络,它所覆盖的地区范围较小,如一个公司、一个家庭等。局域网在计算机数量配置上没有太多限制,少的可以只有两台,多的可达几百台甚至上千台。局域网所涉及的地理范围一般来说可以是几米至10千米以内,不存在寻径问题,不包括网络层的应用。

局域网是所有网络的基础,以下介绍的城域网、广域网及互联网都是由许多局域网和单机互联组成的。

局域网的连接范围窄、用户少、配置容易、连接速率高。目前最快速率的局域网就是万兆位以太网,它的传输速率达 10 Gb/s,而且这些以太网可以是全双工工作的。

(2) 城域网(Metropolitan Area Network,MAN)

城域网的地理覆盖范围一般为一个城市,它主要应用于政府机构和商业网络。这种网络的连接距离可以是 10~100 千米。城域网比局域网连接的计算机数量更多,在地理范围上是局域网的延伸。在一个大型城市或都市地区,城域网通常连接着多个局域网,如连接政府机构的局域网、医院的局域网、电信的局域网、公司企业的局域网等。

目前城域网使用最多的是基于光纤的千兆或万兆以太网技术。

(3) 广域网(Wide Area Network,WAN)

广域网的覆盖范围比城域网更广,它一般用于不同城市之间的局域网或城域网的互联,地理范围可从几百千米到几千千米。其实后面所要介绍的"互联网"也属于广域网,只不过它所覆盖的范围最大,是全球。因为所连接的距离比较远,信息衰减比较严重,所以广域网一般要租用专线构成网状结构的主体。

广域网需要向外界的广域网服务商申请广域网服务,使用通信设备的数据链路连入广域网,如 ISDN(综合业务数字网)、DDN(数字数据网)和帧中继(Frame Relay,FR)等。因为广域网所连接的用户多,总出口带宽有限,所以终端用户的连接速率一般较低。

(4) 互联网(Internet)

一般所说的互联网就是因特网,它的应用已非常普遍,几乎涉及人们工作、生活、休闲娱乐的各个方面。无论从地理范围,还是从网络规模来说,互联网都是目前最大的一种网络,从地理范围来说,它可以是全球计算机的互联。这种网络的最大特点就是不定性,整个网络所连接的计算机和网络每时每刻都在不停地变化。一台计算机连在互联网上的时候,可以算是互联网的一部分,但一旦断开与互联网的连接时,这台计算机就不属于互联网了。互联网的优点也非常明显,就是信息量大、传播广,无论身处何地,只要连上互联网就可以对任何可以联网的用户发出信函和广告。

互联网的接入也要专门申请接入服务,如果用户平时上网就要先向 ISP(互联网服务提供商)申请接入账号,还需要安装特定的接入设备,如现在的主流互联网接入方式中的MODEM、ADSL、Cable MODEM 等。当然这只是用户端设备,在 ISP 端还需要许多专用设备,俗称"局端设备"。

6.1.3 计算机网络的拓扑结构

网络拓扑结构就是网络的形状,或者是它在物理上的连通性。拓扑结构的选择往往与传输媒体的选择和媒体访问控制方法的确定紧密相关。在选择网络拓扑结构时,应该考虑的主要因素有下列几点:

1) 可靠性:尽可能提高可靠性,保证所有数据流能准确接收。还要考虑系统的维护,要使故障检测和故障隔离较为方便。

2) 费用低:它包括建网时需考虑适合特定应用的费用和安装费用。

3) 灵活性:需要考虑系统在今后扩展或改动时,能容易地重新配置网络拓扑结构,能方便地进行对原有站点的删除和新站点的加入。

4) 响应时间和吞吐量:要有尽可能短的响应时间和最大的吞吐量。

构成网络的拓扑结构有很多种,通常包括:星型拓扑、总线拓扑、环型拓扑、树型拓扑、混合型拓扑、网型拓扑,如图 6.1 所示。

(1) 星型拓扑

星型拓扑结构是指各工作站以星型方式连接成网。网络有中央节点,其他节点(工作站、服务器)都与中央节点直接相连,这种结构以中央节点为中心,因此又称为集中式网络。

它具有如下特点:结构简单,便于管理;控制简单,便于建网;网络延迟时间较小,传输误差较低。但缺点也是明显的:成本高、可靠性较低、资源共享能力也较差。

(2) 总线拓扑

总线拓扑结构是指各工作站和服务器均挂在一条总线上,各工作站地位平等,无中心节点控制,公用总线上的信息多以基带形式串行传递,其传递方向总是从发送信息的节点开始向两端扩散,如同广播电台发射的信息一样,因此又称广播式计算机网络。各节点在接收信息时都进行地址检查,看是否与自己的工作站地址相符,相符则接收网上的信息。

总线拓扑结构的网络特点如下:结构简单,可扩充性好。当需要增加节点时,只需要在

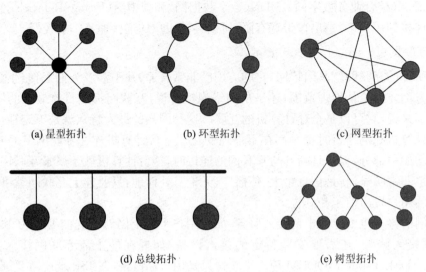

图 6.1 计算机网络几种常见结构

总线上增加一个分支接口便可与分支节点相连,当总线负载不允许时还可以扩充总线;使用的电缆少,且安装容易;使用的设备相对简单,可靠性高;维护难,分支节点故障查找难。

(3) 环型拓扑

环型拓扑结构由网络中若干节点通过点到点的链路首尾相连形成一个闭合的环,这种结构使公共传输电缆组成环型连接,数据在环路中沿着一个方向在各个节点间传输,信息从一个节点传到另一个节点。

环型拓扑结构具有如下特点:信息流在网中是沿着固定方向流动的,两个节点仅有一条道路,故简化了路径选择的控制;环路上各节点都是自举控制,故控制软件简单;由于信息源在环路中是串行地穿过各个节点,当环中节点过多时,势必影响信息传输速率,使网络的响应时间延长;环路是封闭的,不便于扩充;可靠性低,一个节点故障,将会造成全网瘫痪;维护难,对分支节点故障定位较难。

(4) 树型拓扑

树型拓扑结构是分级的集中控制式网络,与星型拓扑结构相比,它的通信线路总长度短,成本较低,节点易于扩充,寻找路径比较方便,但除了叶节点及其相连的线路外,任一节点或其相连的线路故障都会使系统受到影响。

(5) 网状拓扑

在网状拓扑结构中,网络的每台设备之间均有点到点的链路连接,这种连接不经济,只有每个站点都要频繁发送信息时才使用这种方法。它的安装也复杂,但系统可靠性高,容错能力强。有时也称为分布式拓扑结构。

(6) 混合型拓扑

将以上两种单一拓扑结构类型混合起来,取两种拓扑结构的优点构成一种混合型拓扑结构。混合型拓扑故障诊断和隔离较为方便,易于扩展,安装方便;但需要选用带智能的集中器,有时会使电缆安装长度增加。

上面分析了几种常用拓扑和它们的优缺点,由此可见,不管是局域网还是广域网,其拓扑的选择,需要考虑很多因素。网络要易于安装,一旦安装好了,还要满足易于扩展的要求,既要方便扩展,又要保护现有的系统。网络的可靠性也是考虑的重要因素,要易于故障诊断,易于隔离故障,以使网络的主要部分仍能正常运行。网络拓扑的选择还会影响传输介质的选择和介质访问控制方法的确定,这些因素又会影响各个站点在网上的运行速度和网络软硬件接口的复杂性。

6.1.4 网络通信协议与网络体系结构

1. 网络通信协议

网络通信协议是一组规则的集合,是进行交互的双方必须遵守的约定。在网络系统中,为了保证数据通信双方能够正确而自动地进行通信,因此,制定了一整套约定,这就是网络系统的通信协议。通信协议是一套语义和语法规则,用来规定有关功能部件在通信过程中的操作。

网络通信协议的特点如下:

1) 通信协议具有层次性:这是由于网络系统体系结构是有层次的。通信协议分为多个层次,在每个层次内又可以被分为若干个子层次。协议各层次有高低之分。

2) 通信协议具有可靠性和有效性:如果通信协议不可靠,就会造成通信混乱和中断。只有通信协议有效,才能实现系统内的各种资源的共享。

网络协议不是一套单独的软件,它通常融合在其他软件系统中。网络协议遍及 OSI 参考模型的各个层次,例如大家非常熟悉的 TCP/IP、HTTP 和 FTP 协议等。

网络协议所起的主要作用和所适用的应用环境各不相同,有的是专用的,如 IPX/SPX 就是 Novell 公司的 NetWare 操作系统专用的,而 NetBEUI 协议则专用于微软公司的 Windows 系统;有的则是通用的,如 TCP/IP 协议就适用于几乎所有的系统和应用环境。

在所有常用的网络协议中,又可以分为基础型协议和应用型协议。TCP/IP、IPX/SPX 和 NetBEUI 属于基础型协议,而 HTTP、PPP 和 FTP 则属于应用型协议。基础型协议用来提供网络连接服务,它在网络连接和通信活动中必不可少;应用型协议对于网络来说不是必需的,在具体应用到网络服务时才需要。

常见的网络协议有如下几类。

(1) TCP/IP

TCP/IP(Transmission Control Protocol/Internet Protocol,传输控制协议/网际协议)是 Internet 采用的主要协议。TCP/IP 协议集确立了 Internet 的技术基础,其核心功能是寻址和路由选择(网络层的 IP/IPV6)以及传输控制(传输层的 TCP、UDP)。

(2) HTTP

HTTP(Hypertext Transfer Protocol,超文本传输协议)是 Internet 上进行信息传输时使用最为广泛的一种通信协议,所有的 WWW 程序都必须遵循这个协议标准。它的主要作用就是对某个资源服务器的文件进行访问,包括对该服务器上指定文件的浏览、下载和运行等,也就是说,HTTP 可以访问 Internet 上的 WWW 资源。

(3) FTP

FTP(File Transfer Protocol,文件传输协议)是从 Internet 上获取文件的方法之一,它

是用来让用户与文件服务器之间进行相互传输文件的,通过该协议用户可以很方便地连接到远程服务器上,查看远程服务器上的文件内容,同时还可以把所需要的内容复制到自己所使用的计算机上;另一方面,如果文件服务器授权用户可以对该服务器上的文件进行管理,用户就可以把自己本地的计算机上的内容上传到文件服务器上,让其他用户共享,而且还能自由地对上面的文件进行编辑操作,例如对文件进行删除、移动、复制和更名等。

(4) Telnet

Telnet(远程登录协议)允许用户把自己的计算机当作远程主机上的一个终端。通过该协议,用户可以登录到远程服务器,使用基于文本界面的命令连接并控制远程计算机,而无须 WWW 中的图形界面的功能。用户一旦用 Telnet 与远程服务器建立联系,该用户的计算机就享受与远程计算机的本地终端同样的权利,可以与本地终端同样适用服务器的 CPU、硬盘及其他系统资源。

(5) SMTP

SMTP(Simple Mail Transfer Protocol,简单邮件传输协议)是用来发送电子邮件的 TCP/IP 协议,其内容由 IETF 的 RFC 821 定义。另一个和 SMTP 相同功能的协议是 X.400。SMTP 的一个重要特点是它能够在传送中接力传送邮件,传送服务提供了进程间通信环境(IPCE),此环境可以包括一个网络、几个网络或一个网络的子网。邮件是一个应用程序或进程间通信。邮件可以通过连接在不同 IPCE 上的进程跨网络传送。更特别的是,邮件可以通过不同网络上的主机接力式传送。

(6) POP3

POP3(Post Office Protocol Version 3,邮件协议版本 3)是一个关于接收电子邮件的客户/服务器协议。电子邮件由服务器接收并保存,在一定时间之后,由客户电子邮件接收程序检查邮箱并下载邮件。另一个替代协议是交互邮件访问协议(IMAP)。使用 IMAP 可以将服务器上的邮件视为本地客户机上的邮件,在本地机上删除的邮件还可以从服务器上找到。

2. 网络体系结构

在计算机网络产生之初,每个计算机厂商都有一套自己的网络体系结构的概念,它们之间互不相容。为此,国际标准化组织(ISO)在 1979 年建立一个分委员会来专门研究一种用于开放系统互联的体系结构(Open Systems Interconnection ,OSI)。"开放"这个词表示,只要遵循 OSI 标准,一个系统可以和位于世界上任何地方的、也遵循 OSI 标准的其他任何系统进行连接。这个分委员会提出了开放系统互联,即 OSI 参考模型,它定义了连接异种计算机的标准框架。

OSI 参考模型分为七层,如图 6.2 所示,从低到高分别是物理层、数据链路层、网络层、传输层、会话层、表示层和应用层。各层的主要功能及其相应的数据单位如下所述。

(1) 物理层

物理层(Physical Layer)的任务就是为它的上一层数据链路层提供一个物理连接,定义物理链路的机械、电气、功能和规程特性。如规定使用电缆和接头的类型、传送信号的电压等。在这一层,数据还没有被组织,仅作为原始的位流或电气电压处理,单位是比特。

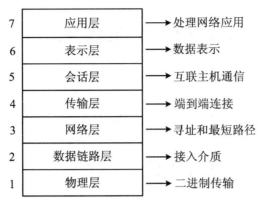

图 6.2　7 层 OSI 参考模型

(2) 数据链路层

数据链路层(Data Link Layer)负责在两个相邻节点间的线路上无差错地传送以帧为单位的数据。每一帧包括一定数量的数据和一些必要的控制信息。在传送数据时,如果接收点检测到所传数据中有差错,就要通知发送方重发这一帧。

(3) 网络层

在计算机网络中进行通信的两个计算机之间可能会经过很多个数据链路,也可能还要经过很多通信子网。网络层(Network Layer)的任务就是选择合适的网络间路由和交换节点,确保数据送到正确的目的地。网络层将数据链路层提供的帧组成数据包,包中封装有网络层包头,其中含有逻辑地址信息——源站点和目的站点的网络地址。

(4) 传输层

传输层(Transport Layer)的任务是为两个端系统(也就是源站和目的站)的会话层之间提供建立、维护和拆除传输连接的功能,负责可靠地传输数据。在这一层,信息的传送单位是报文。

(5) 会话层

会话层(Session Layer)不参与具体的传输,它提供两个会话进程的通信,如服务器验证用户登录便是由会话层完成的。

(6) 表示层

表示层(Presentation Layer)主要解决用户信息的语法表示问题,提供格式化的表示和转换数据服务。数据的压缩和解压缩、加密和解密等工作都是由表示层负责。

(7) 应用层

应用层(Application Layer)提供进程之间的通信,以满足用户的需要以及提供网络与用户软件之间的接口服务。

6.2 计算机局域网

6.2.1 局域网基础

计算机局域网(LAN)技术是当前计算机网络研究和应用的一个热点。也是目前技术发展最快的领域之一。局域网作为一种重要的基础网络,在企业、机关和学校等各种单位得到广泛的应用。局域网也是建立互联网的基础。

局域网是指将有限的地理范围(比如一个机房、一幢大楼、一个学校或单位)内的计算机、外设和网络互联设备等连接起来,形成的以数据通信和资源共享为目的的计算机网络系统。

从应用的角度看,局域网具有以下四个方面的特点。

1) 局域网覆盖有限的地理范围,计算机之间的联网距离通常小于 10 千米。适用于校园、机关、公司、工厂等有限范围内的计算机、终端及各类信息处理设备联网的需求。

2) 局域网一般提供高数据传输率(10 Mb/s,10~100 Mb/s,1 000 Mbit/s),误码率低。支持的传输介质种类多。

3) 局域网一般属于一个单位所有,工作站数量不多,一般在几台到几百台左右,易于建立、维护和扩展,可靠性和安全性高。

4) 决定局域网特性的主要技术要素为拓扑结构、传输介质和介质访问控制方法。

5) 从介质访问控制方法的角度,局域网可分为共享式局域网和交换式局域网两类。

6.2.2 局域网的组成

从总体来说,局域网可视为由硬件和软件两部分组成。硬件部分主要包括计算机、外围设备、网络互联设备;软件部分主要包括网络操作系统和通信协议、应用软件。局域网的基本组成可用图 6.3 表示。

1. 工作站

工作站,英文名称为 Workstation,是一种以个人计算和分布式网络计算为基础,面向专业应用领域,具备强大的数据运算与图形、图像处理能力,满足工程设计、动画制作、科学研究、软件开发、金融管理、信息服务、模拟仿真等专业而设计开发的高性能计算机。工作站通常是指连接到网络的计算机,它对用户数据进行实时处理,是用户和网络之间的接口。用户可通过工作站请求获取网络服务,网络服务器则把处理结果返回给工作站上的用户。

2. 服务器

当一台连入网络的计算机向其他计算机提供各种网络服务(如数据、文件的共享等)时,就称为服务器。服务器是整个网络系统的核心,它为网络用户提供服务并管理整个网络。

随着局域网功能的不断增强,根据服务器在网络中所承担的任务和所提供的功能不同,

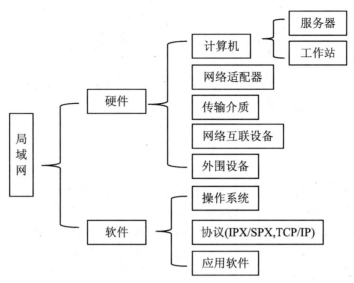

图 6.3 局域网的基本组成示意图

可把服务器分为文件服务器、打印服务器和通信服务器三种。文件服务器能将大量的磁盘存储区划分给网络上的合法用户使用,接收客户提出的数据处理和文件存取请求;打印服务器接收客户提出的打印请求,及时完成相应的打印服务;通信服务器负责局域网与局域网之间的通信连接功能。局域网中,最常用的是文件服务器。

局域网中至少有一台服务器,允许有多台服务器。在实际网络中,不同服务器的功能用不同的微机来提供,也可以用一台高档微机或小型机同时提供不同的网络服务。

3. 外围设备

外围设备主要提供网络共享资源,如共享输入输出设备、网络打印机等。

4. 网络互联设备

网络互联设备即实现网络互连的设备,常用的网络互联设备有网络适配器、集线器、交换机、路由器等。

5. 传输介质

传输介质按是否有形可分为有线和无线两大类。局域网中常用的有线介质有双绞线、同轴电缆和光纤;无线介质通常有无线电波、微波、红外线。传输介质用来提供数据传输线路,目前局域网常用的有线传输介质是双绞线和光纤。

6.3 Internet 概述

6.3.1 Internet 的发展

1. Internet 的诞生

20 世纪 60 年代，美国国防部下属的高级计划研究署（ARPA）出资，赞助大学的研究人员开展网络互联技术的研究，实现将其所属的各军方网络互联。研究人员最初在 4 所大学之间组建了一个实验性的网络，叫做 ARPANET。随着研究的深入，TCP/IP 协议出现并发展。为了推广 TCP/IP 协议，在美国军方的赞助下，加州大学伯克利分校将 TCP/IP 协议嵌入到当时很多大学使用的网络操作系统 BSDUNIX 中，促使了 TCP/IP 协议的研究开发与推广应用。1983 年初，美国军方正式将其所有军事基地的各子网络都联到了 ARPANET 上，并全部采用 TCP/IP 协议，这标志着 Internet 的正式诞生。

2. Internet 的初步发展

20 世纪 80 年代，美国国家科学基金会（NSF）认识到，为使美国在未来的竞争中保持不败，必须将网络扩充到每一位科学家和工程人员。最初 NSF 想利用已有的 ARPANET 来达到这一目的，但却发现与军方打交道很头疼，于是 NSF 游说美国国会获得资金组建了一个从开始就适用 TCP/IP 协议的网络 NSFNET。NSFNET 取代 ARPANET，于 1988 年正式成为 Internet 的主干网。NSFNET 采用的是一种层次结构，分为主干网、地区网和校园网。各主机联入校园网，校园网联入地区网，地区网联入主干网。NSFNET 扩大了网络的容量，入网者主要是大学和科研机构。

3. Internet 的迅猛发展

20 世纪 90 年代，每年加入 Internet 的计算机呈指数式增长，NSFNET 在完成的同时就出现了网络负荷过重的问题。因为认识到美国政府无力承担组建一个新的更大容量的网络的全部费用，NSF 鼓励 MERIT、MCI 与 IBM 三家商业公司接管了 NSFNET。三家公司组建了一个非营利性的公司 ANS，并在 1990 年接管了 NSFNET。到 1991 年底，NSFNET 的全部主干网都与 ANS 提供的信息的主干网连通，构成了 ANSNET。与此同时，很多的商业机构也开始运行它们的商业网络并连接到主干网上。Internet 的商业化，开拓了其在通信、资料检索和客户服务等方面的巨大潜力，导致了 Internet 新的飞跃，并最终走向全球。

4. 下一代互联网的研究与发展

美国不仅是第一代互联网全球化进程的推动者和受益者，而且也是下一代互联网发展的领跑者。1996 年，美国政府发起下一代互联网（NGI）行动计划，建立了下一代互联网主干网 VBNS。1998 年，美国下一代互联网研究的大学联盟 UCAID 成立，启动了 Internet 2 计划。

美国在下一代互联网发展中日渐彰显的垄断趋势已经引起许多发达国家的关注。2001年,欧共体正式启动下一代互联网研究计划;日本、韩国和新加坡三国在 1998 年发起建立"亚太地区先进网络(APAN)",加入下一代互联网的国际性研究。日本目前在国际 IPV6 的科学研究乃至产业化方面占据国际领先地位。

从 Internet 的发展过程可以看到,Internet 是历史的沿革造成的,是千万个可单独运行的子网以 TCP/IP 协议互联起来形成的,各个子网属于不同的组织或机构,而整个 Internet 不属于任何国家、政府或机构。

6.3.2 Internet 的体系结构

因特网从 1983 年开始使用传输控制/网间协议参考模型。该协议模型不是一个简单的协议,而是由数十个具有一定层次结构的协议组成的一个协议集。TCP/IP 是 Internet 中使用的主要通信协议,它是目前最完整、应用最普遍的通信协议标准,计算机要联入 Internet 都要先安装 TCP/IP 协议。它可以使不同的硬件结构、不同的操作系统的计算机之间相互通信。而 TCP 和 IP 是该协议中两个最重要的协议。整个协议集常被称为 TCP/IP 体系结构或简称为 TCP/IP。它是一个公开标准,完全独立于硬件或软件厂商,可以运行在不同体系的计算机上。

1. TCP/IP 的分层结构

TCP/IP 协议层次模型主要包括网络接口层、网络层、传输层和应用层。对应于 OSI 的七层模块,如图 6.4 所示。

图 6.4 TCP/IP 模型对应 OSI 参考模型的层次

TCP/IP 模型各层的主要功能简述如下。

(1) 网络接口层

网络接口层是 TCP/IP 协议模型的最底层,相当于 OSI 参考模型中的物理层加上数据链路层。它定义了各种网络标准,并负责从上层接收 IP 协议数据包,并把 IP 协议数据进一步处理成数据帧发送出去,或从网络上接收数据帧,封装成 IP 协议数据包,并把数据包交给网络层。

(2) 网络层

网络层解决了计算机与计算机之间的通信问题,主要定义了 IP 地址格式,从而使不同应用类型的数据在 Internet 上能够畅通地传输。这一层的通信协议统一为 IP 协议。IP 协议具有以下几个功能。

1) 管理 Internet 地址:管理互联网上的计算机 IP 地址,互联网上的计算机都要有唯一的地址,即 IP 地址。

2) 路由选择功能:数据在传输过程中要由 IP 协议通过路由选择算法,在发送方和接收方之间选择一条最佳路径。

3) 数据的分片和重组:数据在传送过程中要经过多个网络,每个网络所规定的分组长度不一定相同。因此,当数据经过分组长度较小的网络时,就要分割成更小的段。当数据到达目的地后,还要由 IP 协议进行重新组装。

(3) 传输层

IP 协议仅负责数据的传送,而不考虑传送的可靠性和数据的流量控制等安全因素。传输层提供了可靠传输的方法。传输层包括 TCP 协议(传输控制协议)和 UDP 协议(用户数据包协议)。

(4) 应用层

应用层提供了网络上计算机之间的各种应用服务,如 Telnet(远程登录)、FTP(文件传输协议)、SMTP(简单邮件传输协议)和 HTTP(超文本传输协议)等。

在网络之间源计算机与目的计算机的同层协议,通过下层提供的服务实现对话。在源和目的计算机的同层实体称为伙伴或叫对等进程。它们之间的对话实际上是在源计算机上从上到下然后穿越网络到达目的计算机,然后再从下到上到达相应层。

2. TCP/IP 协议的核心协议

TCP/IP 协议包括两个子协议:一个是 TCP 协议,另一个是 IP 协议。TCP/IP 协议除了本身包括 TCP 和 IP 两个子协议外,还包括一组底层核心和应用型网络协议、协议诊断工具和网络服务,例如用户数据协议(UDP)、地址解析协议(ARP)及网间控制报文协议(ICMP),使得 TCP/IP 协议的功能非常强大。这组协议提供了一系列计算机互联和网络互联的标准协议。新版的 TCP/IP 协议几乎包括现今所需的常见网络应用协议和服务。

(1) TCP 协议

TCP 协议处于 TCP/IP 的传输层,主要作用是在计算机间可靠地交换传输数据包。TCP 协议是面向连接的,提供 IP 环境下使数据可靠传输,所提供服务包括数据流传送、可靠性、有效流控、全双工操作和多路复用。

(2) IP 协议

IP 协议可实现两个基本功能:寻址和分段。IP 处于 TCP/IP 的网络层,需要完成从网络上一个节点向另一节点的移动。IP 传输的一种基本信息单位称为数据包。IP 的主要功能是为数据的发送寻找一条通向目的地的路径,将不同格式的物理地址转换成统一的 IP 地址以及将不同格式的帧转换为 IP 数据包,并向 TCP 所在的传输层提供 IP 数据包,实现无连接数据包传送。

(3) UDP 协议

UDP 协议与 IP 协议一样,也是一个无连接协议。它属于一种"强制"性的网络连接协议,能否连接成功与 UDP 协议无关。UDP 协议主要用来支持那些需要在计算机之间传输数据的网络应用,例如网络视频会议系统。UDP 协议的主要作用是将网络数据流量压缩成数据包的形式。

(4) ARP 协议

ARP(Address Resolution Protocol,地址解析协议)的基本功能就是通过目标设备的 IP 地址查询目标设备的 MAC 地址,以保证通信顺利进行。

在局域网中,网络中实际传输的是"帧",帧里面有目的主机的 MAC 地址。在以太网中,一个主机要和另一个主机进行直接通信,就必须知道目标主机的 MAC 地址。这个目标 MAC 地址是通过 ARP 协议获得的。所谓地址解析,就是主机在发送帧前将目标 IP 地址转换成目标 MAC 地址的过程。

(5) ICMP 协议

ICMP(Internet Control Protocol)是 TCP/IP 协议族的一个子协议,主要用于在 IP 主机、路由器之间传递控制信息。控制信息是指网络通不通、主机是否可达、路由是否可用等网络本身的消息。这些控制信息虽然并不传输用户数据,但是对于用户数据的传递起着重要作用。

人们经常使用"Ping"命令检查网络通不通,这个"Ping"的过程实际上就是 ICMP 协议工作的过程。

6.3.3 IP 地址与域名

1. IP 地址及分类

(1) IP 地址

所有连上 Internet 的计算机都必须在 Internet 上有一个唯一的地址编号作为其在 Internet 的标识,这个编号称为 IP 地址。目前使用的 IPv4(IP 协议第 4 版本)规定每台主机分配一个 32 位二进制数作为该主机的 IP 地址,为了在 Internet 上发送消息,一台计算机必须知道接收信息的远程计算机的 IP 地址,每个数据报中包含有发送方的 IP 地址和接收方的 IP 地址。

IP 地址由 32 位二进制数组成,为便于记忆和输入,将这种 32 位代码分为 4 组,每组 8 位,用一个 0~255 的十进制数字表示,每个数字之间用圆点分隔,例如"192.168.95.2",这种表示地址的方式称为点分十进制表示法。

通常用 IP 地址标识一个网络和与网络相连接的一台主机。IP 地址采用一种两级结构,一部分表示主机所属的网络,另一部分表示主机本身,主机必须位于特定的网络中。IP 地址的基本组成为:"网络标识号+主机标识号"。

IP 地址基本的地址分配原则是,要为同一个网络内所有主机分配相同的网络标识符号,同一个网络内的不同主机必须分配不同的标识号,以区分主机。不同网络内的每台主机必须具有不同的网络标识号,但是可以具有相同的主机标识号。

(2) IP 地址分类

为充分利用 IP 地址资源,考虑到不同规模网络的需要,IP 将 32 位地址空间划分为不同的地址级别,并定义了五类地址,A~E 类。其中 A、B、C 三类由 InterNIC 在全球范围内统一分配,D、E 类为特殊地址,其地址编码方法见表 6.1 所示。为了确保 Internet 中 IP 地址的唯一性,IP 地址由 Internet IP 地址管理组织统一管理。如果需要建立网站,要向管理本地区的网络机构申请和办理 IP 地址。

表 6.1 IP 地址类和应用

类型	第一个字节数字范围	应用	类型	第一个字节数字范围	应用
A	1~126	大型网络	D	224~239	备用
B	128~191	中等规模网络	E	240~254	试验用
C	192~223	校园网			

还可以使用"子网掩码"来区分 IP 地址中的网络部分和主机部分。子网掩码也是一个 32 位的二进制数字,同样可以用 4 个十进制数表示。例如,IP 地址"218.198.48.88",配以子网掩码"255.255.255.0",就表示这是一个 C 类地址,前三个字节表示网络标识号,后一个字节表示主机标识号。可以理解成这是 218.198.48 网段的 88 号主机。

(3) 特殊的 IP 地址

IP 地址就像计算机的门牌号,每个网络上的独立计算机都有自己的 IP 地址。除了用户正常使用的 IP 地址以外,另外还有一些特殊的 IP 地址,比如最小 IP"0.0.0.0"、最大 IP "255.255.255.255"。

1) 0.0.0.0:严格来说,0.0.0.0 已经不是一个真正意义上的 IP 地址。它表示的是所有不清楚的主机和目的网络这样一个集合。

2) 255.255.255.255 是限制广播地址。对本机来说,这个地址指本网段内(同一个广播域)的所有主机。

3) 224.0.0.1 是组播地址,它不同于广播地址。224.0.0.0~239.255.255.255 都是组播地址。IP 组播地址用于标识一个 IP 组播组。

4) 127.0.0.1 是回送地址,指本地主机。主要用于网络软件测试以及本地机进程间通信,无论什么程序,一旦使用回送地址发送数据,协议软件立即返回,不进行任何网络传输。在 Windows 系统中,这个地址有一个别名叫 Localhost。除非出错,否则网络的传输介质上永远不应该出现目的地址为 127.0.0.1 的数据包。

2. 域名和 URL 地址

(1) 域名

IP 地址有效标识了网络的主机,但也存在不便记忆的问题。为了方便用户使用、维护和管理,Internet 中使用了域名系统(Domain Name System,DNS)。该系统采用分层命名的方法,对 Internet 上的每一台主机赋予一个直观且唯一的名称。

域名与 IP 地址一一对应,用户使用域名时需要通过 DNS 服务器进行转换,将域名转换成对应的 IP 地址。也就是说,计算机是不能直接识别域名的。

域名地址也是分段表示的(一般不超过5段),每段分别授权给不同的机构管理,各段之间用圆点"."分隔。每部分有一定的含义,且从右到左各部分之间大致上是上层与下层的包含关系。域名地址就是通常所说的网址。

域名的基本结构为:主机名+单位名+类型名+国际代码

例如:www.sjtu.edu.cn代表中国(cn)教育科研网(edu)上海交通大学校园网(sjtu)内的WWW服务器。域名地址www.microsoft.com代表商业公司(com)微软公司的(microsoft)内的WWW服务器。

一个域名地址的最右边的部分称为顶级域名。顶级域名分为两大类:机构性域名和地理性域名。机构性域名和常见的地理性域名见表6.2。

表 6.2 机构性域名和常见的地理性域名

机构性域名		地理性域名	
域名	含义	域名	含义
com	商业机构	cn	中国大陆
edu	教育机构	hk	中国香港
net	网络服务提供者	tw	中国台湾
gov	政府机构	mo	中国澳门
org	非盈利组织	us	美国
mil	军事机构	uk	英国
int	国际机构,主要指北约组织	ca	加拿大
nfo	一般用途	fr	法国
biz	商务	in	印度
name	个人	au	澳大利亚
pro	专业人士	de	德国
museum	博物馆	ru	俄罗斯
coop	商业合作团体	jp	日本
aero	航空工业	…	

(2) URL地址

在Internet中,每个信息资源都有一个统一的且在网络上唯一的地址,该地址就叫统一资源定位标志(Uniform Resource Locator,URL)。

URL由三部分组成:资源类型、存放资源的主机域名或地址、资源文件名。例如:http://www.massz.cn/news/index.html 或 ftp://61.191.176.120/film/x1.rm。

其中http表示该资源类型为超文本信息;www.massaz.cn表示马鞍山师范高等专科学校的WWW主机域名;news为存放文件的目录;index.html为资源文件名。

ftp表示使用文件传输协议;61.191.176.120为主机地址;film为存放文件的目录;x1.rm为资源文件名。

6.3.4 Internet的接入

要接入Internet,首先要找一个合适的因特网服务提供商(ISP)。一般ISP提供的功能主要有:分配IP地址和网关及DNS和其他接入服务。各地、小区都有ISP提供因特网的接入服务,如联通、电信、移动等网络服务公司。目前个人接入 Internet 一般使用电话拨号、ADSL、局域网和无线等几种方式。

1. 电话拨号接入

电话拨号接入是个人用户接入 Internet 最早使用的方式之一。电话拨号接入因特网分为两种:一是个人计算机经过调制解调器和普通模拟电话线,与公用电话网连接;二是个人计算机经过专用终端设备和数字电话线,与综合业务数字网(Integrated Service Digital Network,ISDN)连接。通过普通模拟电话拨号入网方式,数据传输能力有限,传输速率较低(最高 56 kbit/s),传输质量不稳,上网时不能使用电话。通过 ISDN 拨号入网方式,信息传输能力强,传输速率较高(128 kbit/s),传输质量可靠,上网时还可使用电话。

2. ADSL 接入

目前电话线接入因特网的主流技术是非对称数字用户线路(Asymmetric Digital Subsciber Line,ADSL)。其非对称体现在上、下行速率的不同。上行(指从用户端向网络传送信息)传输速率最高可达 1 Mbit/s,下行(指浏览 WWW 网页、下载文件等)传输速率最高可达 8 Mbit/s。上网的同时可以打电话,互不影响。安装 ADSL 也极其方便快捷,只需要在现有电话线上安装 ADSL Modem 即可。

3. 局域网接入

许多住宅小区、学校等单位均采用局域网方式接入因特网。局域网接入的传输容量较大,可提供高速、安全、稳定的网络连接。局域网采用双绞线连接,传输速率一般为 10 Mbit/s~100 Mbit/s。如果使用网通或电信的宽带网络,它们的宽带程序会自动设置。如果使用的是学校、单位的局域网,还需要手工设置 IP 地址、子网掩码、网关、DNS 等项目。设置方法如下:

1)在"控制面板主页"中单击"网络和共享中心"。打开"网络和共享中心"窗口,如图 6.5 所示。

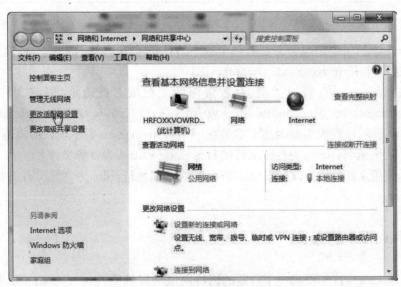

图 6.5 "网络和共享中心"窗口

2) 在左侧的窗格中,单击"更改适配器设置",打开"网络连接"窗口,右键单击"本地连接"图标,从弹出的快捷菜单中选择"属性"命令。

3) 弹出的"本地连接 属性"对话框,如图 6.6 所示。在"此连接使用下列项目"中,单击"Internet 协议版本 4(TCP/IPv4)"选项,单击右下角的"属性"按钮。

4) 弹出"Internet 协议版本 4(TCP/IPv4)属性"对话框,如图 6.7 所示。在"常规"选项卡中的项目包括 IP 地址、子网掩码、默认网关、DNS 服务器等项目。这些项目中的具体数字和选项,由网络用户的服务商或网络中心的网络管理人员提供。如果是"自动获得 IP 地址",则不用填写。

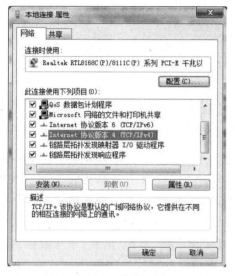

图 6.6 "本地连接 属性"对话框

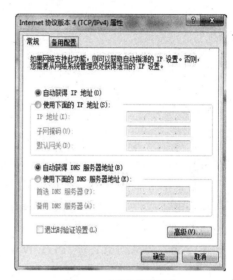

图 6.7 "常规"选项卡

5) 依次单击"确定"按钮关闭对话框。返回到"网络和共享中心"窗口,可以看到网络已经连接到 Internet,即结束网络设置。

4. 无线接入

无线局域网目前已经应用在商务区、大学、机场、家庭等各种场所。无线局域网通过有线网络接入因特网,它的设置很简单,在 Windows 任务栏右侧单击"无线网络"按钮" ",打开无线网络列表,如图 6.8 所示。单击要连接的网络名称(如图中的 AHYD-1),单击"连接"按钮。显示"连接到网络"对话框,在"安全密钥"文本框中输入密码,单击"确定"按钮,稍等后连接到网络。

6.4 Internet 应用

6.4.1 WWW 服务

万维网(World Wide Web,WWW),简称 Web,也称 3W 或 W3,是基于超文本的,方便

图 6.8 无线接入网络

用户在 Internet 上搜索和浏览信息的信息服务系统。它是 Internet 上应用最广泛的一种网络服务,也称 Web 服务。用户可以使用基于图形界面的浏览器访问 WWW 服务。WWW 还可以集成电子邮件、文件传输、多媒体服务和数据库服务等,成为一种多样化的网络服务形式。

除了传统的信息浏览之外,通过 WWW 还可以实现广播、电影、游戏、电子邮件、聊天、购物等服务。由于 WWW 服务的流行,许多上网的新用户最初接触的都是 WWW 服务,因此把 WWW 服务与 Internet 混为一谈,甚至产生 WWW 就是 Internet 的误解。

Web 最主要的两项功能是读超文本(Hypertext)文件和访问 Internet 资源。

1. 超文本和超链接

WWW 网站中的信息是以网页(Web 页)的形式提供的。网页是 WWW 的基本文档,它是用超文本表示语言(Hypertext Markup Language,HTML)编写的。网页中除了各种文字、图片、动画,更有链接到其他网页的超链接。超链接是指从文本、图形、图片或图像映射到全球广域网上网页或文件的指针。在 WWW 上,超链接是网页之间和 WWW 站点之间主要的导航方法。

超文本是把一些信息根据需要连接起来的信息管理技术,人们可以通过一个文本的链接指针打开另一个相关的文本。只要用鼠标点一下页面中的超链接(通常是带下划线的条目或图片),便可跳转到新的页面或另一位置,获得相关的信息。

2. 统一资源定位器(URL)

在 WWW 上,用统一资源定位器来描述网页地址和访问所使用的协议。URL 由三部分组成:协议、IP 地址或域名、路径和文件名。

URL 的基本结构为:协议://IP 地址或域名/路径/文件名

1) 协议:是指 URL 所连接的网络服务性质,如 http 代表超文本传输协议,ftp 代表文件传输协议等。

2) IP 地址或域名:指提供服务的主机的 IP 地址或域名。

3) 路径和文件名:提供存放文件的文件夹和文件名。

例如:http://www.massz.cn/news/index.html,其中 http 代表该资源类型是超文本信息,www.massz.cn 是马鞍山师范高等专科学校的主机名,news 为存放目录,index.html 为资源文件名。

Internet 上的所有资源都可以用 URL 来表示。在浏览器地址栏中输入的地址,就是 URL。

3. 浏览器

浏览器是安装在用户端计算机上,用于浏览 WWW 中网页(Web)文件的应用程序。它可以把用 HTML 语言描述的网页按设计者的要求直观地显示出来,供浏览者阅读。

浏览器程序有许多种,常用的浏览器有 Microsoft 公司的 Internet Explorer(IE)、Google 公司的 Chrome、FireFox(火狐)、Opera 等等。

6.4.2 电子邮件

电子邮件(Electronic Mail,E-mail)是 Internet 上最重要的服务之一。电子邮件由负责发送邮件的服务器开始,由网上的多台邮件服务器合作完成存储转发,最终到达邮件地址指示的邮件服务器中。电子邮件发送和接收过程类似于普通收发信过程,可用图 6.9 显示电子邮件的收发过程。

图 6.9 电子邮件的工作原理

电子邮件允许用户方便地发送和接收文本消息、声音文件、视频文件等。与传统的邮件相比,具有方便、快速、经济,以及不受时间、地点限制的特点。

1. 电子邮件服务器

在 Internet 上有许多处理电子邮件的计算机,称邮件服务器,邮件服务器包括接收邮件服务器和发送邮件服务器。

(1) 接收邮件服务器

接收邮件服务器将对方发给用户的电子邮件暂时寄存在服务器邮箱中,直到用户从服务器上将邮件取到自己的计算机硬盘上(收件夹中)。

多数接收邮件服务器遵循邮局协议(Post Office Protocol 3,POP3),所以被称为 POP3 服务器。

(2) 发送邮件服务器

发送邮件服务器让用户通过它们将用户写的电子邮件发送到收信人的接收邮件服务器中。

由于发送邮件服务器遵循简单邮件传输协议 SMTP,所以在邮件程序的设置中称它为 SMTP 服务器。

2. 电子邮件地址

为了在 Internet 上发送电子邮件,用户要有一个电子邮件地址和一个密码。电子邮件地址是由用户的邮箱名(即用户的账号)和接收邮件服务器域名地址组成。用户账号可由用户自己选定,但需要由局域网管理员或用户的 ISP 认可。

每个邮件服务器在 Internet 上都有一个唯一的 IP 地址,例如,smtp.163.com。发送和接收邮件服务器可以由一台计算机来完成。

E-mail 地址格式是:用户名@邮件服务器主机域名。

用户名就是用户在站点主机上使用的登录名,@表示 at(即中文"在"的意思),其后是计算机所在域名。sweedy@sina.com,表示用户名 sweedy 在 sina.com 邮件服务器上的电子邮件地址。现在绝大多数网站向用户提供免费电子邮件服务。

3. 电子邮件的格式

一封电子邮件由两部分组成,即信头和信体。

(1) 信头

信头包含有发信者与接收者有关的信息。

1) 收信人(to):收信人的电子邮件地址。

2) 抄送(copy to):该邮件同时发送的其他人的电子邮件地址,如果要同时发送给多人,各电子邮件地址之间用";"或","分隔。

3) 主题(Subject):有关本邮件的主题、概要或关键词。

(2) 信体

信体是发信人输入的信件正文内容。还可包含附件,附件可以是任何文件类型。

在写电子邮件时,电子邮件的完整格式如下:

1) 主题(Subject):由发信人填写。

2) 发信日期(Date):由电子邮件程序自动添加。

3) 发信人地址(From):由电子邮件程序自动填写。

4) 收信人地址(To):收信人电子邮件地址(只能填写一个)。

5) 抄送地址(Cc):可以是多个,用";"或","分隔。可以互相看到邮件地址。

6) 密送地址(Ecc):可以是多个,用";"或","分隔。互相看不到邮件地址。

7) 回信地址(Reply-To):默认为 From。

8) 内容(Content):新的正文内容。

9) 附件(Attachment):可以添加任何类型的文件。

(3) 收发电子邮件的方式

收发电子邮件有两种方式。

Web 方式:利用 IE 浏览器登录到邮件服务器,例如,新浪免费邮箱(http://mail.sina.com)。这种方式不用安装电子邮件客户端软件,可以在任何上网计算机上收发邮件,使用方便。如果每天收发大量邮件,就需要多次使用用户名和密码,效率低。该方式适合邮件数量少,无固定上网计算机用户。

电子邮件客户端软件方式:在用户的系统中安装电子邮件客户端软件,通过该软件登录到邮件服务器上。适合有固定上网计算机、邮件数量多、有多个邮件账号的用户。

常用的电子邮件客户端软件有 Microsoft Outlook 2010、Foxmail、网易闪电邮等。

(4) 申请免费邮箱

目前很多网站都提供免费邮箱服务。例如,新浪(www.sina.com)、网易(www.163.com)、搜狐(www.sohu.com)、微软 LIVE(www.live.com)等网站。申请免费邮箱很简单,进入这些网站的主页,找到注册免费邮箱的链接,单击进入,然后按照提示和步骤操作即可。

6.4.3 Internet 的其他应用

1. 使用搜索引擎搜索

Internet 如同一个巨大的图书馆,要在许许多多的资料中找到需要的信息,就要用搜索引擎。搜索引擎是一种能够通过 Internet 接收用户的查询指令,并向用户提供符合其查询要求的信息资源网址的系统。搜索引擎既是用于检索的软件,又是提供查询、检索的网站。所以,搜索引擎也可称为在 Internet 上具有检索功能的网站,只不过该网站专门为用户提供信息检索服务,它使用特有的程序把 Internet 上的所有信息归类以帮助人们在浩如烟海的信息海洋中搜寻到自己需要的信息。

搜索引擎按其工作方式分为两类:一类是基于关键字的搜索引擎;另一类是分类目录搜索引擎。

全文搜索引擎是指计算机索引程序通过扫描文章中的每一个词,对每一个词建立一个索引,指明该词在文章中出现的次数和位置,当用户查询时,检索程序就根据事先建立的索引进行查找,并将查找的结果反馈给用户的检索方式。这个过程类似于通过字典中的检索字表查字的过程,如百度搜索。

分类目录是指通过人工的方式收集网站资源,并把这些拥有一定价值的网站资源资源通过人工的方式对他们的主题进行整理组织之后,存放到相应的目录下面,从而形成的网站分类目录的体系,如 360 好搜、搜狗、有道等。

目前,全文搜索引擎与目录索引有相互融合渗透的趋势。原来一些纯粹的全文搜索引擎现在也提供目录搜索。

2. 访问 FTP 站点

FTP 协议提供 Internet 上文件传输服务,就是实现两台计算机之间的文件复制,从远程计算机复制文件至自己的计算机上,称为下载(download)文件。若将文件从本地计算机中复制到远程计算机上则称为上传(upload)文件。

要访问 FTP 站点,首先要运行浏览器,然后在地址栏中输入要连接的 FTP 站点的 Internet 地址或域名,如 ftp://ftp.massz.cn 或 ftp://192.168.90.90。

当该 FTP 站点只被授予"读取"权限时,则只能浏览和下载该站点中的文件夹和文件。浏览时双击打开即可。若要将文件或文件夹下载到用户计算机上,选中文件或文件夹进行复制粘贴即可。

如果以高级授权用户登录，用户可以被授予"读取"和"写入"的权限，可以直接在 Web 浏览器中实现新文件的建立以及对文件夹和文件的重命名、删除和文件的上传等操作。

3. 访问 BBS 站点

BBS(Bulletin Board System)就是电子公告板或电子公告牌。在 BBS 公告牌上，每个用户既可作为一个读者读取公告中的内容，也可作为一个作者去发布自己的公告。

BBS 一般都按不同的主题和分主题分成很多个布告栏，布告栏的设立依据是大多数 BBS 使用者的要求或喜好，使用者可以阅读他人关于某个主题的最新看法，也可以将个人的想法毫无保留地贴到公告栏中。如果需要独立的交流，可以将想说的话直接发到某个人的电子信箱中，如果想与在线的某个人聊天，可以启动聊天程序。

目前 BBS 有两种访问方式：Telnet 和 WWW。Telnet 方式采用的是网络远程登录服务。Telnet 方式指通过各种终端软件直接远程登录到 BBS 服务器去浏览、发表文章，还可以进入聊天室和网友聊天，或者发信息给站上在线的其他用户。WWW 方式浏览是指通过浏览器直接登录 BBS。这种方式使用起来比较简单方便，入门很容易。

WWW 方式访问 BBS 站点一般有一个网址，只要使用 IE 或其他浏览器在地址栏输入网址登录即可。

如果是第一次登录，BBS 默认用户身份是游客，即匿名用户，只能浏览文章，不能回复，也不能发表文章。所以，要想真正使用 BBS，必须注册一个用户 ID(即账号)。ID 是用户在 BBS 上的标记，BBS 系统就是靠 ID 来分辨每个注册的网友，并提供各种站内服务。当用户的 ID 通过了站内简单的注册认证后，用户将获得各种默认用户身份所没有的权限，如发布文章、进聊天室聊天、发送信息给其他网友以及收发站内外的信件等。

4. 博客

博客(Blog)是网络日志(Web Log)的简称，又译为部落格或部落阁等，是一种通常由个人管理、不定期张贴新的文章的网站。博客上的文章通常根据张贴时间，以倒序方式由新到旧排列。许多博客专注在特定的课题上提供评论或新闻，其他则被作为比较个人化的日记。

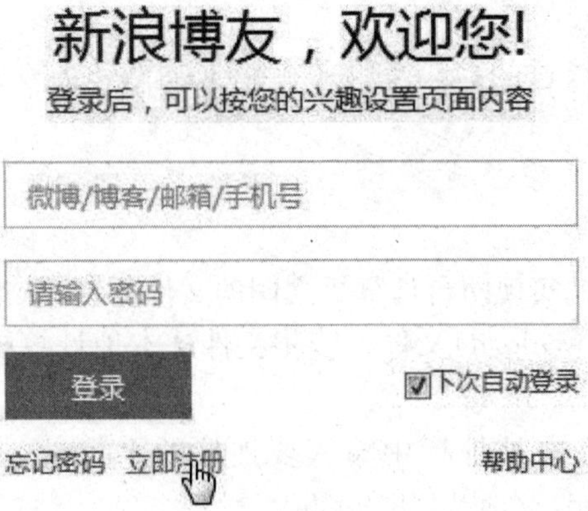

一个典型的博客结合了文字、图像、其他博客或网站的链接及其他与主题相关的媒体。能够让读者以互动的方式留下意见是许多博客的重要要素。

下面以新浪网的博客为例，介绍博客的注册登录和使用。第一次使用博客，首先需要在网络上注册自己的博客账号，然后才能使用。

首先登录到新浪网主页，在分类目录中找到"博客"，然后单击，在新打开的博客首页中单击"立即注册"，进行账号注册，如图 6.10 所示。在博客注册页面输入相关信息，包括邮件地址、密码等等信息。注册成功后即可使用。

图 6.10 博客注册

当下一次需要重新进入博客，则在图 6.10 所示的页面中输入登录名和密码，单击"登录"后,则进入已登录状态。此时,用户想进入自己的博客空间,则单击自己的博客账户。用户可以在其中查看自己发表过的博文,以及发表新博文。要发表博文,单击"发博文",在打开的博文编辑页面中输入博文即可。单击"个人中心"则会进入个人博客中心网页,用户可在"个人中心"里对自己的空间和博友等内容进行管理。同时个人中心更是用户与博友之间进行互动的地方。

6.5 计算机网络安全与防护

6.5.1 计算机网络安全概述

对于计算机安全,国际标准化委员会给出的解释是:"为数据处理系统所采取的技术和管理方法,保护计算机硬件、软件和数据不因偶然的或恶意的原因而遭到破坏、更改和泄露。"我国公安部计算机管理监察司的定义是:"计算机安全是指计算机资产安全,即计算机信息系统资源和信息资源不受自然和人为有害因素的威胁和危害。"参照 ISO 给出的计算机安全定义,认为计算机网络安全是指:"保护计算机网络系统中的硬件、软件和数据资源,不因偶然或恶意的原因遭到破坏、更改、泄露,使网络系统连续可靠性地正常运行,网络服务正常有序。"

计算机安全通常包含如下属性:可用性、保密性、可靠性、完整性、不可抵赖性。其他安全属性还包括可控性和可审查性。

1) 保密性:信息不泄露给非授权用户、实体或过程,或供其利用的特性。

2) 完整性:数据未经授权不能进行改变的特性。即信息在存储或传输过程中保持不被修改、不被破坏和丢失的特性。

3) 可用性:可被授权实体访问并按需求使用的特性。即当需要时能否存取所需的信息。例如网络环境下拒绝服务、破坏网络和有关系统的正常运行等都属于对可用性的攻击。

4) 可靠性:指系统在规定条件下和规定时间内完成规定的功能。

5) 不可抵赖性(也称不可否认性):指通信双方对其收、发过的信息均不可抵赖。不可抵赖性在一些商业活动中显得尤为重要,信息的行为人要为自己的信息行为负责,提供保证社会依法管理需要的公证、仲裁信息证据。

6) 可控性:对信息的传播及内容具有控制能力。

7) 可审查性:出现的安全问题时提供依据与手段。

影响计算机完全的因素很多,其中包括人为的因素、自然的因素和偶发的因素。其中,人为因素是指一些不法之徒利用计算机网络存在的漏洞,或者潜入计算机房,盗用计算机系统资源,非法获取重要数据、篡改系统数据、破坏硬件设备、编制计算机病毒。人为因素是对计算机信息网络安全威胁最大的因素。概括起来主要由以下三类:

1) 影响实体安全的因素:电磁辐射与搭线窃听、盗用、偷盗、硬件故障、超负荷、火灾、灰尘、静电、强磁场、自然灾害以及某些恶性病毒等。

2) 影响系统安全的因素:操作系统存在的漏洞;用户的误操作或设置不当;网络的通信

协议存在漏洞;作为承担处理数据的数据库管理系统本身安全级别不高等原因。

3) 对信息安全的威胁有两种:信息泄露和信息破坏。信息泄露是指由于偶然或人为因素将一些重要信息为别人所获,造成泄密事件。信息破坏则可能由于偶然事故或人为因素故意破坏信息的正确性、完整性和可用性。影响信息安全的因素很多,例如:输入的数据容易被篡改;输出设备容易造成信息泄露或被窃取;系统软件和处理数据的软件被病毒修改;系统对数据处理的控制功能还不完善;病毒和黑客攻击等。

6.5.2 黑客攻防技术

目前,网络中存在的安全威胁主要有:
1) 逻辑炸弹:目前已经没有新的厉害的逻辑炸弹。
2) 蠕虫:最好是从网络入口处防,否则一旦进入网络之后,传播很快,需要全网杀毒。
3) 内部泄密:危害性最大。
4) 特洛伊木马。
5) 黑客攻击。
6) 后门、隐蔽通道。
7) 计算机病毒:与蠕虫可归为一类,与木马不一样。两者都具有传染性,但是木马不会变种,病毒会有变种,病毒是插入线程的!

什么是黑客?黑客(Hacker)是那些检查(网络)系统完整性和完全性的人,他们通常非常精通计算机软硬件知识,并有能力通过创新的方向剖析系统。黑客通常会去寻找网络中的漏洞,但往往并不去破坏计算机系统。正因为黑客的存在,人们才会不断了解计算机系统中存在的安全问题。

入侵者(Cracker)是那些利用网络漏洞破坏网络的人,他们往往会通过计算机系统漏洞来入侵,他们也具备广泛的电脑知识,但与黑客不同的是他们以破坏为目的。真正的黑客应该是一个负责任的人,他们认为破坏计算机系统是不正当的。现在 Hacker 和 Cracker 已经混为一谈,人们通常将入侵计算机系统的人统称为黑客。

简单地说,黑客技术是对计算机系统和网络的缺陷和漏洞的发现,以及针对这些缺陷实施攻击的技术。这里说的缺陷,包括软件缺陷、硬件缺陷、网络协议缺陷、管理缺陷和人为的失误。很显然,黑客技术对网络具有破坏能力。曾经一段时间,一个很普通的黑客攻击手段把世界上一些顶级的大网站轮流考验了一遍,结果证明即使是如 yahoo 这样具有雄厚的技术支持的高性能商业网站,黑客都可以给他们带来经济损失。这在一定程度上损害了人们对 Internet 和电子商务的信心,也引起了人们对黑客的严重关注和对黑客技术的思考。

黑客攻击和破坏的危险:"黑客"在网上的攻击活动每年以十倍速增长;修改网页进行恶作剧、窃取网上信息兴风作浪;非法进入主机破坏程序、阻塞用户、窃取密码;串入银行网络转移金钱、进行电子邮件骚扰;试图攻击网络设备,使网络设备瘫痪等。

黑客攻击的基本流程可用如图 6.11 表示:
黑客常见攻击方法及防范手段如表 6.3 所示。

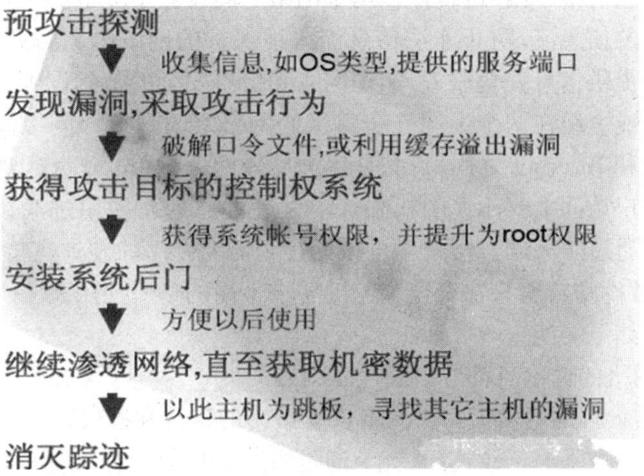

```
预攻击探测
    ↓    收集信息,如OS类型,提供的服务端口
发现漏洞,采取攻击行为
    ↓    破解口令文件,或利用缓存溢出漏洞
获得攻击目标的控制权系统
    ↓    获得系统帐号权限,并提升为root权限
安装系统后门
    ↓    方便以后使用
继续渗透网络,直至获取机密数据
    ↓    以此主机为跳板,寻找其它主机的漏洞
消灭踪迹
```

图 6.11　黑客攻击基本流程

表 6.3　黑客常见攻击方法及防范手段

常见攻击方法	常见防范手段
基于口令的攻击	IDS、OS、scanner
网络嗅探攻击	VPN、加密技术、网络分段
木马与后门攻击	防火墙、防病毒
利用漏洞攻击	防火墙、IDS、scanner、OS
拒绝服务攻击	防火墙、IDS、OS
ARP 欺骗攻击	IDS、MAC 地址绑定
IP 欺骗攻击	VPN、加密技术、身份认证
病毒蠕虫攻击	防火墙、IDS、防病毒
社交工程攻击	安全意识、管理手段

网络管理人员应认真分析各种可能的入侵和攻击形式,制定符合实际需要的网络安全策略,防止可能从网络和系统内部或外部发起的攻击行为,重点防止那些来自具有敌意的国家、企事业单位、个人和内部恶意人员的攻击。防止入侵和攻击的主要技术措施包括访问控制技术、防火墙技术、入侵检测技术、安全扫描、安全审计和安全管理。

6.5.3　防火墙技术

由于网络协议本身存在安全漏洞,外部侵入是不可避免的,轻者给被侵入方带来麻烦,严重的会造成国家机密的泄露,造成金融机构经济极大的损失等灾难。对付黑客和黑客攻击程序的有效方法是安装防火墙,使用信息过滤设备,防止恶意、未经许可的访问。

防火墙是采用综合的网络技术设置在被保护网络和外部网络之间的一道屏障,用以分隔被保护网络与外部网络系统,防止发生不可预测的、潜在的破坏性侵入。它是不同网络或网络安全域之间信息的唯一出入口,像在两个网络之间设置了一道关卡,能根据企业的安全策略控制出入网络的信息流,防止非法信息流入被保护的网络内。防火墙本身具有较强的抗攻击能力。它是提供信息安全服务,实现网络和信息安全的基础设施。

防火墙是一个或一组在两个不同安全等级的网络之间执行访问控制策略的系统,通常处于企业的局域网和 Internet 之间,目的是保护局域网不被 Internet 上的非法用户访问,同时也可管理内部用户访问 Internet 的权限。防火墙的原理是使用过滤技术过滤网络通信,只允许授权的通信通过防火墙。防火墙可根据是否需要专门的硬件支持分为硬件防火墙和软件防火墙,通常软件防火墙只在安全和速度要求不高的场所使用。

防火墙应具有如下功能:
1) 所有进出网络的通信流都应该通过防火墙。
2) 所有穿过防火墙的通信流都必须有安全策略的确认和授权。

防火墙能保护站点不被任意连接,甚至通过跟踪工具记录有关正在进行的连接信息,记录通信量及试图闯入者的日志。

目前,根据防火墙在网络中的逻辑位置和物理位置及其所具备的功能,可以将其分为包过滤防火墙、应用型防火墙、主机屏蔽防火墙和子网屏蔽防火墙。其中包过滤防火墙的安全程度较低,而子网屏蔽防火墙的安全程度高,但实现代价也高,且不易配置,网络的访问速度也将减慢,其费用也明显高于其他几种防火墙。

Windows 7 软件防火墙的使用如下:

启动:打开控制面板,单击"系统和安全",弹出如图 6.12 所示的"系统和安全"窗口,单击"Windows 防火墙"选项,弹出如图 6.13 所示的"Windows 防火墙"窗口。

图 6.12 控制面板"系统和安全"窗口

网络选择:在 Windows 的防火墙中,有家庭或工作(专用)网络以及公用网络两个选择。当计算机处在办公室或家庭的一个局域网中时应选择前者,当在机场、酒店或者咖啡馆等位置连接到公用无线网络或者使用移动宽带网络时应选择"公用网络"。当选择"公用网络"时,网络发现将会默认关闭,这时,网络中的其他计算机无法看到你的计算机。

启动或关闭防火墙:在图 6.13 所示的"Windows 防火墙"窗口中,单击左侧的"打开或关闭 Windows 防火墙"选项,打开如图 6.14 所示的"自定义设置"窗口。在此窗口中用户可以设置启用或关闭 Windows 防火墙。

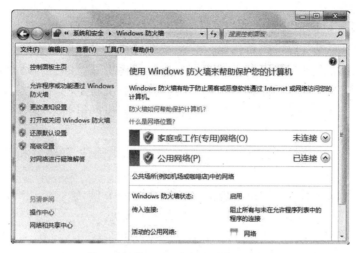

图 6.13 "Windows 防火墙"设置窗口

图 6.14 启动或关闭 Windows 防火墙

个性化设置：在"Windows 防火墙"窗口中还可以设置是否允许某个程序通过防火墙进行网络通信。单击"Windows 防火墙"窗口左侧的"允许程序或功能通过 Windows 防火墙"选项，在打开的"允许的程序"窗口中选择具体允许的程序，单击"确定"按钮，则该程序将被允许通过防火墙。

6.5.4 计算机网络病毒及其防治

1. 计算机病毒的基本概念

计算机病毒(Computer Virus,CV)是指编制成单独的或者在其他计算机程序中插入的一组计算机指令或程序代码,能够破坏计算机功能或者毁坏数据,影响计算机使用,并能够自我复制。

简单来说,计算机病毒就是能够侵入计算机系统并给计算机系统带来危害的一种具有自我繁殖能力的程序或一段可执行代码。它隐藏在计算机系统的数据资源或程序中,借助系统运行或共享资源而进行繁殖、传播和生存,扰乱计算机系统的正常运行,篡改或破坏系统和用户的数据资源及程序。计算机病毒不是计算机系统自生的,而是人为地故意制造出来的。现在,随着计算机网络的发展,计算机病毒和计算机网络技术相结合,其蔓延的速度更加迅速。

计算机病毒具有可执行性、寄生性、传染性、破坏性、欺骗性、隐藏性和潜伏性、衍生性等特征。

计算机病毒可以使系统出现以下现象:
1) 平时运行正常的计算机,突然经常性无缘无故死机。
2) 运行速度明显变慢。
3) 打印和通信发生异常。
4) 系统文件的时间、日期和大小发生变化。
5) 磁盘空间迅速减少。
6) 收到陌生人发来的电子邮件。
7) 硬盘灯不断闪烁。
8) 计算机不识别硬盘。
9) 操作系统无法正常启动。
10) 部分文档丢失或被破坏。
11) 网络瘫痪。
12) U盘无法正常打开。
13) 锁定主页。
14) 经常性地显示"主存空间不够"的提示信息。
15) 磁盘无故被格式化等等。

2. 典型病毒及木马

1986年,世界上只有一种已知的计算机病毒。而到1990年,这一数字剧增到80种。1999年以前,全球病毒总数约18 000种,而截至2000年2月,计算机病毒的总数已激增至4.6万种。在1990年11月以前,平均每个星期发现一种新计算机病毒。现在,每天就会出现10~15种新病毒,而其中相当一部分具有极强的传染性和破坏性。当今典型及流行的病毒如下:
1) "尼姆达"(Nimda)病毒。
2) "CIH"病毒。
3) "我爱你"(VBS.LoveLetter)病毒。
4) 宏病毒。
5) "红色代码"病毒。
6) 木马。

木马(或称为特洛伊木马)是一种基于远程控制的黑客工具。其主要目的是盗窃用户的账号密码,打开用户的计算机端口,让黑客能控制用户的计算机。目前木马数量众多(已达五位数),而且新木马及其变种还在源源不断地涌现,如果根据木马针对的领域划分,可分成五大类:网游类木马、广告类木马、通信类木马、后门类木马和网银类木马。例如,灰鸽子(Hack.Huigezi)木马自带文件捆绑工具,寄生在图片和动画等文件中,一旦用户打开此类文件即会中招,随后,它窃取各种密码,监视用户的一举一动。

3. 计算机病毒和木马的预防

计算机病毒和木马的预防分为两种:管理方法上的预防和技术上的预防,而在一定的程度上,这两种方法是相辅相成的。这两种方法的结合对防止病毒的传染是行之有效的。

(1) 管理方法预防

1) 尽量不使用来历不明的 U 盘或光盘,除非经过彻底检查。不要使用非法复制或解密的软件。

2) 不要轻易让他人使用自己的系统,如果无法做到这点至少不能让他们自己带程序盘使用。

3) 对于系统盘、数据盘及硬盘上的重要文件内容要经常备份,以保证系统或数据遭到破坏后能及时得到恢复。

4) 经常利用各种检测软件定期对硬盘做相应的检查,以便及时发现和消除病毒。

5) 对于网络上的计算机用户,要遵守网络软件的使用规定,不要下载或随意使用网络上外来的软件。尤其是当从电子邮件或从互联网上下载文件时,在打开这些文件之前,应用反病毒工具扫描该文件。

(2) 技术方法预防

1) 打好系统安全补丁。很多病毒的流行都利用了操作系统中的漏洞或后门,因此重视完全补丁,查漏补缺,堵死后门,使病毒无路可循,将之拒之门外。

2) 安装防病毒软件,预防计算机病毒对系统的入侵,及时发现病毒并进行查杀。要注意及时或定期更新防病毒软件,增加新的病毒库。

3) 安装病毒防火墙,保护计算机系统不受任何来自本地或远程病毒的危害,同时也防止本地系统内的病毒向网络或其他介质扩散。

4. 计算机病毒和木马的清除

目前病毒和木马的破坏力越来越强,几乎所有的软、硬件故障都可能与病毒有关系,所以当操作系统发现计算机有异常情况时,首先应怀疑的就是病毒作怪,而最佳的解决方法就是用杀毒软件对计算机进行全面的查杀和清除。我们目前较为流行的杀毒软件有 360 杀毒、瑞星、金山毒霸、诺顿防病毒软件等,常用的木马清理软件有 360 安全卫士、木马克星等。在杀毒时应注意以下几点:

1) 在对系统进行杀毒之前,先备份重要的数据文件。

2) 目前很多病毒都可以通过网络中的共享文件夹进行传播,所以计算机一旦遭受病毒感染,应首先断开网络(包括互联网和局域网),然后再进行病毒的检测和清除。

3) 有些病毒发作以后,会破坏 Windows 的一些关键文件,导致无法在 Windows 下运行杀毒软件进行病毒的清除,所以应制作一张 DOS 环境下的杀毒软盘或 U 盘,作为应对措施,进行杀毒。

4）有些病毒是针对 Windows 操作系统的漏洞,因此在杀毒完成后,应及时给系统打上补丁,防止重复感染病毒。

5）及时更新杀毒软件的病毒库,使其可以发现并清除最新的病毒。

第 7 章　常用工具软件的使用

7.1　360 安全卫士软件

7.1.1　360 安全卫士简介

360 安全卫士是一款由奇虎 360 公司推出的功能强、效果好、受用户欢迎的上网安全软件。360 安全卫士拥有查杀木马、清理插件、修复漏洞、电脑体检、电脑救援、保护隐私等多种功能，并独创了"木马防火墙"功能，依靠抢先侦测和云端鉴别，可全面、智能地拦截各类木马，保护用户的账号、隐私等重要信息。由于 360 安全卫士使用极其方便实用，用户口碑极佳，目前在 4.2 亿中国网民中，首选安装 360 安全卫士的已超过 3.5 亿。

7.1.2　360 安全卫士的功能与特点

360 安全卫士是目前市场上功能强、效果好的安全软件，主要包括的功能有：
1) 电脑体检：对电脑进行详细的检查。
2) 查杀木马：360 安全卫士使用 360 云引擎、360 启发式引擎、小红伞本地引擎、QVM 四引擎杀毒。
3) 修复系统漏洞：为系统修复高危漏洞和功能性更新。
4) 系统修复：修复常见的上网设置、系统设置错误。
5) 电脑清理：清理插件、清理垃圾和清理痕迹并清理注册表。
6) 优化加速：加快开机速度（深度优化：硬盘智能加速＋整理磁盘碎片）。

7.1.3　360 安全卫士的安装与卸载

1. 360 安全卫士的安装

360 安全卫士安装非常简单，到 http://www.360.cn/免费下载安全卫士，一般默认下载的是"inst.exe"网络安装客户端，双击打开会出现如图 7.1 所示的安装界面。

在图 7.1 的界面上，可以选择安全卫士的安装位置，这里默认 C 盘，可以自行选择要安装的功能，勾选"已阅读并同意许可协议"的复选框。单击"立即安装"按钮，出现如图 7.2 所示的下载界面。

图 7.1　360 安全卫士安装界面

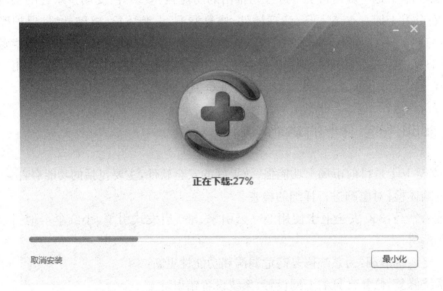

图 7.2　安装程序下载界面

下载安装完成后,自动进入安装界面,如图 7.3 所示。当安装进度达到 100% 后自动完成安装,启动 360 安全卫士。

2. 360 安全卫士的卸载

方法一:选择"开始"→"所有程序"→"360 安全中心"→"360 安全卫士"→"卸载 360 安全卫士"命令,启动卸载程序,如图 7.4 所示。单击左下角的"准备卸载"命令,进入下一步提示的卸载画面,如图 7.5 所示。

在图 7.5 中单击"我要卸载 360 安全卫士","一键加速"变为"开始卸载",单击该按钮,弹出对话框询问"你确实要完全移除 360 安全卫士,及其所有的组件?",单击"是"正式启动卸载程序,如图 7.6 所示 360 安全卫士卸载界面三。

方法二:选择"开始"→"控制面板"→"程序和功能",打开"程序和功能"对话框,在列表

图 7.3　360 安全卫士安装过程

图 7.4　360 安全卫士卸载界面一

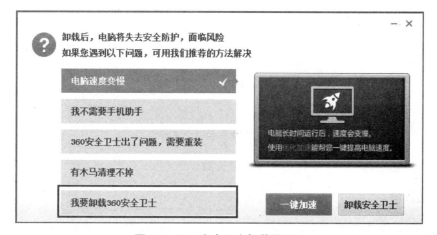

图 7.5　360 安全卫士卸载界面二

中找到"360 安全卫士",点击鼠标右键,在快捷菜单中选择"卸载→更改"命令,启动卸载程序同方法一。

图 7.6　360 安全卫士卸载界面三

7.1.4　360 安全卫士的使用

当 360 安全卫士完成安装后，自动启动软件，如图 7.7 所示。以后可以在桌面或开始菜单找到 360 安全卫士对应图标，双击启动软件。

图 7.7　360 安全卫士主界面

下面我们逐一介绍 360 安全卫士的常用功能。

1. 电脑体检

电脑体检是全面检测电脑的安全及运行情况，主要从以下几个方面检测。

1）故障检测：检测系统、软件是否有故障。
2）垃圾检测：检测是否存在垃圾，影响电脑运行速度。
3）速度检测：检测是否存在可优化的启动项，禁止自动启动可以加快开机速度。

4) 安全检测：检测是否有病毒、木马、漏洞等。

5) 系统强化：检测需要更新的软件做到及时更新；检测是否存在捆绑广告软件。

在图7.7安全卫士主界面上单击"立即体检"，打开如图7.8所示体检进度界面，安全卫士将逐项对电脑进行体检。

图7.8 体检进度界面

电脑体检完成后，会显示出体检结果"共检查了XX项，以下XX项有问题"和电脑评分。单击全部修复，360可以根据问题情况自动进行修复。

2. 木马查杀

木马是一类恶意程序，它通过一段特定的程序来控制另一台计算机。它通过将自身伪装来吸引用户下载执行，向施种木马者提供打开被种者电脑的后门，使施种者可以任意毁坏、窃取被种者的文件，甚至远程操控被种者的电脑。木马对电脑的危害很大，可能导致包括支付宝、网络银行在内的重要账户密码丢失。木马的存在还可能导致你电脑上的隐私文件被拷贝或者被删除。所以，及时的进行木马查杀是很重要的。

在360安全卫士的主界面单击"木马查杀"标签打开如图7.9所示的木马查杀界面。可以选择"快速扫描"、"全盘扫描"、"自定义扫描"来检查电脑里是否存在木马程序。扫描后会列出扫描结果，若出现疑似木马的，经用户确认不是木马可以单击添加信任区，下次木马查杀时不再提示此文件。

3. 系统修复

系统修复主要提供"常规修复"和"漏洞修复"。

1) 常规修复：系统在不断的安装、卸载软件和使用过程中，可能会对浏览器或已有软件的设置进行修改。常规修复用来修复常见的上网设置、系统设置，能极大程度的方便用户的使用。

2) 漏洞修复：系统在使用中，会不断的被发现存在安全隐患、漏洞、功能缺少或不合适

图 7.9　木马查杀界面

等情况。漏洞修复功能为系统修复高危漏洞和功能性更新。

4. 电脑清理

电脑清理主要用来清除在日常运行过程中产生的无用缓存、配置、记录文件等，也能够清理电脑中不必要的插件和使用电脑上网产生的痕迹。单击"电脑清理"标签，打开如图 7.10 所示的 360 安全卫士电脑清理界面。单击"一键清理"即可对电脑进行清理。

图 7.10　电脑清理

5. 优化加速

优化加速功能是整理和关闭一些电脑不必要的启动项，优化系统设置、内存配置、应用软件服务、系统服务,以达到电脑干净整洁、开机速度和运行速度提升的效果。最新版本更新了深度优化硬盘智能加速和整理磁盘碎片。在 360 安全卫士主界面上单击"优化加速"标签,打开如图 7.11 所示的界面。

图 7.11 优化加速

这里可以看到优化后开机可提速 0.9 秒,系统运行提速 0.2%(此处数据不同机器会有不同)。

6. 功能大全

单击"电脑体检"界面功能大全处的蓝色"更多"字样,打开软件所提供的各式功能,如图 7.12 所示。根据需要进行系统的修复,解决遇到的问题,获取安全资源,了解相关信息。下面挑选几个功能进行相应说明。

图 7.12 功能大全界面

1) U盘鉴定器:鉴定缩水U盘,所谓缩水U盘,是指改变U盘上的主控信息,将U盘容量标注到远大于其实际容量。

2) 断网急救箱:当电脑不能上网时,通过各项的检测,确定出问题的环节进行修复,一般情况下可以找到问题并修复。

3) 文件粉碎机:彻底删除一般情形下无法删除的文件或文件夹。

4) 宽带测试器:用来测试你当前使用的网络带宽情况。

5) 流量防火墙:查看当前计算机所有的联网进程,及时发现不正常的联网程序,同时还可以进行网络体检、保护浏览器网速、进行局域网防护、查看网络连接、测量网络速度等。

7.2 文件解压缩工具 WinRAR

解压缩工具,就是将多个文件或文件夹压缩为一个压缩包(其实就是一个文件),将压缩包解压还原为原来的文件和文件夹。比较像我们生活中使用的真空袋,夏天我们将棉衣羽绒服等多件衣物,装入真空袋抽出空气,体积变小了,多个变为一个整体,方便收藏。冬天再从真空袋中取出。这就是压缩和解压缩的过程。

7.2.1 WinRAR 简介

WinRAR是一款功能强大的压缩包管理器,它是档案工具RAR在Windows环境下的图形界面。该软件可用于备份数据,缩减电子邮件附件的大小,解压缩从Internet上下载的RAR、ZIP及其他类型文件,并且可以新建RAR及ZIP等格式的压缩类文件,并且可以对压缩包加密。

7.2.2 WinRAR 功能特点

WinRAR是目前流行的压缩工具,界面友好,使用方便,在压缩率和速度方面都有很好的表现。其压缩率比高,3.x版本采用了更先进的压缩算法,是压缩率较大、压缩速度较快的格式之一。3.3版本增加了扫描压缩文件内病毒、解压缩"增强压缩",相比ZIP压缩文件的功能升级了分卷压缩的功能等。

1. 压缩率更高

WinRAR采用独创的压缩算法。这使得该软件比其他同类PC压缩工具拥有更高的压缩率,尤其是可执行文件、对象链接库、大型文本文件等。

2. 对多媒体文件有独特的高压缩率算法

WinRAR对WAV、BMP声音及图像文件可以用独特的多媒体压缩算法大大提高压缩率,虽然我们可以将WAV、BMP文件转为MP3、JPG等格式节省存储空间,但这是有损的过程,而WinRAR的压缩是标准的无损压缩。

3. 完美支持多种格式压缩包

WinRAR 完全支持 RAR 及 ZIP 压缩包，并且可以解压缩 CAB、ARJ、LZH、TAR、GZ、ACE、UUE、BZ2、JAR、ISO、Z、7Z、RAR5 等格式的压缩包。

4. 对受损压缩文件的修复能力极强

在网上下载的 ZIP、RAR 类文件往往因头部受损的问题导致不能打开，而用 WinRAR 调入后，只需单击界面中的"修复"按钮就可轻松修复，成功率极高。

5. 压缩包可以锁住

双击进入压缩包后，单击命令菜单下的"锁定压缩包"就可防止人为的添加、删除等操作，防止在传播中被篡改，保持压缩包的原始状态。

6. 压缩包可以看隐藏文件

WinRAR 提供了"透视"功能，让那些隐藏属性的文件一目了然。

7. 辅助功能设置

1）可以在压缩窗口的"备份"标签中设置压缩前删除目标盘文件。
2）可在压缩前单击"估计"按钮对压缩先评估一下。
3）可以为压缩包加注释。
4）可以创建多卷自解压压缩包，并可以对压缩包加密。
5）可以设置压缩包的防受损功能等等。

7.2.3 WinRAR 的安装与卸载

1. WinRAR 的安装

在 WinRAR 的官方网站 http://www.winrar.com.cn/下载 WinRAR 安装包，双击，图标启动安装程序，如图 7.13 所示。通过对话框中的"浏览"选择安装路径，单击"安装"打开如图 7.14 所示的 WinRAR 安装选项对话框，设置这些选项时，只需要在相应的选项前的复选框单击即可，再次单击将取消选择。单击"确定"将进行安装。

2. WinRAR 的卸载

方法一：在 WinRAR 的安装目录下，双击"Uninstall.exe"文件，启动卸载程序。按照向导操作完成卸载。

方法二：选择"开始"→"控制面板"→"程序和功能"，打开"程序和功能"对话框，在列表中找到"WinRAR x.x"（x.x 表示版本号信息），点击鼠标右键，在快捷菜单中选择"卸载"命令，启动卸载程序。

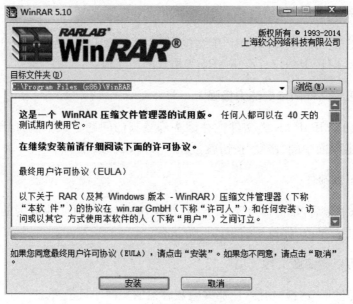

图 7.13 WinRAR 安装界面一

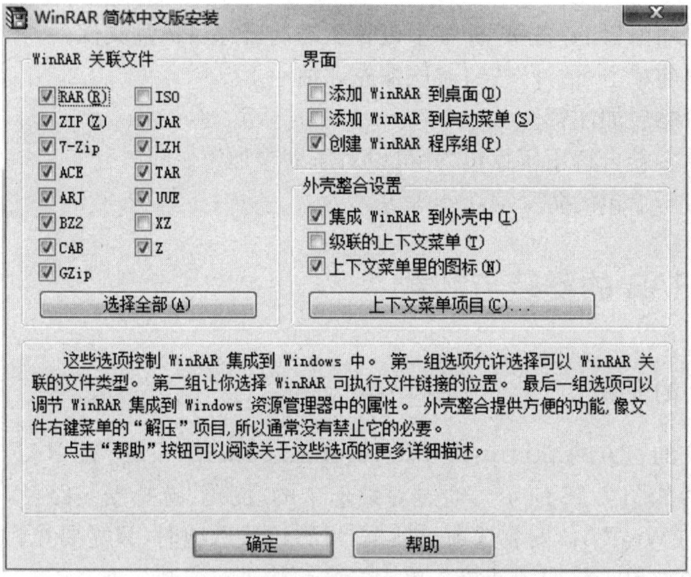

图 7.14 WinRAR 安装选项对话框

7.2.4 WinRAR 的使用

1. 压缩文件

压缩文件，就是将一个或多个文件压缩打包成一个文件，可以节约存储空间，减少文件数量，方便传输。下面我们介绍如何对文件进行压缩。

方法一：快速压缩。选中我们需要压缩的单个或多个文件及文件夹，鼠标右键，我们可以看到如图 7.15 所示的快捷菜单。选择"添加到'计算机应用基础教材.rar'(T)"命令,启动压缩程序,压缩完成后,在选中文件的同级目录下生成"计算机应用基础教材.rar"文件。注意:这里的"计算机应用基础教材.rar"会根据你选择文件的数量和目录不同而改变。

图 7.15　快捷菜单

方法二:在方法一中选择"添加到压缩文件(A)…",将打开如图 7.16 所示的"压缩文件名和参数"画面。在这里我们可以选择存放文件的地方、压缩文件格式、压缩方式、切分为分卷大小、设置密码等功能。如果不进行参数修改,直接单击"确定"按钮,与方法一功能相同。

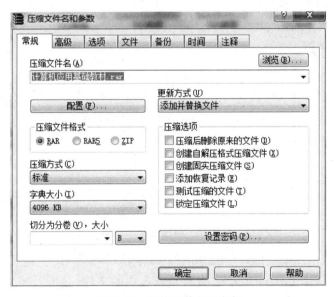

图 7.16　压缩文件名和参数

2. 解压缩

解压缩就是将压缩文件进行解压释放出来,与压缩是相反的过程。下面介绍如何将压缩文件进行解压。

方法一：右键单击需要解压的压缩包文件,弹出如图7.17所示的快捷菜单。选择"解压到当前文件夹(X)"命令,将压缩文件按照原来的目录结构解压到当前文件夹中。如果选择"解压到计算机应用基础教材\(E)",将压缩文件按照原来的目录结构解压到"计算机应用基础教材"目录下。

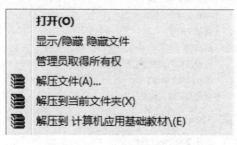

图7.17 压缩文件快捷菜单

方法二：如果在方法一中选择了"解压文件(A)…"将打开如图7.18所示的解压路径和选项对话框。这里我们可以对部分参数进行设置,主要包括解压的目标路径、解压文件的更新方式、覆盖方式等。

图7.18 解压路径和选项

方法三：直接双击压缩文件,打开如图7.19所示的WinRAR主界面。在主界面中我们可以在不解压整个压缩文件的情况下,查看压缩包内的文件,并可以部分解压文件,同时可添加文件到压缩文件中、删除压缩包内文件等操作。

全部文件解压。直接单击"解压到"按钮,打开方法二的界面,设置相关参数,将解压所有文件到指定文件夹内。

部分文件解压。在WinRAR中选择需要解压的文件,单击"解压到"按钮或单击右键,

图 7.19　WinRAR 主界面

在快捷菜单中选择"解压到指定文件夹"命令,打开方法二界面,设置相关参数,将选中部分文件解压到指定文件夹内。

拖拽方式解压。选择需要解压的文件,按下鼠标左键,拖拽文件到指定文件夹,即可将文件解压到指定文件夹。

3. 分卷压缩

分卷压缩是拆分一个大的压缩文件为多个相对较小的文件,通常分卷压缩是在将大型的压缩文件保存到数个磁盘、可移动磁盘、或是邮件附件大小限制时使用。下面介绍分卷压缩的步骤。

步骤一:选择需要分卷压缩的文件或文件夹,右键选择"添加到压缩文件(A)…",打开如图 7.20 所示分卷压缩界面。

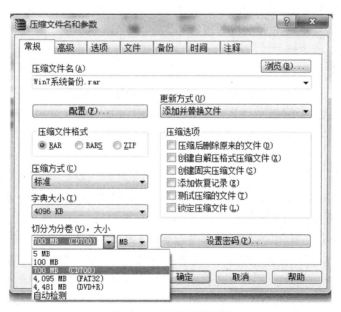

图 7.20　分卷压缩界面

步骤二:在"切分为分卷(V),大小"处,选择分卷大小和单位,此处以 700 MB 为例。单击"确定"按钮,开始压缩。

步骤三:压缩过程如图 7.21 所示。根据文件大小和分卷大小得到"文件名.partX.rar"的 N 个文件,"X"表示第 X 个分卷。

图 7.21　分卷压缩过程

步骤四:进度到 100%,分卷压缩完成,在当前文件夹内可以看到所有压缩文件分卷。

4. 创建自解压文件

前面我们创建的压缩文件,必须使用解压缩工具才可以打开。而对于自解压程序,在无需任何解压缩工具,直接双击启动自解压程序。

创建:在压缩文件方法二中"压缩文件名和参数界面"中勾选"压缩选项"→"创建自解压格式压缩文件"的复选框,单击"确定"创建自解压文件,扩展名为".exe"。

打开:在没有任何解压缩工具的系统中,直接双击我们创建的自解压文件,会打开如图 7.22 所示的 WinRAR 自解压文件界面。单击"浏览"选择目标文件夹,单击"解压"压缩文件会解压到指定文件夹。

5. 加密压缩文件

加密压缩文件,是指为压缩文件添加密码。使用此压缩文件的用户必须是已知密码的授权用户,保证了压缩包的使用安全。

在压缩文件方法二中"压缩文件名和参数界面"中单击"设置密码"按钮,打开如图 7.23 所示的输入密码对话框。输入密码和确认密码,单击"确定"按钮生成带密码的压缩包。当用户使用时,必须输入正确的密码方可解压文件,否则提示密码错误的信息。

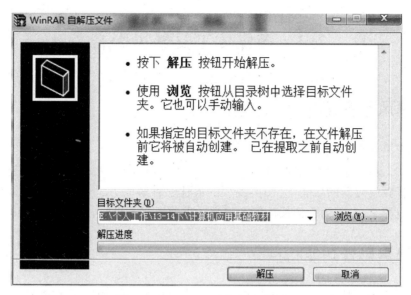

图 7.22 WinRAR 自解压文件界面

图 7.23 输入密码对话框

7.3 多媒体工具暴风影音

7.3.1 暴风影音简介

暴风影音是北京暴风科技有限公司推出的一款视频播放器,该播放器兼容大多数的视频和音频格式。暴风影音播放的文件清晰,当有文件不可播时,右上角的"播"起到了切换视频解码器和音频解码器的功能,会切换视频的最佳三种解码方式,同时,暴风影音也是国人最喜爱的播放器之一,因为它的播放能力超强。目前还有手机版、Ipad 版、Win8 版本。

7.3.2 暴风影音功能特点

暴风影音作为一款视频和音频的播放器,能兼容大多数的视频和音频格式,打开播放文件时能自动侦测用户的电脑配置,自动匹配相应的解码器、渲染效果,能进行播放视频的格式转换、片段截取等。下面具体介绍。

自动匹配用户硬件:打开文件时,播放器会根据用户电脑硬件配置情况,自动匹配相应的解码器、渲染器,以达到最佳播放效果。

格式转换:播放影片时,可以直接将影片转换成你所需要的格式,支持的设备齐全,包括手机、MP4、电脑、平板、PSP 等。更可以批量转换。

截取视频片段:支持视频片段截取功能,剪裁适合的片段。

高清技术:在暴风影音 2012 在线高清版发布时就宣布,其 SHD 专利技术力保用户在 1M 带宽流畅观看 720P 高清电影,眼下国内用户使用 ADSL 宽带上网的数量占绝大多数,在有限的宽带资源下能在线流畅播放高清片才是许多用户期望的。拥有深厚视频技术积累的暴风影音在 2012 新版中将高清视频播放所需的宽带要求降到新低点,以技术改善用户体验,也是广大国内网民的实惠。

字幕加载:有些视频文件没有字幕,影响观看效果,我们可以从网上下载字幕,放在电影文件的同一目录中,且修改字幕和视频文件名相同,再次观看就有字幕了。

7.3.3 暴风影音安装与卸载

1. 暴风影音安装

到暴风影音官网 http://home.baofeng.com/下载暴风影音 5(2015 年 5 月份的最新版本为 5.48.0429.1111)安装程序。双击下载的安装文件,打开如图 7.24 所示的暴风影音安装界面。

单击"开始安装"按钮,在随后的界面中选择安装目录和安装选项后,按照安装向导指示完成安装。

图 7.24　暴风影音安装界面

2. 暴风影音卸载

单击"开始"→"所有程序"→"暴风软件"→"暴风影音 5"→"卸载暴风影音 5"命令,打开如图 7.25 所示暴风影音卸载界面。

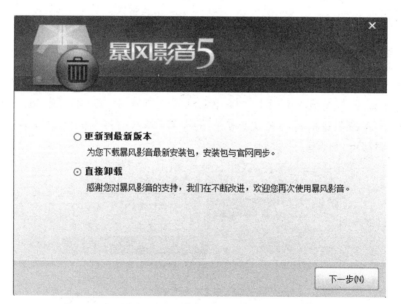

图 7.25　暴风影音卸载界面

在此界面中有两个选项:一是"更新到最新版本",系统软件将启动升级程序,检测是否有新版本可以升级。二是"直接卸载",启动卸载程序,按照向导完成暴风影音卸载。

7.3.4 暴风影音的使用

在桌面或开始菜单找到"暴风影音 5"图标，双击打开如图 7.26 所示的暴风影音 5 的主界面。暴风影音 5 既可以播放本地视频也可以播放网络视频。同时可以转换视频格式、截取视频片段等。

图 7.26　暴风影音 5 主界面

1. 播放本地视频

单击暴风影音 5 主界面左上角的"暴风影音"图标打开下拉菜单，如图 7.27 所示。文件菜单下有"打开文件"、"打开文件夹"、"打开 URL"、"打开 3D 视频"、"打开碟片→DVD"命令。"打开文件夹"命令是指将一个文件夹内的所有视频文件都添加到"正在播放"列表中，其他命令从字面都可以理解。

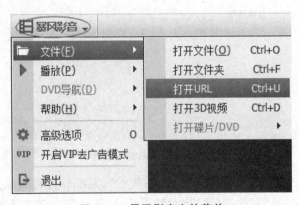

图 7.27　暴风影音文件菜单

2. 播放网络视频

在暴风影音 5 主界面右侧有"在线影视"列表,我们在不同分类中找到想观看的视频。例如我们单击"热门电影"→"动作"→"明日边缘 2014"命令,打开如图 7.28 所示的视频"明日边缘"具体信息,单击播放按钮即可播放该视频。同时提供视频搜索的功能,用户自行搜索。

图 7.28 播放在线视频

3. 转换视频格式

播放影片时,可以直接将影片转换成你所需要的格式,支持的设备齐全,包括手机、MP4、电脑、平板、PSP 等。目前输出的视频尺寸最大支持 720 * 480。在影片播放画面上鼠标右键弹出的快捷菜单中选择"视频转码→截取",如图 7.29 所示快捷菜单,选择"格式转换"菜单,打开如图 7.30 所示的输出格式的对话框。

图 7.29 快捷菜单

图 7.30　格式转换对话框

在输出格式中选择输出类型、品牌型号等,单击"确定"按钮返回到暴风转码窗口,再单击暴风转码窗口的"开始"按钮,开始转换格式。同时还有批量转换和视频压缩功能。

4. 截取视频片段

在图 7.29 所示的快捷菜单中选择"片段截取"命令,打开如图 7.31 所示片段截取界面。可以利用水平数轴选取需要截取的片段,也可以利用开始和结束的微调控件来选择需要截取片段的开始和结束时间。单击"开始"按钮,暴风转码开始片段截取。

图 7.31　片段截取界面

7.4 下载工具迅雷软件

7.4.1 迅雷简介

迅雷是迅雷公司开发的互联网下载软件。迅雷是一款基于多资源超线程技术的下载软件,作为"宽带时期的下载工具",迅雷针对宽带用户做了优化,并同时推出了"智能下载"的服务。迅雷利用多资源超线程技术基于网格原理,能将网络上存在的服务器和计算机资源进行整合,构成迅雷网络,通过迅雷网络各种数据文件能够以最快的速度进行传递。

7.4.2 迅雷功能特点

迅雷作为一款下载软件,在P2P技术的支持下,表现出许多新的特点和优势,很好地解决了许多传统单线程下载和单纯P2P所存在的弊端,总结主要有以下特点。

1) 稳定性:如果是单纯的服务器下载,当下载访问的人数多的时候,因为带宽的限制,经常会出现下载中断或是连接不上的情况。迅雷将发挥其P2P的特征,使得下载可以从网络上的终端机获取资源。单纯的P2P软件在初期下载量小的时候,因为共享发生很少,当提供内容者关闭机器或者断开连接的时候会导致下载中断,而迅雷这个时候可以从服务器端提取资源,保证了始终至少一个资源的提供。因此,结合传统服务器端下载和P2P技术,就是迅雷为下载稳定性提供有效保证的核心所在。

2) 下载快速:迅雷所采用的结合多媒体搜索引擎技术为P2P提供了强有力的动力。针对服务器端的一个文件,多媒体搜索引擎技术不仅仅把这个文件的地址保存到动态数据库,而更把服务器端同一个文件的多个镜像同时找到,而实现了大数据量文件下载从多个服务器同时发生,而不是仅仅从一个服务器端多线下载。

3) 下载内容广泛:目前来说,下载的资源基本集中在多媒体文件,相对而言,软件、游戏客户端等大数据下载资源都非常贫乏。迅雷则可以说是几乎支持互联网上所有资源下载,并将共享范围真正扩大到Internet。

4) 恢复死链:在网络上搜索到一个自己需要的文件,但过了一段时间,服务器上的文件可能被删除。这时候,使用其他的下载软件就无法再下载到这个文件,而原来的链接就成了死链接。但是,只要这个文件被迅雷下载过,那么,就算这个链接是死链,也还是可以再使用。

5) 安全的可控制性:迅雷下载原始资源来自于服务器端,这样就把传播内容的监控交给了合法的内容提供商,从而避免了少数用户利用P2P软件散播非法内容。

7.4.3 迅雷安装与卸载

1. 迅雷安装

在迅雷产品中心官方网站 http://dl.xunlei.com/下载迅雷安装包(2015年1月15日

是迅雷 7.9.32 正式版),双击迅雷 7 安装文件,启动安装程序,如图 7.32 所示。可以单击"快速安装",也可以单击"自定义安装"。两种安装方法都会有向导带领用户完成安装过程,这里不再赘述。

图 7.32　迅雷 7.9 安装界面

2. 迅雷卸载

单击"开始"→"所有程序"→"迅雷软件"→"迅雷 7"→"卸载迅雷 7"命令,打开如图 7.33 所示迅雷 7 卸载界面。选择"我要卸载迅雷 7",单击"开始卸载",按照向导提示完成卸载。

图 7.33　迅雷 7 卸载界面

7.4.4 迅雷的使用

1. 启动迅雷

双击桌面上的迅雷图标或单击"开始"→"所有程序"→"迅雷软件"→"迅雷 7"→"启动迅雷 7"命令，打开如图 7.34 所示的迅雷 7 主界面。

图 7.34　迅雷 7 主界面

2. 使用迅雷 7 下载文件

这里我们以下载 Adobe Reader XI.exe 为例，介绍如何使用迅雷 7 下载文件。到官网或通过搜索引擎搜索到 Adobe Reader 的下载地址，右键单击下载链接，选择"使用迅雷下载"，启动如图 7.35 所示新建任务界面，我们可以修改下载文件的名称和保存目录。

图 7.35　迅雷 7 新建任务界面

在新建任务界面单击"立即下载",打开如图7.36所示正在下载界面,显示正在下载任务的文件名称、大小、下载进度、下载速度、剩余时间和资源数等。如果我们单击"空闲下载",迅雷将现在任务添加到迅雷中,不立即启动下载,而是等到计算机空闲时启动下载。

图7.36 迅雷7正在下载的任务

3. 查看任务详细信息

迅雷7"已完成"任务列表栏显示的默认栏目依次为文件图标和名称、文件大小、下载日期,如图7.37所示,我们可以看到下载的每个任务的具体信息,图标上有叉呈灰色显示表示文件被移动或是被改名,迅雷找不到源文件。

图7.37 已完成列表

右键单击一个任务选择"详情页"或单击任务右边的"〉",将打开如图7.38所示的详情页。

图 7.38　已完成任务详情页

在详情页中,我们可查看下载文件的属性详情,查看下载文件的来源信息(显示此文件的下载来源)。如果是正在下载的任务,打开详情页还可以查看当前下载任务的连接情况,以及当前任务对硬盘的读写情况等。

7.5　Adobe Reader

Adobe Reader(也被称为 Acrobat Reader)是美国 Adobe 公司开发的一款优秀的 PDF 文件阅读软件。文档的撰写者可以向任何人分发自己制作(通过 Adobe Acrobat 制作)的 PDF 文档而不用担心被恶意篡改。

7.5.1　Adobe Reader 简介

Adobe Reader 是用于打开和使用 PDF 格式的文档,PDF(Portable Document Format)文件,即便携式文件格式,像 Word 一样,PDF 也可以用来保存文本、图形、表格等信息。PDF 的最大优势就是在不同的操作系统之间传送时能够保证信息的完整性和准确性。目前有很多信息都是用 PDF 格式来保存。

7.5.2　Adobe Reader 功能特点

浏览速度快。比如浏览 PPT 样式的全图 PDF 文件时,无论是窗口还是全屏模式,在翻页的过程中基本感觉不到延迟。

朗读 PDF 文档。Adobe Reader 6.0 开始就增加了朗读 PDF 中文字的功能,单击"视图"→"朗读"可选择"启用朗读"、"仅朗读本页"、"朗读到文档结尾处"、"暂停"、"停止"等功能。

增强的注释工具。从 Adobe Reader 10.0 版本开始可使用便签和荧光笔工具标注 PDF 文档，标注并与他人共享您的反馈。

支持移动设备。可以使用 Adobe Reader 在移动设备上查看 PDF 文档并交互。

7.5.3　Adobe Reader 安装与卸载

1. Adobe Reader 安装

在 Adobe 官方网站 http://www.adobe.com/cn/下载 Adobe Reader 安装包（2014 年 12 月是 Adobe Reader XI），双击 Adobe Reader XI 安装文件，启动安装程序，如图 7.39 所示。可以单击"下一步"，安装向导带领用户完成安装过程，这里不再赘述。

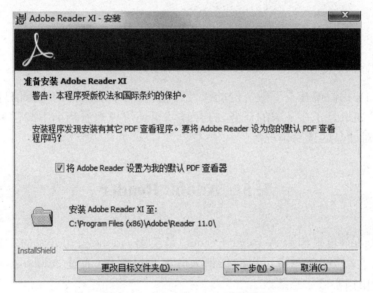

图 7.39　Adobe Reader 安装界面

2. Adobe Reader 卸载

从控制面板内打开"程序和功能"窗口，在"卸载或更改程序"列表中找到"Adobe Reader XI-Chinese Simplified"右键单击，在快捷菜单中选择"卸载"命令。确认卸载，程序将启动如图 7.40 所示的配置界面，完成 Adobe Reader XI 从系统中删除。

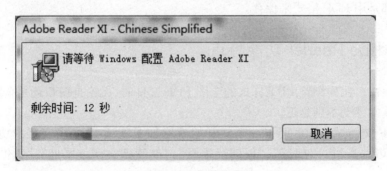

图 7.40　卸载界面

7.5.4 Adobe Reader 的使用

Adobe Reader XI 安装完成后,开始菜单或是桌面快捷方式都可以打开 Adobe Reader XI 主界面。

1. 阅读 PDF 文档

可以在 Adobe Reader XI 主界面选择"文件"→"打开",选择需要阅读的 PDF 文档,亦可以找到 PDF 文档,直接双击即可启动 Adobe Reader XI 打开该文档。打开文档后整个界面如图 7.41 所示。

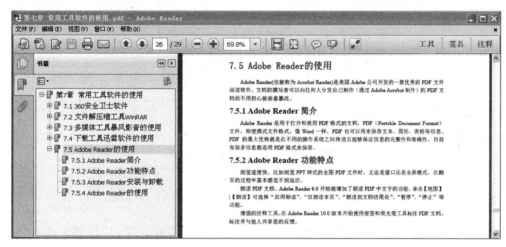

图 7.41 浏览 PDF 的界面

打开 PDF 阅读文件,左边为文档的目录结构,可以方便的实现跳转;右下方为文档浏览区域;上面为常用工具栏,工具栏中的按钮对应功能如表 7.1 所示。

表 7.1 工具栏图标功能表

图标	功能
	将 PDF 文件联机转换为 Word 或 Excel…
	使用 Adobe CreatePDF 联机服务将文件转换为 PDF
	签名、添加文本或发送文档以供签名
	保存文件(Crtl+S)
	打印文件(Ctrl+P)
	使用桌面电子邮件或 Web 电子邮件将文件作为电子邮件附件发送
	显示上一页(向左箭头)

续表

图标	功能
	显示下一页(向右箭头)
26 / 29	当前显示第几页,总计多少页
	缩小(Ctrl+减号)
	放大(Ctrl+加号)
69.8%	PDF文件的显示比例
	适合窗口宽度并启用滚动
	适合一个整页至窗口
	添加附注(Ctrl+6)
	高亮文本
	以阅读模式查看文件

2. PDF文档注释

PDF文档阅读时,我们对阅读的内容想做标记或是需要批注等,应该如何操作呢?在Adobe Reader中提供注释功能,可以添加文字声音、附件、图章各种批注,提供图画功能可以做任何标记。单击工具栏最右边的"注释",主界面右边将打开如图7.42所示的工具栏。

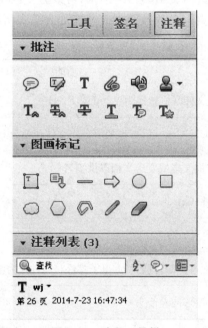

图7.42 注释工具栏

读者可以自行尝试注释工具栏中的各种工具。

3. 复制 PDF 文档内容

（1）复制文字

在 PDF 浏览状态下，鼠标右键文档的任意部分弹出如图 7.43 所示快捷菜单。选择"选择工具"命令，使其前面显示对号，此时鼠标在文档中显示为"I"形状，在待选文字的开始按下左键拖拽到待选文字的结束位置松开鼠标，在选中文字上单击右键选择"复制"或快捷键"Ctrl+C"，将文字复制到剪贴板中，粘贴到记事本中完成文字的复制。

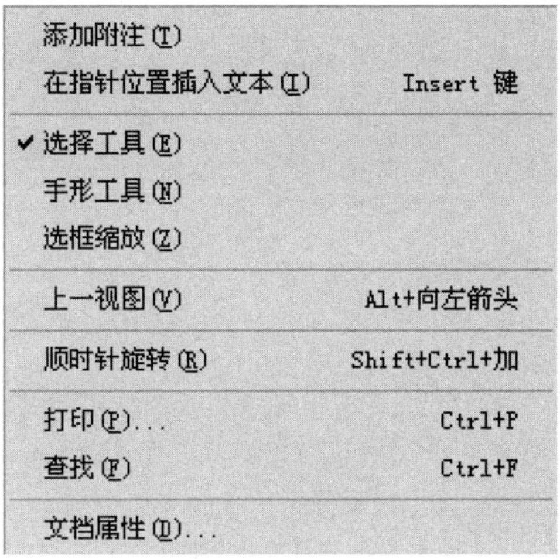

图 7.43 快捷菜单

（2）复制图像

当鼠标处于"I"型，在图片上单击鼠标，则图片处于选中状态，右键"复制图像"或快捷键"Ctrl+C"，将图像复制到剪贴板中，粘贴到能插入图像的文档或画图工具中完成图片的复制。

4. Adobe Reader XI 拍快照

Adobe Reader 提供拍快照功能，即将文档中某一鼠标选中部分以图像格式存入剪贴板中。选择"编辑"→"拍快照"命令，鼠标变为"-¦-"型，按下左键拖拽鼠标形成的矩形区域会自动以图片形式复制到剪贴板中，粘贴到能插入图像的文档或画图工具中完成拍快照。

参 考 文 献

[1] 李颖、董彦.计算机应用基础[M].合肥:中国科学技术大学出版社.2009.
[2] 吴华,兰星.Office 2010 办公软件应用标准教程[M].北京:清华大学出版社,2012.
[3] 刘松平.计算机应用基础与上机指导[M].北京:北京邮电大学出版社.2013.
[4] 王作鹏,殷慧文.Word 2010 从入门到精通[M].北京:人民邮电出版社,2013.
[5] 龙马工作室.Excel 2010 中文版完全自学手册[M].北京:人民邮电出版社,2011.
[6] 创锐文化.Excel 2010 办公应用从入门到精通:表格、图表、公式与函数[M].北京:机械工业出版社,2012.
[7] 林小艳.Excel 行政与人力资源必知必会的 180 个文件[M].北京:中国铁道出版社,2013.
[8] 杨继萍.PowerPoint 2010 办公应用从新手到高手[M].北京:清华大学出版社,2011.